CATIA
V5-6R 2020
基础教程　实战案例版

高长银　高誉瑄 / 主编

U0211210

化学工业出版社

· 北京 ·

内容简介

本书以CATIA V5-6R2020中文版为基础，全书按照"基础应用（功能模块）+高级应用（思路分析）"的模式组织内容，在基础模块中通过一个个简单、典型的案例对CATIA的草图设计、实体特征、创成曲线和曲面、装配、工程图、DMU运动仿真技术、结构分析技术等功能进行介绍；高级应用则以典型的综合案例为主，从设计思路分析到整个设计过程，精讲了如何应用CATIA软件进行一个完整的机械产品设计的设计方法和过程。

本书特别适合在CATIA培训班上使用，同时也是高等院校、高职高专等工科院校机械类相关专业学生的理想教材，还可作为工程技术人员自学机械设计的实用教程。

图书在版编目（CIP）数据

CATIA V5-6R2020基础教程：实战案例版/高长银，高誉瑄主编. —北京：化学工业出版社，2024.4
ISBN 978-7-122-44866-8

Ⅰ.①C⋯ Ⅱ.①高⋯②高⋯ Ⅲ.①机械设计-计算机辅助设计-应用软件-教材 Ⅳ.①TH122

中国国家版本馆CIP数据核字（2024）第057884号

责任编辑：王 烨 陈 喆　　　装帧设计：刘丽华
责任校对：宋 玮

出版发行：化学工业出版社
　　　　　（北京市东城区青年湖南街13号　邮政编码100011）
印　　刷：北京云浩印刷有限责任公司
装　　订：三河市振勇印装有限公司
787mm×1092mm　1/16　印张29　字数796千字
2024年8月北京第1版第1次印刷

购书咨询：010-64518888　　　　售后服务：010-64518899
网　　址：http://www.cip.com.cn
凡购买本书，如有缺损质量问题，本社销售中心负责调换。

定　　价：99.00元

随着计算机技术的高速发展，数字化设计也越来越普及。手工绘图、计算的时代已经过去，尤其是在机械、电气、建筑、土木等需要大量绘图、造型、校核的工程项目中，采用计算机辅助工程设计软件进行造型设计、分析校核、动态仿真已成为先进制造业的主要手段和鲜明标志。采用计算机辅助设计软件，可以大大提高设计效率，缩短研发周期，降低研发成本，因此无论是科研单位还是中小型企业都越来越重视软件的使用，而熟练掌握各种CAD/CAE/CAM软件也成为现代工程师的必备技能。随着"工业4.0""中国制造2025"的相继提出，以及传统制造业的转型升级，数字化制造将成为未来制造业的主流。

CATIA软件的全称是Computer aided tri-dimensional interface application，是法国Dassault System公司（达索公司）的CAD/CAE/CAM一体化软件，居世界CAD/CAE/CAM领域的领导地位。CATIA起源于航空航天业，广泛应用于机械制造、航空航天、汽车制造、造船、电子电气、消费品等行业。

本书以CATIA V5-6R2020中文版为基础，详细地讲述了利用CATIA进行产品设计的方法和过程。具体内容包括：第1章介绍了CATIA基础知识，包括CATIA应用和概貌、用户操作界面、基本操作等。第2章介绍了CATIA操作，包括文件操作、视图操作、鼠标操作、指南针操作、选择操作等。第3章介绍了CATIA草图设计，包括草图绘制命令、草图操作命令、草图约束命令、草图分析等。第4章介绍了实体设计技术，包括实体特征造型方法和思路、基于草图的特征、实体修饰特征、实体变换特征命令等。第5章介绍了创成式曲线设计，包括创成式外形设计工作台、曲线绘制命令、曲线操作命令等。第6章介绍了创成式曲面设计，包括曲面创建命令、曲面操作命令等。第7章介绍了装配体设计，包括装配结构设计与管理、加载装配组件、移动装配组件、组件装配约束、装配爆炸图等。第8章介绍了工程图设计，包括设置工程图环境、创建图纸页与图框标题栏、创建工程视图、创建修饰特征、标注尺寸、标注粗糙度、基准特征和形位公差等。第9章介绍了DMU运动仿真技术，包括创建机械装置、创建运动接合、速度和加速度、运动仿真模拟、运动仿真动画等。第10章介绍了结构分析技术，包括定义材料属性、网格划分、定义约束、定义载荷、计算、后处理等。第11章介绍了模型渲染技术，包括环境设置、光源管理、材质纹理和贴图、照片管理等。第12～17章为CATIA以上各功能的典型应用案例。

本书具有以下几方面特色：

1. 易学实用的高级入门教程，展现数字化设计与制造全流程。

2. 按照"基础应用（功能模块）＋高级应用（思路分析）"的模式组织内容。

3. 典型工程案例精析，直击难点、痛点。

4. 分享设计思路与技巧，举一反三不再难。

5. 书中配置大量二维码，教学视频同步精讲，手机扫一扫，技能全掌握。

本书特别适合在CATIA培训班上使用，同时也是高等院校、高职高专等工科院校机械类相关专业学生的理想教材，还可作为工程技术人员自学机械设计的实用教程。

本书由高长银、高誉瑄主编，马龙梅、熊加栋、周天骥、石书宇、范艺桥、马春梅、石铁峰、刘建军、赵程等参加了本书的编写。

由于时间有限，书中难免会有一些不足之处，欢迎广大读者及业内人士予以批评指正。

主　编

目 录

第4章 实体设计技术 / 061

第5章 创成式曲线设计 / 098

第6章 创成式曲面设计 / 131

第 7 章 装配体设计 / 159

第 8 章 工程图设计 / 189

第 9 章　DMU运动仿真技术　/ 224

第 10 章　结构分析技术　/ 251

第11章　模型渲染技术　/274

第12章　实体设计典型案例　/ 295

第13章　曲面造型设计实例　/ 337

第14章　装配设计典型案例　/ 369

第 1 章

CATIA V5-6R2020概述

CATIA是法国Dassault System公司（达索公司）的CAD/CAE/CAM一体化软件，起源于航空航天业，广泛应用于航空航天、汽车制造、造船、机械制造、电子电气、消费品等行业。

本章介绍CATIA软件的基本情况，包括CATIA应用和概貌、用户操作界面、帮助等。

本章内容

- CATIA V5-6R2020简介
- CATIA V5-6R2020用户操作界面
- CATIA V5-6R2020帮助

1.1 CATIA V5-6R2020介绍

CATIA软件的全称是Computer Aided Tri-Dimensional Interface Application，是法国Dassault System公司（达索公司）的CAD/CAE/CAM一体化软件，居世界CAD/CAE/CAM领域的领导地位。为了使软件能够易学易用，达索公司于1994年开始重新开发全新的CATIA V5版本，新的V5版本界面更加友好，功能也日趋强大，并且开创了CAD/CAE/CAM软件的一种全新风格，可实现产品全过程开发［包括概念设计、详细设计、工程分析、成品定义和制造乃至成品在整个生命周期中（PLM）的使用和维护］，并能够实现工程人员和非工程人员之间的电子通信。

1.1.1 CATIA在制造业和设计界的应用

（1）航空航天

CATIA以其精确、安全、可靠性满足了航空航天领域各种应用的需要。在航空航天业的多个项目中，CATIA被应用于开发虚拟的原型机，其中包括Boeing777和Boeing737，Dassault飞机公司（法国）的阵风、GlobalExpress公务机以及Darkstar无人驾驶侦察机。图1-1为CATIA在飞机设计中应用。

（2）汽车工业

CATIA是汽车工业的事实标准，是欧洲、北美和亚洲顶尖汽车制造商所用的核心系统。CATIA在造型风格、车身及引擎设计等方面具有独特的长处，为各种车辆的设计和制造提供了端对端（endtoend）的解决方案。一级方程式赛车、跑车、轿车、卡车、商用车、有轨电车、地铁列车、高速列车，各种车辆在CATIA上都可以成为数字化产品，如图1-2所示。

（3）造船工业

CATIA为造船工业提供了优秀的解决方案，包括专门的船体产品和船载设备、机械解决方案。船体设计解决方案已被应用于众多船舶制造企业，涉及所有类型船舶的零件设计、制造、装配。参数化管理零件之间的相关性，相关零件的更改，可以影响船体的外形，如图1-3所示。

图1-1　CATIA航空航天　　　图1-2　CATIA汽车工业　　　图1-3　CATIA造船工业

（4）机械设计

CATIA V5机械设计工具提供超强的能力和全面的功能，更加灵活，更具效率，更具协同开发能力。如图1-4所示为利用CATIA建模模块来设计的机械产品。

（5）工业设计和造型

CATIA提供了一整套灵活的造型、编辑及分析工具，构成集成完整的数字化产品开发解决方案中的重要一环。如图1-5所示为利用CATIA创成式外形设计模块来设计的工业产品。

（6）机械仿真

CATIA V5提供了业内最广泛的多学科领域仿真解决方案，通过全面高效的前后处理和解算，充分发挥在模型准备、解析及后处理方面的强大功能。如图1-6所示为利用运动仿真模块对产品进行运动仿真范例。

图1-4　CATIA机械产品　　　图1-5　CATIA工业产品机械产品　　　图1-6　CATIA运动仿真

（7）工装模具和夹具设计

CATIA工装模具应用程序使设计效率延伸到制造，与产品模型建立动态关联，以准确地制造工装模具、注塑模、冲模及工件夹具。如图1-7所示为利用CATIA V5注塑模向导模块设计模具的范例。

（8）机械加工

CATIA为机床编程提供了完整的解决方案，能够让最先进的机床实现最高产量。通过实现常规任务的自动化，可节省多达90%的编程时间；通过捕获和重复使用经过验证的加工流程，实现更快的可重复NC编程。如图1-8所示为利用CATIA加工模块加工零件的范例。

（9）消费品

全球有各种规模的消费品公司信赖CATIA，其中部分原因是CATIA设计的产品风格新颖，而且具有建模工具和高质量的渲染工具。CATIA已用于设计和制造多种产品，如运动装备、餐具、计算机、厨房设备、电视和收音机以及庭院设备。如图1-9所示为利用CATIA进行运动鞋设计。

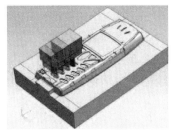

图1-7　UG模具设计　　图1-8　CATIA零件加工　　图1-9　CATIA消费品

1.1.2　CATIA V5概貌

CATIA软件具有13个模组上百个模块，各功能模块可实现计算机辅助设计、计算机辅助制造、计算机辅助分析，利用不同的模块来实现不同的设计意图。简单介绍如下：

（1）CATIA特征设计模块（FEA）

CATIA特征设计模块是通过把系统本身提供的或客户自行开发的特征用同一个专用对话结合起来，从而增强了设计师的建模能力。

（2）高级曲面设计（ASU）

CATIA高级曲面设计模块提供了便于用户建立、修改和光顺零件设计所需曲面的一套工具。高级曲面设计产品的强项在于其生成几何的精确度和其处理理想外形而无需关心其复杂度的能力。无论是出于美观的原因还是技术原因，曲面的质量都是很重要的。

（3）钣金设计（Sheetmetal Design）

CATIA钣金设计产品使设计和制造工程师可以定义、管理并分析基于实体的钣金件。采用工艺和参数化属性，设计师可以对几何元素增加像材料属性这样的智能，以获取设计意图并为后续应用提供必要的信息。

（4）装配设计（ASS）

CATIA装配设计可以使设计师建立并管理基于3D零件的机械装配件。装配件可以由多个主动或被动模型中的零件组成。零件间的接触自动地对连接进行定义，方便CATIA对运动机构产品进行早期分析。基于先前定义零件的辅助零件定义和依据其之间接触进行自动放置，可加快装配件的设计进度，后续应用可利用此模型进行进一步的设计、分析、制造等。

（5）制图功能（DRA）

CATIA制图产品是2D线框和标注产品的一个扩展。CATIA绘图-空间（2D/3D）集成产品将2D和3D CATIA环境完全集成在一起。该产品使设计师和绘图员在建立2D图样时从3D几何中生成投影图和平面剖切图。通过用户控制模型间2D到3D相关性，系统可以自动地由3D数据生成图样和剖切面。

（6）白车身设计（BWT）

白车身设计模块为设计类似于汽车内部车体面板和车体加强肋这样复杂的薄板零件提供了新的设计方法。可使设计人员定义并重新使用设计和制造规范，通过3D曲线对这些形状扫掠，便可自动地生成高质量的曲面和表面，并避免了耗时的重复设计。该新产品同时是对CATIA-CADAM方案中已有的混合造型技术的补充。

（7）CATIA逆向工程模块（CGO）

可使设计师将物理样机转换到CATIA Designs下并转变为数字样机，将测量设计数据转换为CATIA数据。该产品同时提供了一套有价值的工具来管理大量的点数据，以便进行过滤、采样、偏移、特征线提取、剖截面和体外点剔除等。可由点数据云团到几何模型支持，反过来也可由CATIA曲线和曲面生成点数据云团。

（8）自由外形设计（FRF）

CATIA自由外形设计产品提供设计师一系列工具，来实施风格或外形定义或复杂的曲线和曲面定义。对NURBS的支持，使得曲面的建立和修形以及与其他CAD系统的数据交换更加轻而易举。

（9）创成式外形建模（GSM）

创成式外形建模产品是曲面设计的一个工具，通过对设计方法和技术规范的捕捉和重新使用，可以加速设计过程，在曲面技术规范编辑器中对设计意图进行捕捉，使用户在设计周期中任何时候方便快速地实施重大设计更改。

（10）曲面设计（SUD）

CATIA曲面设计模块使设计师能够快速方便地建立并修改曲面几何。它也可作为曲面、面、表皮和闭合体建立和处理的基础。曲面设计产品有许多自动化功能，包括分析工具、加速分析工具，可加快曲面设计过程。

（11）装配模拟（Fitting Simulation）

CATIA装配模拟产品可使用户定义零件装配或拆卸过程中的轨迹。使用动态模拟，系统可以确定并显示碰撞及是否超出最小间隙。用户可以重放零件运动轨迹，以确认设计更改的效果。

（12）有限元模型生成器（FEM）

该产品同时具有自动化网格划分功能，可方便地生成有限元模型。有限元模型生成器具有开放式体系结构，可以同其他商品化或专用求解器进行接口。该产品同CATIA紧密地集成在一起，简化了CATIA客户的培训，有利于在一个CAD/CAM/CAE系统中完成整个有限元模型造型和分析。

（13）多轴加工编程器（Multi-Axis Machining Programmer）

CATIA多轴加工编程器产品对CATIA制造产品系列提出新的多轴编程功能，并采用NCCS（数控计算机科学）的技术，以满足复杂5轴加工的需要。这些产品为从2.5轴到5轴铣加工和钻加工的复杂零件制造提供了解决方案。

（14）STL快速样机（STL Rapid Prototyping）

STL快速样机是一个专用于STL（Stereolithographic）过程生成快速样机的CATIA产品。

1.1.3　CATIA与同类软件产品的比较

目前常用的三维软件主要有：CATIA、UG、PRO/E、SOLIDWORKS，各软件各有千秋，其中CATIA和UG属于高端三维设计软件，下面仅对CATIA与UG进行比较。

① 在CATIA中特征建模都是基于草图Sketch的参数化建模。UG对一般的特征建模往往是

直接生成的，比如直接生成长方体、圆柱、圆锥等。但两者在草图上，UG的智能捕捉功能没有CATIA强，在CATIA中很多约束是自动识别的，而在UG中必须很精确地手工定义每个元素的约束，而且相当不方便。

② CATIA在特征建模参数化关联比UG要强很多。一般UG初学者在使用UG建模时容易使用一些非关联的设计方法，比如进行各种逻辑操作等，使用一些非参数化的点和线来生成（拉伸、旋转等）实体，以后要修改这些设计很费时，而且很容易出错。在UG中只有在Sketch中的点和线才有参数关联性，在实际的应用中很多用户会混杂大量的非关联的元素在其中，如果以后要修改很麻烦。而在CATIA中所有的点、线和平面都是参数相关联的，所以生成的实体都是高度相关性的，易于以后的维护和修改。

③ CATIA的曲面造型功能是CAD软件中所公认的领导者。在车身设计中，CATIA拥有自由曲面、创成式曲面设计、汽车A级曲面的设计等模块，能根据影像在草图中导入参考图进行设计；在逆向造型方面，CATIA拥有强大的数字化编辑器，能对点云的筛选、去噪、激活进行操作，很好地进行三角面参考曲面的生成、修补等专业的逆向操作；能很好地与正向设计模块无缝集成，进行G2级曲面以上的高级曲面的设计。这充分集成了工业设计专业软件（ALIAS、RHINO等）和工程软件的全部优点，是一个历史性的创新。

④ CATIA的分析功能也非常强大，特别是在线性分析方面相当优秀。无论是创成式零件分析还是结构分析，都有良好的表现，在柔性耦合分析方面也能满足大部分企业的要求。

⑤ CATIA有丰富的函数库，可以读取、计算大部分元素的数据，比如点的位置，线的位置，计算实体的容积、质量等。而UG可以读取的数据有限。CATIA在以后的PDM/PLM应用中无疑更具有优势。

⑥ CATIA软件在CAM方面具有相当的优势，特别是在曲面加工和五轴加工方面的编程能力在目前是遥遥领先的，因此相当部分的飞机及高端汽车企业的CAM软件都首先用CATIA软件。

总结起来，CATIA的参数关联性、曲面、分析、知识专家、加工都比UG有优势。从CATIA设计的思路上看，它是一个非常优秀的面向对象程序设计的典范。

1.2　CATIA V5-6R2020用户操作界面

应用CATIA软件，首先进入用户操作界面，可根据习惯选择用户界面的语言，下面分别加以介绍。

启动CATIA后首先出现欢迎界面，然后进入CATIA操作界面，如图1-10所示。CATIA操作界面友好，符合Windows风格。

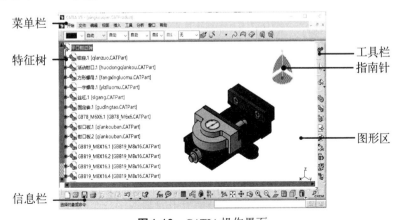

图1-10　CATIA操作界面

CATIA操作界面窗口主要由菜单栏、图形区、信息栏、工具栏、指南针、特征树组成，接下来将这几个主要组成部分做简要介绍。

（1）菜单栏

菜单栏中包含了CATIA所有的菜单操作命令。在进入不同的工作台后，相应模块里的功能命令被自动加载到菜单条中。菜单栏上各个功能菜单条如图1-11所示。

开始　ENOVIA V5 VPM　文件　编辑　视图　插入　工具　窗口　帮助

图1-11　菜单栏上的功能菜单条

● 【开始】菜单：【开始】菜单是一种导航工具，可以起到调用工作台并且实现工作台不同的转换作用。利用【开始】菜单可以快速进入CATIA的各个功能模块，如图1-12所示。

● 文件：实现文件管理，包括新建、打开、关闭、保存、另存为、保存管理、打印和打印机设置等功能。

● 编辑：实现编辑操作，包括撤销、重复、更新、剪切、复制、粘贴、特殊粘贴、删除、搜索、选择集、选择集修订版、链接和属性等功能。

● 视图：实现显示操作，包括工具栏、命令列表、几何图形、规格、子树、指南针、重置指南针、规格概述和几何概观等功能。

● 插入：实现图形绘制设计等功能，包括对象、几何体、几何图形集、草图编辑器、轴系统、线框、法则曲线、曲面、体积、操作、约束、高级曲面和展开的外形等功能。

图1-12　【开始】菜单

● 工具：实现自定义工具栏，包括公式、图像、宏、实用程序、显示、隐藏、参数化分析等。

● 窗口：实现多个窗口管理，包括新窗口、水平平铺、垂直平铺和层叠等。

● 帮助：实现在线帮助。

（2）图形区

图形区是用户进行3D、2D设计的图形创建、编辑区域。

（3）信息栏

信息栏主要显示用户即将进行操作的文字提示，它极大地方便了初学者快速掌握软件应用技巧。

（4）工具栏

通过工具栏上的命令按钮可更加方便调用CATIA命令。CATIA不同工作台包括不同的工具栏。

用户可通过在工具栏空白处右击，弹出的菜单就是工具栏菜单，其中列出了当前模块的所有子工具栏命令，如图1-13所示。

（5）指南针

指南针不仅代表模型的三维坐标系，而且使用该指南针还可以进行模型平移、旋转等操作，有助于确定模型的空间位置和方位，特别是在装配设计中使用指南针可轻松操作部件。

（6）特征树

特征树是CATIA中一个非常重要的概念，记录了产品的所有逻辑信息和产品生成过程中的每一步，通过设计树可对特征进行编辑、重新排序，并可以对特征树进行多种操作，包括隐藏设计

图1-13　工具栏的调出

树、移动设计树、激活设计树、展开/折叠设计树等。

1.3　CATIA V5-6R2020帮助

在使用过程中遇到问题按下快捷键F1，系统会自动查找CATIA的用户手册，并定位在当前功能的说明部分，如图1-14所示为在【凸台】窗口中按F1键弹出的帮助界面。

图1-14　F1帮助

1.4　本章小结

本章介绍CATIA软件的用户界面和基本操作，通过本章的学习，使读者对CATIA V5的基本操作和功能有一个基本的掌握，为更好地应用CATIA V5打下良好的基础。

第 2 章

CATIA V5-6R2020操作

CATIA软件的基本操作，包括文件操作、视图操作、鼠标操作、指南针操作等，熟练掌握CATIA基本操作是CATIA软件使用的必备基础，可显著提高工作效率。

📚 本章内容

- ◉ 文件操作
- ◉ 视图操作
- ◉ 鼠标操作
- ◉ 指南针操作
- ◉ 选择操作

2.1 文件操作

CATIA中文件操作是最基本的软件管理功能，在CATIA中文件操作主要集中在【文件】下拉菜单中，如图2-1所示。

图2-1 【文件】菜单

2.1.1 新建文件

选择下拉菜单【文件】|【新建】命令，弹出【新建】对话框，在【类型列表】中选择想要新建的文件类型，单击【确定】按钮即可建立新的文件，如图2-2所示。

CATIA文件是CATIA数据按

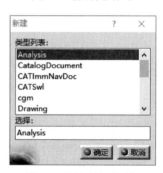

图2-2 【新建】对话框

照某种格式存储的格式文件，CATIA按数据建立的不同而有不同类型的数据存储格式文件，主要包括以下几种：

- 装配：文件名后缀.CATProuduct，保存为装配关系、装配约束、装配特征等。
- 零件：文件名后缀.CATPart，保存为零件实体、草图、曲面等。
- 工程图：文件名后缀.CATDrawing，保存为图样、视图等。
- 制造：文件名后缀.CATProcess，保存为数控加工工艺过程、产品关系等。

2.1.2　新建自

新建自命令是指以一个已经存在的文件副本为基础创建一个新的文件。这时，创建的新的文件类型与已经存在的文件类型相同。需要注意的是，已经存在的文件应处于退出状态。

选择下拉菜单【文件】|【新建自】命令，弹出【选择文件】对话框，选择已经存在的文件，单击【打开】按钮，对该文件重命名，如图2-3所示。

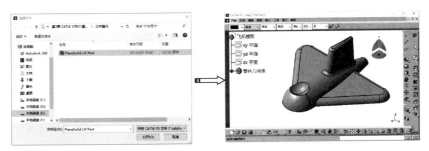

图2-3　新建自

2.1.3　打开文件

选择下拉菜单【文件】|【打开】命令，弹出【选择文件】对话框，选择需要的文件，单击【打开】按钮即可，如图2-4所示。另外，可选择右下角的 所有文件(*.*) ，弹出打开文件类型，可选择需要的文件类型，然后再选择所需文件，如图2-4所示。

图2-4　【选择文件】对话框

2.1.4　保存文件

（1）保存

当第一次对文件进行保存时，选择下拉菜单【文件】|【保存】命令，会弹出【另存为】对话框，选择合适保存路径和文件名后，单击【保存】按钮即可保存文件，如图2-5所示。

图2-5 【另存为】对话框

（2）另存为

选择下拉菜单【文件】|【另存为】命令，会弹出【另存为】对话框，选择合适保存路径和文件名后，单击【保存】按钮即可保存文件。"保存"和"另存为"的区别在于：保存是保存此文件，另存为是把文件复制一个进行保存，原文件还是存在的。

（3）全部保存

【全部保存】命令可以方便地保存全部修改的文件或者只读文件。选择下拉菜单【文件】|【全部保存】命令，如果这些文件之间无任何关联，则系统会弹出【全部保存】对话框提示是否全部保存，单击【是】按钮即可继续进行，如图2-6所示。如果文件未做任何修改或者都是只读文件，则系统不会做任何提示。

如果文件中有新文件或者只读文件，则系统会弹出【全部保存】对话框询问是否全部保存，如图2-7所示。单击【确定】按钮，则会弹出【全部保存】对话框，如图2-8所示。单击【另存为】按钮，为新文件或只读文件命名，然后单击【确定】按钮即可全部保存文档。

图2-6 【全部保存】对话框1

图2-7 【全部保存】对话框2

图2-8 【全部保存】对话框

2.1.5　保存管理

使用保存管理来使用新的文件名和新的保存路径保存所有已经修改的文件。但是，这个命令只适合用于已经打开的文件，未打开的文件则使用菜单【文件】|【发送至】命令。

选择菜单【文件】|【保存管理】命令，弹出【保存管理】对话框，如图2-9所示。选择要保存的文件，单击右侧的相关按钮即可进行文件保存管理。

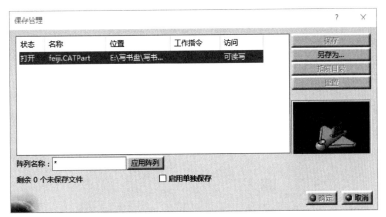

图2-9　【保存管理】对话框

2.1.6　退出文件

单击窗口右上角的【关闭】按钮⊠，如果文件已经经过保存，系统直接关闭。如果未经过保存文件之后，系统显示【关闭】对话框，如果选择【是】按钮系统保存并关闭，如果选择【否】按钮系统不保存退出，如图2-10所示。

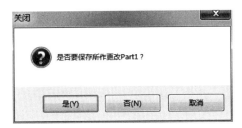

图2-10　【关闭】对话框

2.2　视图操作

CATIA有强大的视图管理功能，可实现对现有模型进行旋转、平移、缩放、显示模式等一系列的视图操作，以便于更加灵活地观察三维设计环境，方便操作。

2.2.1　视图方向

在设计过程中常常需要改变视图方向，可通过下一节中的鼠标和指南针操作实现。但是有时需要精确确定到某个视图方向，这时可通过【视图】工具栏上的【等轴测视图】按钮口下相关命令按钮实现，如图2-11所示。

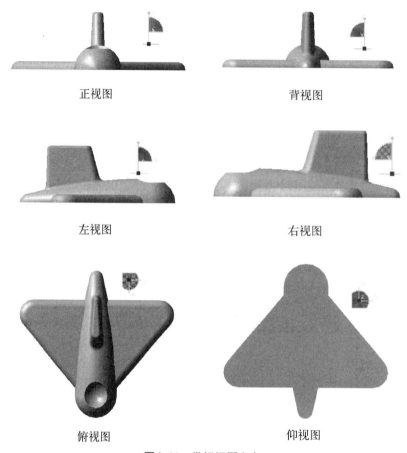

图2-11　常规视图方向

● 法线视图：法线视图可选择一个平面作为视图平面，单击【视图】工具栏的【法线视图】按钮，接着选择一个平面作为视图平面，系统自动旋转物体到该平面上，也就是视线垂直于该平面，如图2-12所示。

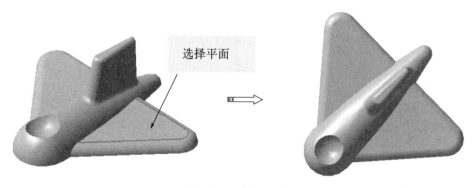

图2-12　法线视图

● 多视图：单击【视图】工具栏的【多视图】按钮，可在设计窗口中同时显示4个视图，再次单击【多视图】按钮，取消多视图功能，如图2-13所示。

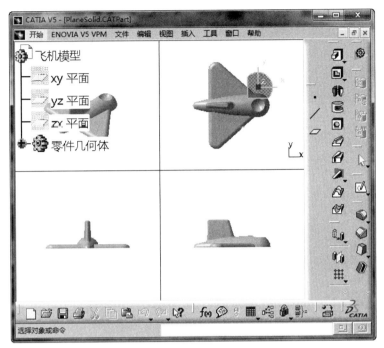

图2-13 多视图

2.2.2 视图调整

通过【视图】工具栏相关按钮可以从多个方向观察设计环境，如图2-14所示。

图2-14 【视图】工具栏

● 全部适应：单击【全部适应】按钮，可将模型充满整个窗口。
● 平移：单击【平移】按钮，可移动模型。这种移动仅仅是对视图的移动，并不是移动物体的位置，就是物体在空间坐标是没有变化的。
● 旋转：单击【旋转】按钮，可将物体绕着屏幕上的中心进行旋转，与平移相同，旋转只是改变物体的视图方向，并没有改变视图的坐标位置。
● 缩放：单击【放大】按钮或【缩小】按钮，可对物体的视图进行放大和缩小操作。

2.2.3 视图显示

CATIA提供了多种不同的显示方法，视图显示有两种不同方法：透视和平行。
● 透视是以透视投影法（三点透视）显示物体，物体会随着远近或视角的变化而变形，如图2-15（a）所示。
● 平行是以平行投影法显示物体，物体不会随着远近或视角的改变而变形，如图2-15（b）所示。

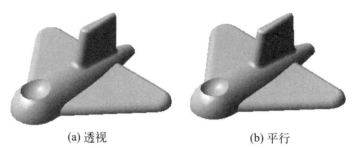

(a) 透视　　　　　　　　　　　　(b) 平行

图2-15　透视和平行

● 着色：只是对面进行着色渲染，没有显示物体的边线轮廓，如图2-16所示。
● 含边线着色：着色方式，已经显示了物体边线和面与面之间的边线，如图2-17所示。

图2-16　着色

图2-17　含边线着色

　● 带边着色但不光顺边线：渲染显示，也显示物体的边线，但光滑的连接面之间的边线不显示出来，如图2-18所示。
　● 含边线和隐藏边线着色：渲染显示，显示物体的边线，并且被挡住的边线用虚线显示出来，如图2-19所示。

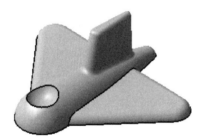

图2-18　带边着色但不光顺边线

图2-19　含边线和隐藏边线着色

　● 含材料着色：带材料属性渲染。这种显示方法可以将已经应用了材料属性的物体显示出来，如图2-20所示。
　● 线框：以线框形式显示，如图2-21所示。

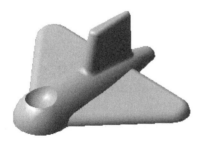

图2-20　含材料着色

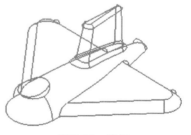

图2-21　线框

2.2.4 显示/隐藏

在设计过程中，经常需要隐藏或显示某些元素，以便于观察和操作。

● 隐藏/显示：选择需要隐藏的元素或对象，单击【视图】工具栏上的【隐藏/显示】按钮⊠，可将所选的对象隐藏，相反可显示出隐藏对象，如图2-22所示。

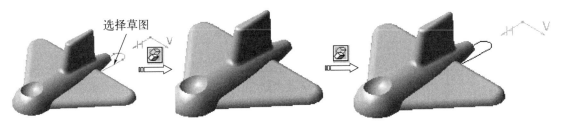

图2-22 显示与隐藏

● 交换可视空间：在显示窗口与隐藏窗口之间切换。如果在显示窗口单击【视图】工具栏上的【交换可视空间】按钮⊠，则可切换到隐藏窗口，显示被隐藏的对象；反之，如果在隐藏窗口中单击该按钮，则可切换到显示窗口，如图2-23所示。

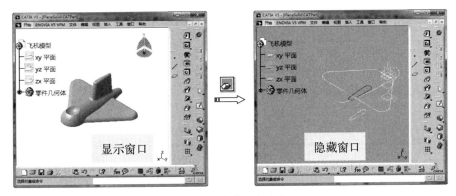

图2-23 交换可视空间

💡 **技术要点**

如果需要将已经隐藏的元素显示出来，首先单击【交换可视空间】按钮⊠，在窗口中显示被隐藏的元素，选择需要显示的元素，单击【隐藏/显示】按钮⊠，最后单击【交换可视空间】按钮⊠可将已经隐藏了的元素显示出来。

2.3 鼠标操作

CATIA软件以鼠标操作为主，熟练掌握鼠标和指南针的应用是CATIA软件操作的基础，可显著提高工作效率。

2.3.1 常用鼠标操作

CATIA提供了各种鼠标操作组合功能，包括选择对象、编辑对象以及视图操作，见表2-1。

表2-1　鼠标的常用操作及功能

动作	图形元素的种类和数量
单击左键	选择对象、执行命令。用于确定一个点的位置，选择图形对象（比如，单击一个面，就是将这个面选中了），其次，主要是用来点击菜单或者各种图标
双击左键	连续执行命令
拖动左键	框选对象、移动对象
单击中键	屏幕上绘制出图形之后，单击中键，系统默认单击的位置为显示中心，绘制的图形将向某一方向移动
拖动中键	平移视图。绘制的图形或者零件将随之移动
单击右键	单击鼠标右键会弹出快捷菜单，比如复制、粘贴等
按住中键 + 单击左键（或右键）	缩放视图
按住中键和左键（或右键）	旋转视图
按住中键，再按住 Ctrl 键，移动鼠标	旋转视图
按住 Ctrl 键然后再按住中键，移动鼠标	可以放大或者缩小目标
按住 Ctrl 键，然后按住鼠标左键	可以选取多个目标，首先选取一个目标之后，按住 Ctrl 键，再单击所需要添加的目标，就实现了多个目标的选取
转动滚轮	特征树将会上下移动

2.3.2　鼠标操作功能

（1）选择对象

利用鼠标左键单击模型或特征树上的相关项目对整个模型或模型的局部进行选择，所选择的部分就会高亮显示出来，如图2-24所示。

（2）显示快捷菜单

在所选对象上单击鼠标右键，弹出上下文相关菜单，如图2-25所示。

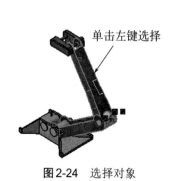

图2-24　选择对象

图2-25　显示快捷菜单

（3）移动对象

在工作窗口的任何位置按住鼠标中键不放并移动鼠标，这时模型会随着鼠标光标的移动而移动。此时模型和三个基准平面的位置关系并未发生改变。

（4）旋转对象

在工作窗口的任何位置按住鼠标中键不放，再按住鼠标右键或左键不放并移动鼠标，这时模型会随着鼠标的移动而旋转。旋转中心始终在工作窗口的中心，用户可用鼠标单击指定位置，该位置就会成为旋转中心，如图2-26所示。

（5）缩放对象

在工作窗口的任何位置按住鼠标中键不放，然后单击鼠标的右键或左键一下，这时移动鼠标，模型就会随着光标的上下移动实现缩放。此外，先按Ctrl键再按鼠标中键是放大缩小，如图2-27所示。

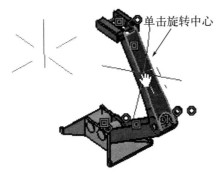
图2-26　旋转对象

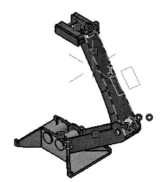
图2-27　缩放对象

💡 **技术要点**

在CATIA中可以使用鼠标和键盘进行快速移动，先按住Ctrl键，再按鼠标中键，移动鼠标，模型就会随着鼠标的上下移动而放大缩小；先按住鼠标中键，再按Ctrl键，移动鼠标，模型就会随着鼠标的移动而旋转。

2.4　指南针操作

CATIA指南针是一个功能非常强大的工具，利用指南针可以对视图进行旋转、移动等多种操作，同时也可操作零件，熟悉指南针操作可显著提高工作效率。

指南针也称为罗盘，在文件窗口的右上角，并且总是处于激活状态，代表着模型的三维空间坐标系。

2.4.1　指南针组成

指南针是由与坐标轴平行的直线和三个圆弧组成的，其中X和Y轴方向各有两条直线，Z轴方向只有一条直线。这些直线与圆弧组成平面，分别与相应的坐标平面平行，如图2-28所示。

（1）X、Y、Z

表示坐标轴的名称，Z坐标轴起到定位作用。

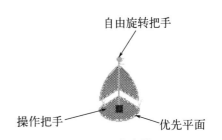
图2-28　指南针

（2）自由旋转把手

● 用于旋转指南针，同时窗口中的物体也进行旋转。

（3）指南针操作把手

● 用于拖动指南针，并且可将指南针置于物体上进行操作，也可使物体绕点旋转。

（4）优先平面

● 基准平面。

2.4.2　显示和重置指南针

（1）显示和隐藏指南针

选择下拉菜单【视图】|【指南针】命令，在前面打钩，在视图中显示指南针，如图2-29所示。否则可隐藏指南针。

图2-29　显示指南针

（2）重置指南针

选择下拉菜单【视图】|【重置指南针】命令，将图形中的指南针恢复到默认的方向，如图2-30所示。

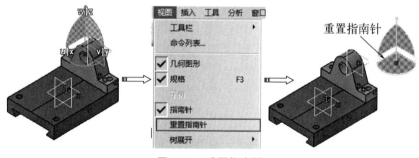

图2-30　重置指南针

> 💡 **技术要点**
>
> 要是指南针脱离模型，可将其拖动到窗口右下角绝对坐标系处；或者拖到指南针离开物体的同时按住Shift键，并且要先松开鼠标左键；还可以选择菜单栏【视图】|【重置指南针】命令来实现。

2.4.3　指南针常用功能

指南针主要的两项功能是：改变模型的显示位置——视点操作；另外是改变模型的实际位

置——模型操作。

（1）视点操作

视点操作只是改变观察模型的位置和方向，模型的实际位置并没有改变。

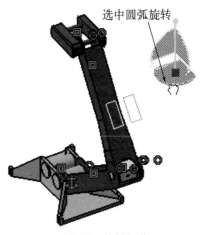

● 线平移：选择指南针上的任意一条直线，按住鼠标左键并移动鼠标，则工作窗口中的模型将沿着此直线平移。

● 面平移：选择指南针上的任意一个平面（xy、yz、zx平面），按住鼠标左键并移动鼠标，则工作窗口中的模型将在对应的平面内平移。

● 旋转：选择xy平面上的弧线，按住鼠标左键并移动鼠标，则指南针绕z轴旋转，模型则以工作窗口的中心为转点绕z轴旋转。同样，在另外两个平面也适用，如图2-31所示。

图2-31 旋转操作

● 自由旋转：选择指南针z轴上的圆头，按住鼠标左键并移动鼠标，则指南针以红色方块为顶点自由旋转，工作窗口中的模型也会随着指南针一同以工作窗口的中心为顶点进行旋转。

（2）模型操作

使用指南针不仅能对视点进行操作，而且可以将指南针拖动到物体上，对物体模型进行操作。操作方法与视点操作方法完全相同。

移动鼠标到【操作把手】指针变成四向箭头，然后拖动指南针至模型上释放，此时指南针会附着在模型上，指南针变绿色，且字母X、Y、Z变为W、U、V，表示坐标轴不再与文件窗口右下角的绝对坐标相一致，如图2-32所示。这时，就可以按前面介绍的视点操作方法对模型进行操作了。

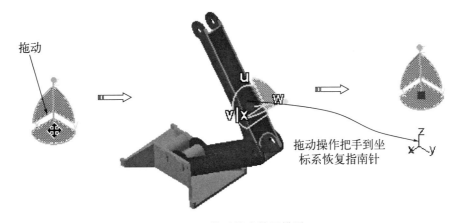

图2-32 拖动指南针至模型

💡 **技术要点**

要是指南针脱离模型，可将其拖动到窗口右下角绝对坐标系处；或者拖到指南针离开物体的同时按住Shift键，并且要先松开鼠标左键；还可以选择菜单栏【视图】【重置指南针】命令来实现。

2.4.4 指南针【编辑】功能

2.4.4.1 【编辑】对话框操作模型

通过编辑功能可以操作的对象与指南针操作对象是一样的。将指南针拖动到物体上，单击鼠标右键，在弹出的快捷菜单中选择【编辑】命令，或者双击指南针，可弹出【用于指南针操作的参数】对话框，如图2-33所示。

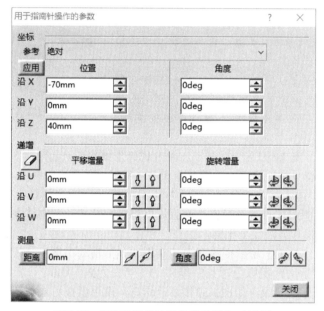

图2-33 【用于指南针操作的参数】对话框

【用于指南针操作的参数】对话框相关参数选项含义如下：

（1）坐标

● 绝对：是指物体的移动是相对于绝对坐标的。

● 活动对象坐标系：是指物体的移动是相对于激活的物体内。

（2）沿指南针的一根轴线移动

在U、V、W中输入相应的距离，然后选择向下 或向上 箭头即可移动零件，如图2-34所示。

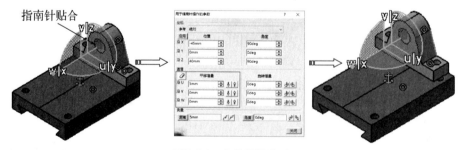

图2-34 定量递增移动

（3）绕指南针的一根轴线转动

在U、V、W中输入相应的旋转增量角度，然后选择顺时针 或逆时针 箭头即可旋转零件，如图2-35所示。

图2-35 定量递增旋转

（4）沿矢量移动

单击【测量】区域【距离】按钮，然后选择两个元素，两个元素的距离值经过计算会在【距离】栏中显示出来，单击 ✐ 或 ✐ 按钮，即可沿着两个元素之间的平移方向正向或反向移动物体，如图2-36所示。

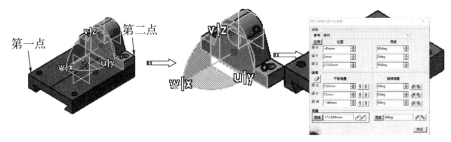

图2-36 沿矢量移动

（5）沿方向旋转

单击【测量】区域【角度】按钮，然后选择两个元素，两个元素的角度值经过计算会在【角度】栏中显示出来，单击 ✐ 或 ✎ 按钮，即可沿着两个元素之间的旋转角度向正向或反向旋转物体。

2.4.4.2 拖动指南针操作模型

当指南针在物体上时，可以拖动指南针的相应轴线或者弧线，使物体按照增量区域内的平移增量或旋转增量进行平移或者旋转。当对话框关闭时，增量值也会被保存，这时利用指南针对物体进行操作，该变量只能是增量值，如图2-37所示。如果想自由地对物体进行操作，只需将对话框中的增量值重置为0。

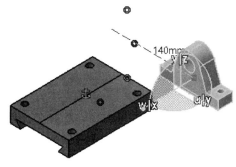

图2-37 指南针增量移动

2.4.5 指南针右键快捷菜单

在指南针上单击鼠标右键，弹出指南针快捷菜单，如图2-38所示。

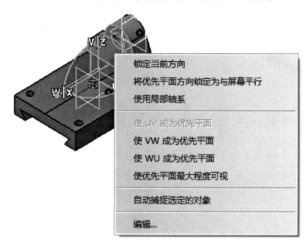

图2-38 指南针右键快捷菜单

指南针右键快捷菜单相关命令含义如下：

（1）锁定当前方向

即固定目前的视角，这样，即使选择菜单【视图】|【重置指南针】命令，也不会回到原来的视角。同时，将指南针拖动的过程中以及指南针拖动到物体上以后，都会保持原来的方向。欲重置指南针的方向，只需再次选择该命令即可。

（2）将优先平面方向锁定为与屏幕平行

指南针的优先平面与屏幕方向相互平行，这样即使改变视点或者旋转物体，指南针也不会发生改变。

（3）使用局部轴系

指南针的坐标系同当前自定义的坐标系保持一致。如果无当前自定义坐标系，则与文件窗口右下角的坐标系保持一致。

（4）使UV、VW、WU成为优先平面

使UV、VW、WU成为指南针的优先平面。

（5）使优先平面最大程度可视

使指南针的优先平面为可见程度最大的平面。

（6）自动捕捉选定的对象

使指南针自动到指定的未被约束的物体上，如图2-39所示。

图2-39 自动捕捉选定的对象

2.5　选择操作

本节介绍CATIA选择操作，包括通用选择工具和用户选择过滤器等。

2.5.1　通用选择工具

在零件复杂或装配体比较多的时候，如果不设置选择过滤器，将很难完成元素的选择。【选择】工具条提供了元素选择过滤工具，如图2-40所示。

图2-40　【选择】工具栏

【选择】工具栏相关选项参数含义如下：

（1）选择 🖈

提供了通用选择功能，可用鼠标点选图形区的元素或从特征树中选择。

（2）几何图形上方的选择框 🖰

提供在几何体上绘制框选的功能，单击该按钮，在模型上可以按住鼠标左键开始框选，框选结束该按钮失效，如图2-41所示。

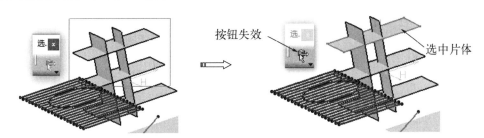

图2-41　几何图形上方的选择框

（3）矩形选择框 🖰

提供了矩形框选的功能。单击该按钮，在图形区可以按住鼠标左键开始框选，只有完全被选择框包围的元素才能被选中。该选项是系统默认选项，如图2-42所示。

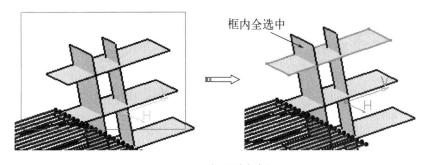

图2-42　矩形选择框

（4）相交矩形选择框

提供相交矩形框选功能。与矩形选择框不同的是，单击该选项元素时，只要元素与选择框有相交的部分该元素即被选中，如图2-43所示。

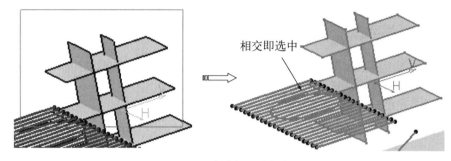

图2-43　相交矩形选择框

（5）多边形选择框

提供多边形框选功能。单击该按钮，在图形区单击鼠标左键可绘制多边形，双击鼠标左键即可结束绘制，只选择被选择框完全包围的元素，如图2-44所示。

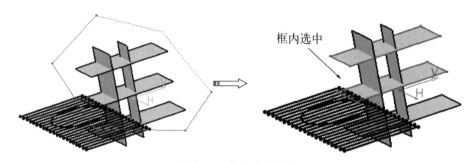

图2-44　多边形选择框

（6）手绘选择框

提供通过绘制穿过点的方法选择元素的功能。单击该按钮，在图形区单击鼠标左键可绘制点（非可见点），凡是通过该点的元素都将被选中，如图2-45所示。

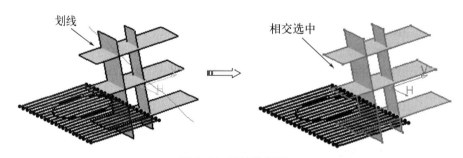

图2-45　手绘选择框

（7）矩形选择框之外

提供选取矩形框外所有元素的功能。该命令的操作方法与"矩形选择框"相同，但该命令选择的是矩形框之外的部分，如图2-46所示。

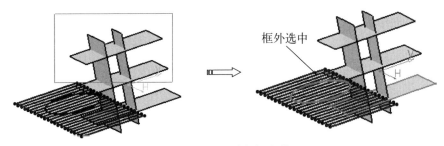

图2-46　矩形选择框之外

（8）相交矩形选择框之外

提供交叉框选以外元素的功能。该命令与"相交矩形选择框"相同，但该命令所选中的是交叉框以外的部分，如图2-47所示。

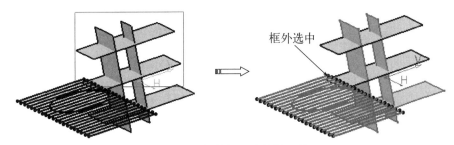

图2-47　相交矩形选择框之外

2.5.2　用户选择过滤器

通过选择提供了框选多种元素的功能，选择过滤提供了过滤的方式来选择多个同种元素的功能，如图2-48所示。

图2-48　用户选择过滤器

用户选择过滤器相关选项功能如下：

（1）点过滤器

提供了点过滤功能，选中该按钮后，在选择中将只选择点（草绘点、线段端点、实体定点），其他元素将被过滤。

（2）曲线过滤器

提供了曲线过滤功能。选中该按钮后，在选择中将只选中曲线和线段，其他元素将被过滤。

（3）曲面过滤器

提供了面过滤功能。选中该按钮后，在选择过程中将只选中实体表面和片体面，其他元素将被过滤。

（4）体积过滤器

提供了实体过滤功能。选中该按钮后，在选择过程中将只选中实体，其他元素将被过滤。

（5）特征元素过滤器

提供了特征过滤功能。选中该按钮，在选择过程中将只选中特征，其他元素将被过滤（只有在曲面过滤器选中的时候该项才可用）。

（6）几何元素过滤器

提供了几何元素过滤功能。选中该按钮，在选择过程中将只选中几何元素（如实体表面），其他元素将被过滤（只有在曲面过滤器选中的时候该项才可用）。

（7）激活相交边

提供选取相交线的功能。选中该按钮，在模型中只能选取相交的棱边。

（8）工作支持面选择状态

提供可以从工作面上拾取元素的功能。选中该项，在繁多的元素中只选取落在工作面上的元素。

（9）快速选择

提供了快速选取的功能。选中该命令，在模型中选中元素，系统将自动搜索该元素的父子元素并选中。

2.6 本章小结

本章介绍CATIA软件的基本操作，包括文件管理、视图管理、鼠标操作、指南针操作等。通过本章的学习，使读者对CATIA的基本操作和功能有了一个基本的掌握，为更好地应用CATIA打下良好的基础。

第 3 章

CATIA草图设计

草图是CATIA中创建在规定的平面上的命了名的二维曲线集合。CATIA创建的草图可实现多种设计需求，可通过凸台、旋转草图来创建实体或片体；也可通过尺寸和几何约束建立设计意图并且提供通过参数驱动改变模型。希望通过本章的学习，使读者轻松掌握CATIA草图设计的基本知识。

本章内容

◉ 草图简介

◉ 草图编辑器

◉ 草图绘制命令

◉ 草图操作命令

◉ 草图约束命令

◉ 草图分析

3.1 CATIA草图简介

二维草图是三维建模的基础，草图就是创建在规定的平面上的命了名的二维曲线集合，常用于将草图通过拉伸、旋转、扫掠等特征创建方法来创建实体或片体。

3.1.1 草图编辑器

CATIA草图设计在草图工作台下实现，在设计时需要选择草绘平面，进入草图工作台。下面介绍进入和退出草图编辑器环境方法。

3.1.1.1 创建草图法

CATIA草图设计是在"草图编辑器"下进行的，常用以下2

种方式进入草图编辑器环境：菜单法和工具栏法。

（1）菜单法进入草图编辑器

① 在菜单栏执行【文件】|【机械设计】|【草图编辑器】命令，弹出【新建】对话框，如图3-1所示。在【输入零件名称】文本框中输入文件名称，然后单击【确定】按钮进入零件工作环境。

图3-1　【新建】对话框

② 在工作窗口选择草图平面（xy平面、yz平面、zx平面或者实体的一个表面），则系统自动进入草图编辑器，如图3-2所示。

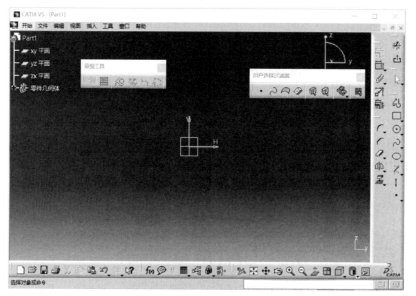

图3-2　草图编辑器

💡 **技术要点**

在草绘时也可以首先选取现有平面，然后在【工作台】工具栏上单击【草图】按钮，系统自动进入草图编辑器。

（2）工具栏法进入草图编辑器

在"零件设计"等【工作台】中单击【草图】按钮，系统提示选取草绘平面，在工作窗口选择草图平面（xy平面、yz平面、zx平面或者实体的一个表面），则系统自动进入草图编辑器。

3.1.1.2　退出草图编辑器

绘制完草图后，单击【工作台】工具栏上的【退出工作台】按钮，完成草图绘制退出草图编辑器环境。

3.1.2　创建定位草图

定位草图中用户可以指定草图平面、草图原点和草图坐标轴方向等。

单击【定位草图】按钮，弹出【草图定位】对话框，可有针对性地在特定位置上创建草图，如图3-3所示。

（1）草图定位

用于选择草图绘制平面，可选择基准面或者实体表面等。

● 滑动：与创建普通草图的方法和含义相同。

● 已定位：用于自己定义草图中H和V轴的方向和原点的位置，该方式比较灵活。

（2）原点

用于设置草图原点方式，包括"隐式""零部件原点""投影点""相交的2条直线""曲线相交""中点"和"重心"等。

● 隐式：也就是默认的，可能是WCS的原点，也可能是UCS的原点，要看选择的基准面是哪种类型。

● 零部件原点：WCS的原点。

图3-3　【草图定位】对话框

● 投影点：也就是选择的点投影到基准面的点，按点到面的垂直方向投影。

● 相交的2条直线：在所选基准平面内的两条直线的交点。

● 曲线相交：由一条曲线（包括直线）和所选草图基准面相交确定的点。

● 中点：所选直线或曲线的中点确定为草图原点，当然此直线或曲线要在基准面上。

● 重心：这个好理解，就是所选元素的重心。

（3）方向

用于设置草图水平轴、垂直轴的方向和参考，包括"隐式""X轴""Y轴""Z轴""部件""通过点""与直线平行""相交面"和"曲面的法线"等。

📖 操作实例——创建定位草图操作实例

操作步骤

01 打开实例素材文件"第3章\原始文件\dingweicaotu.CATPart"❶，选择【开始】|【机械设计】|【零件设计】，进入【零件设计】工作台，如图3-4所示。

02 单击【定位草图】按钮，弹出【草图定位】对话框，选择如图3-5所示的平面作为操作平面。

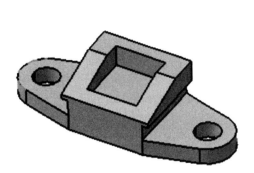

图3-4　打开零件

---

❶ 本书实例素材文件可扫描封底二维码下载。

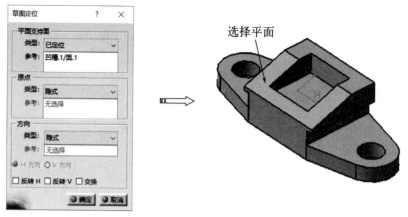

图 3-5 选择草绘平面

03 在【原点】选项中选择【类型】为"中点"，然后选择如图3-6所示的直线，单击【确定】
按钮进入草图编辑器。

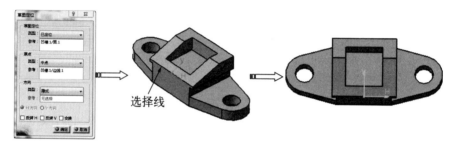

图 3-6 选择草绘原点

3.1.3 草图编辑器选项

选择下拉菜单【工具】|【选项】命令，在左侧栏中选择【机械设计】|【草图编辑器】选项，
弹出草图编辑器环境预设置，如图3-7所示。

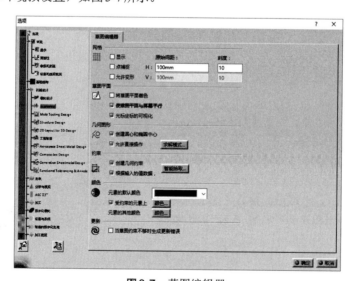

图 3-7 草图编辑器

草图编辑器相关选项参数含义如下：

（1）网格

● 显示：用于控制草图网格线的开关，选中该按钮，显示草图网格；取消该按钮，不显示网格线，系统默认选中。

● 点捕捉：是否自动捕捉最近网格交叉点。建议在绘制比较规则的草图时选中；绘制不规则的草图时不选中该选项。

● 允许变形：选中该选项，允许将网格水平和垂直方向间距设置为不同。

● 原始间距：用于表示主网格线间距。

● 刻度：用于表示主网格线之间的网格数目。

（2）草图平面

● 将草图平面着色：用于设置是否将草图平面着色。系统默认不选中。

● 使草图平面与屏幕平行：选中该选项，当进入草图工作台，草图平面平行于屏幕，否则默认方向保持。

● 光标坐标的可视化：选中该选项，光标坐标显示在光标附近。默认情况下，此选项被选中。

（3）几何图形

● 创建圆心和椭圆中心：在创建圆或椭圆时自动绘制出圆心点。

● 允许直接操作：允许用鼠标直接拖动草图对象移动。

（4）约束

● 创建几何约束：选中该选项，将创建草图对象时使用智能捕捉得到的约束。

● 根据输入的值数据：选中该选项，将创建草图对象时使用工具栏中输入的数值标注草图尺寸。

（5）颜色

● 元素的默认颜色：单击其后选择框可选择所需颜色作为元素默认颜色。

● 受约束的元素上：选中该标签，单击【颜色】按钮，弹出【诊断颜色】对话框，可设置相关元素的颜色，如图3-8所示。

● 元素的其他颜色：单击其后的【颜色】按钮，弹出【其他元素的颜色】对话框，可设置受保护的元素、构造元素和智能拾取等颜色设置，如图3-9所示。

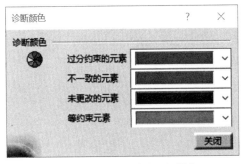

图3-8 【诊断颜色】对话框

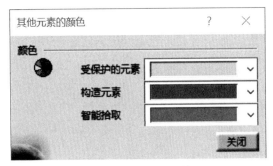

图3-9 【颜色】对话框

3.2 草图绘制命令

CATIA草图编辑器中【轮廓】工具栏中提供草图绘制命令，或者执行菜单栏【插入】|【轮廓】下的相关绘图命令来实现，如图3-10所示。

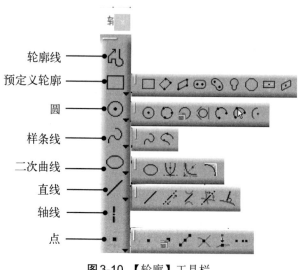

图3-10　【轮廓】工具栏

3.2.1　绘制点

单击【轮廓】工具栏中【点】按钮 ∎. 右下角的小三角形，弹出有关点命令按钮。CATIA 提供的点绘制功能有：通过单击创建点、使用坐标创建点、等距点、相交点和投影点等，下面分别加以介绍。

3.2.1.1　通过单击创建点

通过单击创建点用于在草图上建立一个点，如图3-11所示。

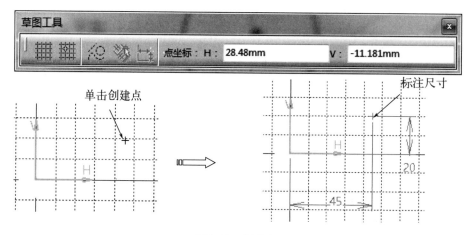

图3-11　创建点

3.2.1.2　使用坐标创建点

使用坐标创建点用于通过确定点的坐标值来建立点，可以选择直角坐标或极坐标。

💡 **技术要点**

若提前选择点，可将以该点为起点偏置来创建点。

3.2.1.3　等距点

等距点用于在已知曲线上生成等距点，曲线可以是直线、圆、圆弧、圆锥曲线、样条曲线。

单击【轮廓】工具栏上的【等距点】按钮，弹出【等距点定义】对话框，包括4种等距点创建方式。

（1）点和长度

点和长度是指通过设置新点的数量和长度，系统根据长度自动确定点的间距，如图3-12所示。

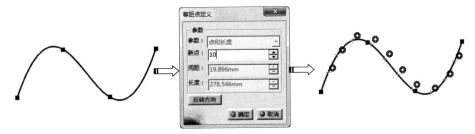

图3-12　点和长度绘制等距点

（2）点和间距

点和间距是指通过设置新点的数量和点的间距值，系统根据选择的对象自动创建点，如图3-13所示。

图3-13　点和间距绘制等距点

（3）间距和长度

间距和长度是指通过设置新点的间距和长度，系统根据选择对象的长度自动确定点的数量，如图3-14所示。

图3-14　间距和长度绘制等距点

💡 **技术要点**

单击【轮廓】工具栏上的【等距点】按钮，在图形选择创建等距点的直线或曲线，弹出【等距点定义】对话框，然后一定要选择曲线或直线的一个端点才能启动【参数】选项。

3.2.1.4　相交点

相交点用于创建曲线之间的交点，曲线可以是直线、圆、圆弧、圆锥曲线、样条线，如图3-15所示。

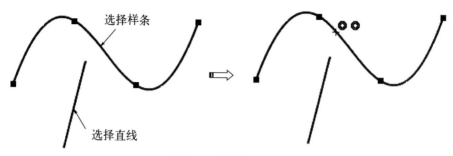

图3-15　绘制相交点

3.2.1.5　投影点

投影点用于把曲线外的点投影到曲线上而创建点，投影沿着曲线在该点的法线方向。曲线可以是直线、圆、圆弧、圆锥曲线、样条线，如图3-16所示。

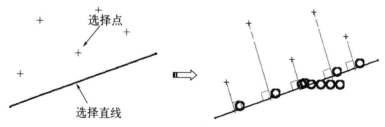

图3-16　投影点

3.2.2　绘制轮廓线

轮廓线用于在草图平面上连续绘制直线和圆弧，前一段直线或者圆弧的终点是下一段直线或者圆弧的起点。

> 💡 **技术要点**
>
> 轮廓线包括直线和圆弧，轮廓线命令与直线或圆弧命令的区别在于它可以连续绘制线段和圆弧。

单击【轮廓】工具栏上的【轮廓】按钮 ，此时【草图工具】工具栏如图3-17所示。

图3-17　【草图工具】工具栏

下面分别介绍该工具面板中常用工具的功能。

（1）直线：按钮

选中【直线】按钮，可绘制连续折线图形。单击选中该按钮，在图形区单击一点作为起点，连续单击多点可创建首尾相互连接的多段折线，如图3-18所示。

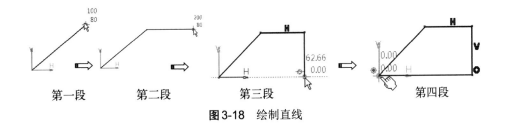

图3-18 绘制直线

> 💡 **技术要点**
>
> 　当绘制轮廓封闭后，绘图自动结束，自动退出连续轮廓曲线绘制命令；也可以在连续图形的最后一点双击鼠标左键结束命令；还可以通过单击其他绘图按钮切换绘图模式，或者按Esc键结束绘图。

（2）相切弧：按钮 ⬭

单击并选中该按钮，可绘制与上一个图素相切的圆弧。首先启动轮廓线命令绘制一段直线，然后单击【相切弧】按钮 ⬭，绘制与上一条直线相切的圆弧，如图3-19所示。

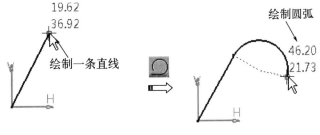

图3-19 相切弧

（3）三点弧：按钮 ⬭

单击并选中该按钮，可绘制以上一图素端点为起点的三点圆弧，如图3-20所示。

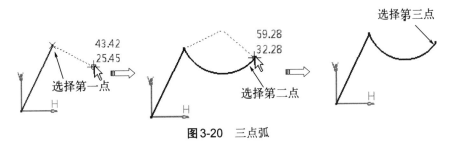

图3-20 三点弧

3.2.3 绘制预定义的轮廓线

单击【轮廓】工具栏中【矩形】按钮▢右下角的小三角形，弹出有关预定义轮廓命令按钮，包括矩形、斜置矩形、居中矩形、平行四边形、居中平行四边形、延长孔、圆柱形延长孔、钥匙孔轮廓、多边形。

3.2.3.1 矩形

矩形用于通过定位任一条对角线上的两个对角点来绘制与坐标轴平行的矩形，如图3-21所示。

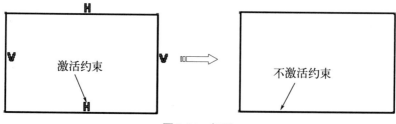

图 3-21 矩形

3.2.3.2 斜置矩形

斜置矩形用于绘制一个边与横轴成任意角度的矩形，通常需要选择3个点，如图3-22所示。

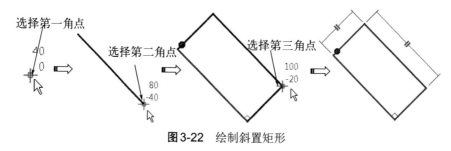

图 3-22 绘制斜置矩形

3.2.3.3 居中矩形

居中矩形用于通过定义矩形中心以及矩形的一个顶点来创建矩形，如图3-23所示。

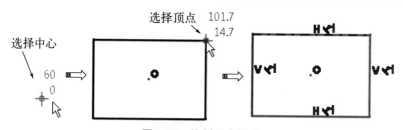

图 3-23 绘制居中矩形

3.2.3.4 平行四边形

平行四边形用于通过确定四个顶点中的三个在草绘平面上绘制任意放置的平行四边形，如图3-24所示。

图 3-24 绘制平行四边形

3.2.3.5 居中平行四边形

居中平行四边形用于通过选择两条相交直线作为平行四边形的两对平行边，并由一定顶点来创建平行四边形。平行四边形中心为两条直线的交点，两条边分别平行于两条直线，如图3-25所示。

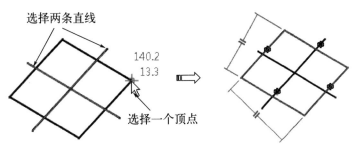

图3-25 绘制居中平行四边形

3.2.3.6 延长孔

延长孔用于通过两点来定义轴，然后定义孔半径来创建延长孔，常用于绘制键槽或螺栓孔等，如图3-26所示。

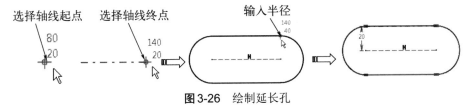

图3-26 绘制延长孔

3.2.3.7 圆柱形延长孔

圆柱形延长孔用于通过定义圆弧中心，再用两点定义中心圆弧线，然后再定义圆柱形延长孔来创建它，如图3-27所示。

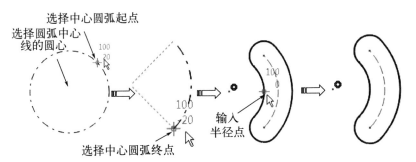

图3-27 绘制圆柱形延长孔

3.2.3.8 钥匙孔轮廓

钥匙孔轮廓用于通过定义中心轴，然后定义小端半径和大端半径来创建钥匙孔轮廓，如图3-28所示。

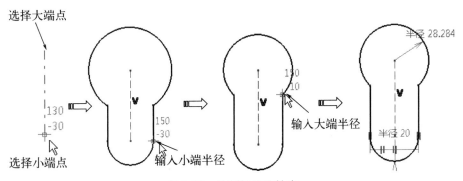

图3-28 绘制钥匙孔轮廓

3.2.3.9 多边形

多边形用于通过定义中心以及边上一点创建多边形，默认为六边形，如图3-29所示。

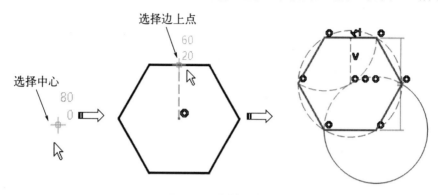

图3-29 绘制六边形

3.2.4 绘制圆和圆弧

CATIA提供了多种圆和圆弧绘制方法。单击【轮廓】工具栏中【圆】按钮⊙右下角的小三角形，弹出有关圆和圆弧命令。

3.2.4.1 圆

圆用于通过圆心和半径（或者圆上一点）来创建圆，如图3-30所示。

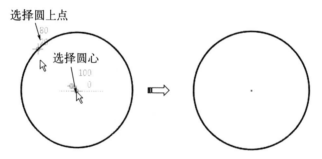

图3-30 绘制圆

3.2.4.2 三点圆

三点圆用于通过三个坐标点创建一个圆，如图3-31所示。

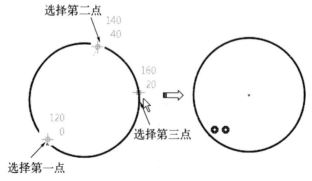

图3-31 绘制三点圆

3.2.4.3　使用坐标创建圆

使用坐标创建圆用于通过对话框定义圆心和半径来创建圆，既可以使用直角坐标，也可以使用极坐标，如图3-32所示。

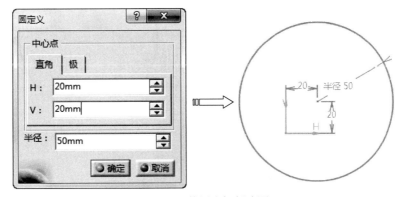

图3-32　使用坐标创建圆

3.2.4.4　三线切圆

三线切圆用于通过与三个已知元素相切来创建圆，元素可以是圆、直线、点或者坐标轴，但3条轮廓曲线不能同时平行，如图3-33所示。

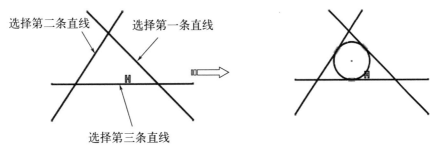

图3-33　绘制三线切圆

3.2.4.5　三点弧

三点弧用于通过依次定义弧的起点、第二点和终点来创建圆弧，如图3-34所示。

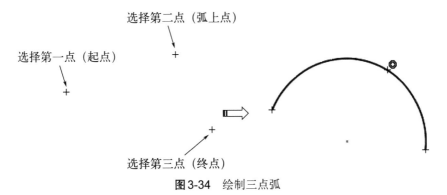

图3-34　绘制三点弧

3.2.4.6　起始受限的三点弧

起始受限的三点弧用于通过三点来确定圆弧。与三点弧不同的是，在起始受限的三点弧中，第一点为圆弧起点，第二点为圆弧终点，第三点为圆弧上的一点，如图3-35所示。

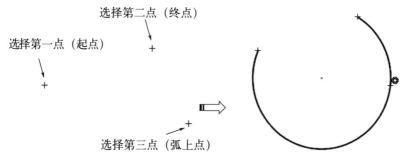

图3-35　绘制起始受限的三点弧

3.2.4.7　中心弧

中心弧用于通过圆心以及起点和终点来创建圆弧，如图3-36所示。

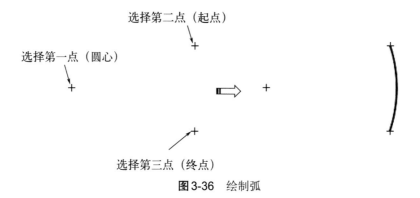

图3-36　绘制弧

3.2.5　绘制样条线

单击【轮廓】工具栏中【样条线】按钮 ∿ 右下角的小三角形，弹出有关样条命令。

3.2.5.1　样条线

样条线用于通过一系列控制点来创建样条曲线。绘制样条曲线后，双击样条曲线，弹出【样条线定义】对话框，可利用该对话框编辑样条曲线，如图3-37所示。

图3-37　绘制样条线

3.2.5.2　连接线

连接线是指用一条样条曲线（弧、样条曲线或者直线）连接两条分离的曲线（直线、圆弧、圆锥曲线、样条线)。

单击【轮廓】工具栏上的【连接】按钮 ，此时【草图工具】工具栏如图3-38所示。

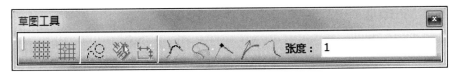

图3-38 【草图工具】工具栏

- 【用弧连接】 ：单击并选中该按钮，用圆弧连接两段曲线。
- 【用样条线连接】 ：单击并选中【用样条线连接】 ，用样条线连接两段曲线。

3.2.6 绘制直线

单击【轮廓】工具栏中【直线】按钮 右下角的小三角形，弹出有关直线命令按钮，包括：直线、无限长线、双切线、角平分线和曲线的法线等。

3.2.6.1 直线

直线用于通过两点来创建直线，直线创建有两种方法：起点和终点、中点和终点，如图3-39所示。

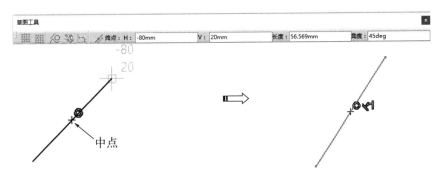

图3-39 创建对称直线

3.2.6.2 无限长线

无限长线用于创建水平、垂直直线或者通过两点来创建无限长的倾斜直线，如图3-40所示。

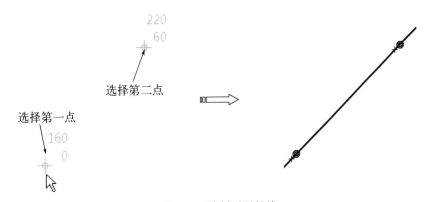

图3-40 绘制无限长线

3.2.6.3 双切线

双切线用于创建两个元素的公切线，如图3-41所示。

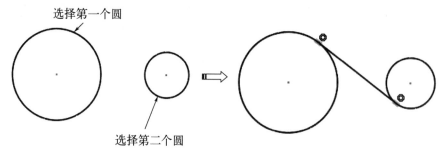

图3-41 绘制双切线

技术要点

单击圆或圆弧的位置不同，创建的切线不同，双切线创建在离曲线中单击位置尽可能近的地方。

3.2.6.4 角平分线

角平分线用于创建两条相交直线的无限长角平分线，如图3-42所示。

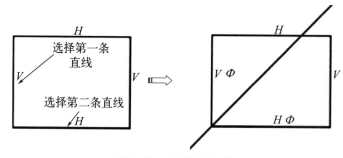

图3-42 绘制角平分线

技术要点

在创建角平分线时，如果选择是两条平行线，则结果是创建一条对称中心线。

3.2.6.5 曲线的法线

曲线的法线用于创建曲线的法线，曲线可以是直线、圆、圆锥曲线或者样条等，如图3-43所示。

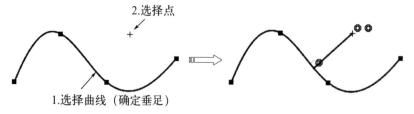

图3-43 绘制曲线的法线

3.2.7 绘制轴线

轴线用于在草图上绘制出轴线，以点画线形式，如图3-44所示。轴线不能创建实体、曲面，可作为参考元素，主要用于创建回转体或回转槽时的轴线。

图3-44 轴线

3.3 草图操作命令

草图绘制指令可以完成轮廓的基本绘制，但最初完成的绘制是未经过相应编辑的，需要进行倒圆角、倒角、修剪、镜像等操作，才能获得更加精确的轮廓。选择【操作】工具栏上的相关命令按钮，或者执行菜单栏【插入】|【操作】下的相关绘图命令来实现，如图3-45所示。

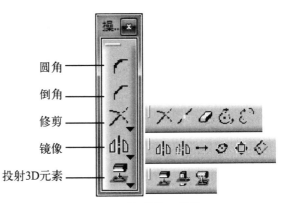

图3-45 【操作】工具栏

3.3.1 倒圆角

【倒圆角】命令将创建与两个直线或曲线图形对象相切的圆弧。

单击【操作】工具栏上的【圆角】按钮，提示区出现"选择第一曲线或公共点"的提示，弹出【草图工具】工具栏，如图3-46所示。

图3-46 【草图工具】工具栏

【草图工具】工具栏相关选项按钮含义如下：

（1）修剪所有图形

单击此按钮，将修剪所选的2个图元，不保留原曲线，如图3-47所示。

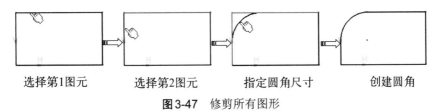

选择第1图元　　　　选择第2图元　　　　指定圆角尺寸　　　　创建圆角

图3-47 修剪所有图形

（2）修剪第1图元

单击此按钮，创建圆角后仅仅修剪所选的第1个图元，如图3-48所示。

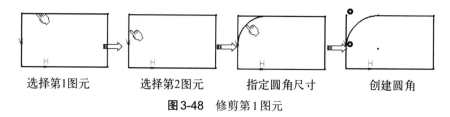

图3-48　修剪第1图元

（3）不修剪 🅒

单击此按钮，创建圆角后将不修剪所选图元，如图3-49所示。

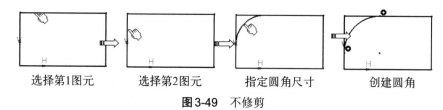

图3-49　不修剪

（4）标准线修剪 🅒

单击此按钮，创建圆角后，使原本不相交的图元相交，如图3-50所示。

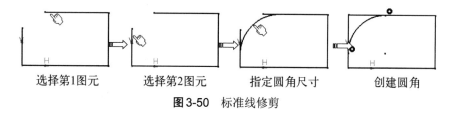

图3-50　标准线修剪

（5）构造线修剪 🅒

单击此按钮，修剪图元后，所选的图元将变成构造线，如图3-51所示。

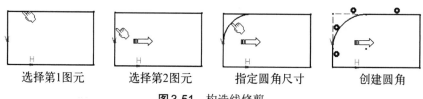

图3-51　构造线修剪

（6）构造线未修剪 🅒

单击此按钮，创建圆角后，所选图元变为构造线，但不修剪构造线，如图3-52所示。

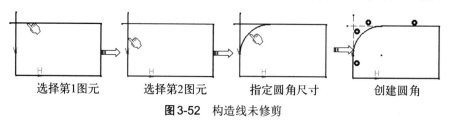

图3-52　构造线未修剪

3.3.2　倒角

【倒角】命令将创建与两个直线或曲线图形对象相交的直线，形成一个倒角。

（1）倒圆角类型

在【操作】工具栏中单击【倒角】按钮 ⌒，【草图工具】工具栏显示6种倒角类型。选取两个图形对象或者选取两个图形对象的交点，工具栏扩展为如图3-53所示的状态。

图3-53 倒角选项

新创建的直线与两个待倒角的对象的交点形成一个三角形，选择【草图工具】工具栏的6个图标，可以创建与圆角类型相同的6种倒角类型，如图3-54所示。

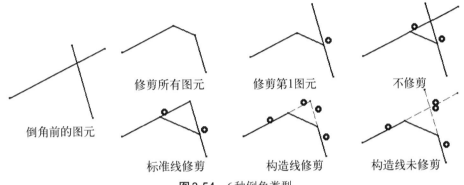

图3-54 6种倒角类型

（2）倒角尺寸类型

当选择第1图元和第2图元后，【草图工具】工具栏中显示以下3种倒角定义：

● 角度和斜边 ⌒：新直线的长度及其与第一个被选对象的角度，如图3-55（a）所示。

● 角度和第一长度 ⌒：新直线与第一个被选对象的角度以及与第一个被选对象的交点到两个被选对象的交点的距离，如图3-55（b）所示。

● 第一长度和第二长度 ⌒：两个被选对象的交点与新直线交点的距离，如图3-55（c）所示。

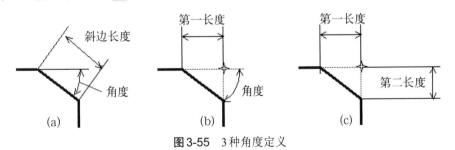

图3-55 3种角度定义

3.3.3　修剪

单击【操作】工具栏中【修剪】按钮 ✕ 右下角的小三角形，弹出有关修剪命令，包括修剪、断开、快速修剪、封闭弧和补充等。

3.3.3.1　修剪

修剪用于对两条曲线进行修剪。如果修剪结果是缩短曲线，则适用于任何曲线；如果是伸长，则只适用于直线、圆弧和圆锥曲线。

单击【操作】工具栏上的【修剪】按钮 ✕，弹出【草图工具】工具栏，工具栏中显示2种修剪方式，如图3-56所示。

图3-56 【草图工具】工具栏

（1）修剪所有图元 ✕

修剪图元后，将修剪所选的2个图元形成拐角，如图3-57所示。

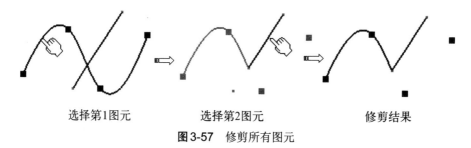

选择第1图元　　　　　　选择第2图元　　　　　　修剪结果

图3-57 修剪所有图元

（2）修剪第1图元 ✕

修剪图元后，将只修剪所选的第1图元，保留第2图元，如图3-58所示。

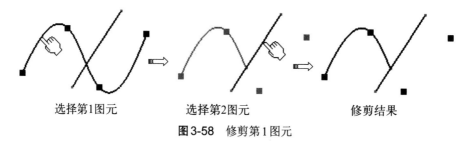

选择第1图元　　　　　　选择第2图元　　　　　　修剪结果

图3-58 修剪第1图元

3.3.3.2　断开

断开用于将草图元素打断，打断工具可以是点、圆弧、直线、圆锥曲线、样条曲线等。

单击【操作】工具栏上的【断开】按钮 ✕，选择要打断的元素，然后选择打断工具（打断边界），系统自动完成打断，如图3-59所示。

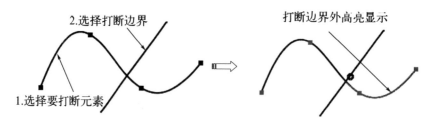

图3-59 打断操作

3.3.3.3　**快速修剪（单击修剪）**

快速修剪是指系统会自动检测边界，剪裁直线、圆弧、圆、椭圆、样条曲线或中心线等草图元素的一部分，使其截断在另一草图元素的交点处。

单击【操作】工具栏上的【快速修剪】按钮 ，弹出【草图工具】工具栏，工具栏中显示3种修剪方式，如图3-60所示。

图3-60 【草图工具】工具栏

（1）断开及内擦除

该方式是断开所选图元并修剪该图元，擦除部分为打断边界内，如图3-61所示。

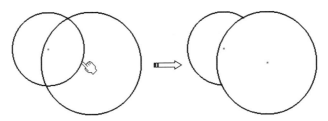

图3-61 断开及内擦除

（2）断开及外擦除

该方式是断开所选图元并修剪该图元，修剪位置为打断边界外，如图3-62所示。

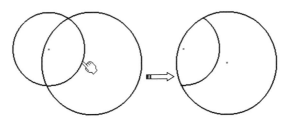

图3-62 断开及外擦除

（3）断开并保留

该方式仅仅打开所选图元，保留所有断开的图元，如图3-63所示。

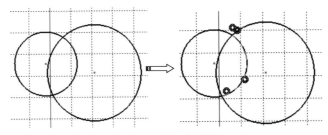

图3-63 断开并保留

3.3.3.4 封闭弧

使用【封闭弧】命令，可以将所选圆弧或椭圆弧封闭而生成整圆。

单击【操作】工具栏上的【封闭弧】按钮 ，选择要封闭的圆弧或者椭圆，系统自动完成封闭操作，如图3-64所示。

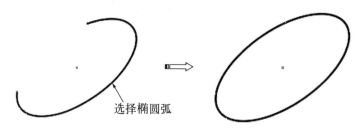

图 3-64　封闭弧操作

3.3.3.5　补充

【补充】命令就是创建圆弧、椭圆弧的补弧——补弧与所选弧构成整圆或整椭圆。

单击【操作】工具栏上的【补充】按钮 ，选择所需圆弧或者椭圆，系统自动完成互补操作，如图3-65所示。

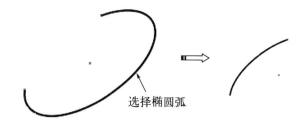

图 3-65　创建补弧

3.3.4　图形变换

图形变换工具是快速制图的高级工具，如镜像、对称、平移、旋转、缩放、偏移等，熟练使用这些工具，可以让用户提高绘图效率。

3.3.4.1　镜像

镜像可以复制基于对称中心轴的镜像对称图形，原图形将保留。创建镜像图形前，须创建镜像中心线。镜像中心线可以是直线或轴，如图3-66所示。

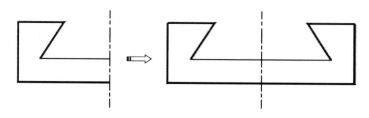

图 3-66　创建镜像对象

3.3.4.2　对称

对称也能复制具有镜像对称特性的对象，但是原对象将不保留，这与【镜像】命令的操作结果不同，如图3-67所示。

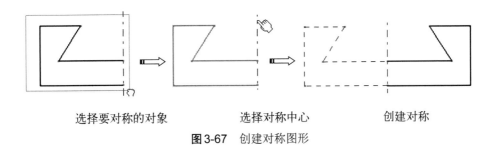

选择要对称的对象　　　　　选择对称中心　　　　　创建对称

图3-67　创建对称图形

3.3.4.3　平移

平移可以沿指定方向平移、复制图形对象。

单击【操作】工具栏上的【平移】按钮 →，弹出【平移定义】对话框，如图3-68所示。

【平移定义】对话框各选项含义如下：

● 实例：设置副本对象的个数，可以单击微调按钮来设置。

● 复制模式：选择此选项，将创建原图形的副本对象，取消则仅仅平移图形而不复制副本。

● 保持内部约束：此选项仅当选择【复制模式】选项后可用。此选项指定在平移过程中保留应用于选定元素的内部约束。

● 保持外部约束：此选项仅当选择【复制模式】选项后可用。此选项指定在平移过程中保留应用于选定元素的外部约束。

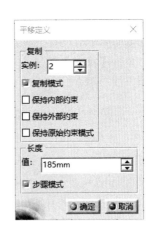

图3-68　【平移定义】对话框

● 长度：平移的距离。

● 步骤模式：选择此选项，可采用捕捉模式、捕捉点来放置对象。

3.3.4.4　旋转

旋转用于把图形元素进行旋转或者环形阵列。

单击【操作】工具栏上的【旋转】按钮 ，弹出【旋转定义】对话框，如图3-69所示。

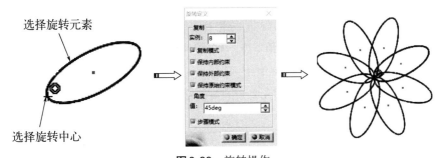

选择旋转元素

选择旋转中心

图3-69　旋转操作

3.3.4.5　缩放

缩放将所选图形元素按比例进行缩放操作。

单击【操作】工具栏上的【缩放】按钮 ，弹出【缩放定义】对话框，定义缩放相关参数，然后选择要缩放的元素，再次选择缩放中心点，单击【确定】按钮，系统自动完成缩放操作，如图3-70所示。

图3-70 缩放操作

3.3.4.6 偏移

偏移用于对已有直线、圆等草图元素进行偏移复制。

单击【操作】工具栏上的【偏移】按钮 ，在【草图工具】工具栏中显示4种偏置方式，如图3-71所示。

图3-71 4种偏置方式

（1）无拓展

该方式仅偏置单个图元，如图3-72所示。

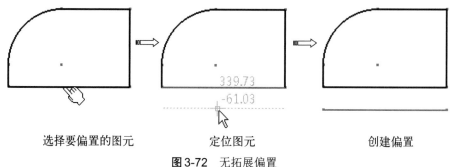

选择要偏置的图元　　　　　　定位图元　　　　　　　创建偏置

图3-72 无拓展偏置

（2）相切拓展

选择要偏置的圆弧，与之相切的图元将一同被偏置，如图3-73所示。

选择要偏置的图元　　　　　　定位图元　　　　　　　创建偏置

图3-73 相切拓展偏置

（3）点拓展

该方式是在要偏置的图元上选取一点，然后偏置与之相连接的所有图元，如图3-74所示。

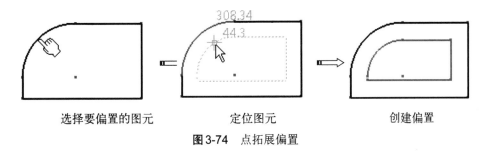

图3-74　点拓展偏置

（4）双侧偏置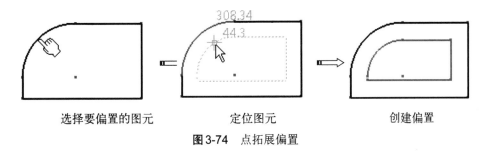

该方式由"点拓展"方式延伸而来，偏置的结果是在所选图元的两侧创建偏置，如图3-75所示。

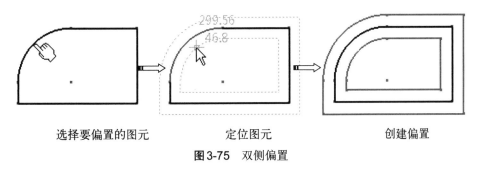

选择要偏的图元　　　　定位图元　　　　创建偏置

图3-75　双侧偏置

3.3.5　提取3D图元

单击【操作】工具栏中【投影3D元素】按钮 🔲 右下角的小三角形，弹出有关投影三维图元命令按钮，CATIA提供的投影3D元素功能有：投影3D图元、与3D图元相交、投影3D轮廓边线等。

3.3.5.1　投影3D图元

【投影3D图元】是获取三维形体的面、边在工作平面上的投影。选取待投影的面或边，即可在工作平面上得到它们的投影。例如，图3-76所示为壳体零件，单击【投影3D图元】按钮 🔲 ，选择要投影的平面，随后在草图工作平面上得到顶面的投影。

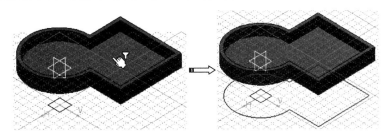

图3-76　形体的面、边在工作平面上的投影图

3.3.5.2　与3D图元相交

【与3D图元相交】获取三维形体与草绘平面的交线。如果三维形体与工作平面相交，单击该图标，选择求交的面、边，即可在工作平面上得到它们的交线或交点，如图3-77所示。

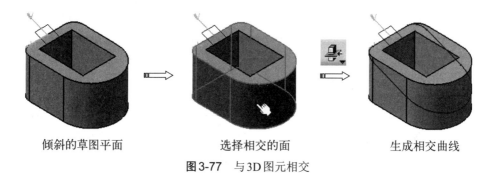

倾斜的草图平面　　　　　　　选择相交的面　　　　　　　生成相交曲线

图3-77　与3D图元相交

3.3.5.3　投影3D轮廓边线

【投影3D轮廓边线】是获取曲面轮廓的投影。单击该图标，选择待投影的曲面，即可在工作平面上得到曲面轮廓的投影。

例如，图3-78所示的是一个具有球面和圆柱面的手柄，单击【投影3D轮廓边线】按钮，选择球面，将在工作平面上得到一个圆弧。再单击按钮，选择圆柱面，将在工作平面上得到两条直线。

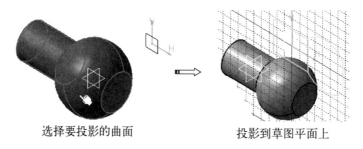

选择要投影的曲面　　　　　　投影到草图平面上

图3-78　曲面轮廓的投影

操作实例——草图操作实例

3.3视频精讲

操作步骤

01 打开实例素材文件"第3章\原始文件\caotuxiujian.CATPart"，选择【开始】|【机械设计】|【零件设计】，进入【零件设计】工作台，如图3-79所示。

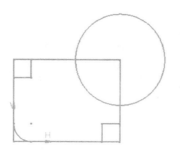

图3-79　打开零件

02 单击【操作】工具栏上的【修剪】按钮，弹出【草图工具】工具栏，单击图3-80所示的图元位置，将修剪所选的2个图元形成拐角。

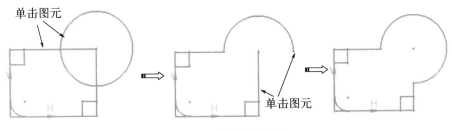

图3-80 修剪所有图元

03 双击【操作】工具栏上的【快速修剪】按钮 ，弹出【草图工具】工具栏，依次单击删除图元，完成快速修剪，如图3-81所示。

图3-81 断开及内擦除

3.4 草图约束命令

草图约束包括几何约束和尺寸约束两种，约束命令主要集中在【约束】工具栏上，如图3-82所示。

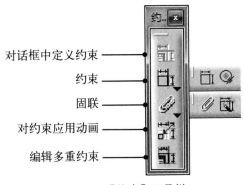

图3-82 【约束】工具栏

3.4.1 几何约束

在草图设计环境下，几何约束是指一个或多个图形相互的关系，如平行、垂直、同心等。CATIA草图中提供了自动几何约束和手动几何约束功能。

3.4.1.1 自动几何约束

自动约束的原意是，当用户激活了某些约束功能，绘制图形过程中会自动产生几何约束，起到辅助定位作用。

当用户在【草图工具】工具栏中单击【几何约束】按钮 ，然后绘制几何图形，在这个过程中会生成自动的约束，如图3-83所示。

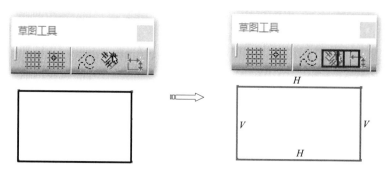

图3-83 自动几何约束

3.4.1.2 手动几何约束

手动几何约束的作用是约束图形元素本身的位置或图形元素之间的相对位置。在【约束】工具条中，包括如图3-84所示的约束工具。

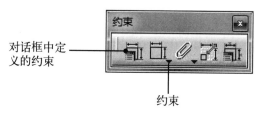

图3-84 手动几何约束工具

（1）利用【约束定义】对话框定义几何约束

【对话框中定义的约束】命令是指通过【约束定义】对话框建立约束关系，可以同时对点、直线、曲线等施加约束，即快速对单个或者多个图素进行约束添加。

选择要施加约束的图形元素（如果同时对多个元素施加约束，按住Ctrl键进行多选），单击【约束】工具栏上的【对话框中定义的约束】按钮 ，弹出【约束定义】对话框，选择所需约束类型，单击【确定】按钮完成约束施加，如图3-85所示。

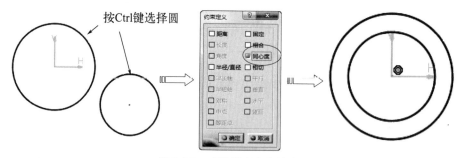

图3-85 对话框中定义约束

💡 **技术要点**

CATIA根据所选元素【约束定义】对话框呈现出相应的约束类型。也可以取消相应约束类型前的选择框，从而实现约束解除。

（2）使用【约束】按钮 ⊟ 定义几何约束

选择【约束】按钮，然后选择约束对象后，单击鼠标右键，在弹出的快捷菜单中，系统能根据对象提供约束类型。

例如，单击【约束】工具栏上的【约束】按钮 ⊟，鼠标依次单击选择图形区的两个圆，系统自动在两圆最近点处标注出距离值，单击鼠标右键，在弹出的快捷菜单中选择相应的约束类型（同心度、相合、相切、交换位置），系统自动完成约束定义，如图3-86所示。

图3-86　创建相切约束

3.4.2　尺寸约束

尺寸约束就是用数值约束图形对象的大小。尺寸约束以尺寸标注的形式标注在相应的图形对象上。被尺寸约束的图形对象只能通过改变尺寸数值来改变它的大小，也就是尺寸驱动。CATIA的尺寸约束分自动尺寸约束、手动尺寸约束等。

3.4.2.1　自动尺寸约束

在【轮廓】工具条中执行某一绘图命令后，在【草图工具】工具条中单击【尺寸约束】按钮 ⊡，绘图过程中将自动产生尺寸约束，如图3-87所示。

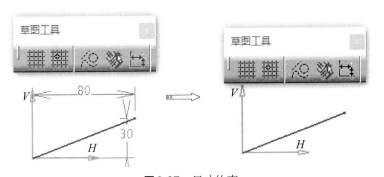

图3-87　尺寸约束

> 💡 **技术要点**
>
> 启动尺寸约束后，激活该按钮，绘制草图自动生成尺寸约束，但生成尺寸约束是有条件的，只有在【草图工具】工具栏文本框中输入的几何尺寸才会被自动添加。

3.4.2.2　手动尺寸约束

手动尺寸约束是通过在【约束】工具条上单击【约束】按钮 ⊟，然后逐一地选择图元进行尺寸标注的一种方式。

单击【约束】工具栏上的【约束】按钮，选择图形区要标注尺寸元素，系统根据选择元素的不同显示自动标注的尺寸，单击一点定位尺寸放置位置，完成尺寸标注，如图3-88所示。

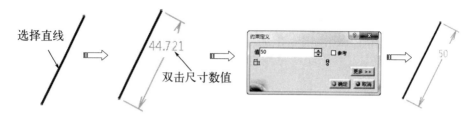

图3-88　创建尺寸约束

3.4.3　编辑多重约束

【编辑多重约束】命令可以同时对多个约束进行编辑。

单击【约束】工具栏上的【编辑多重约束】按钮，弹出【编辑多重约束】对话框，显示出所有尺寸约束，可以分别为每一个尺寸输入新值，如图3-89所示。

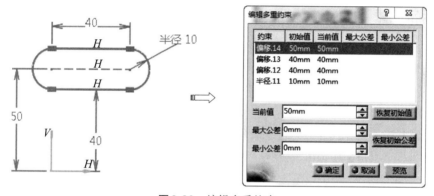

图3-89　编辑多重约束

📖 **操作实例——草图约束操作实例**

操作步骤

01 打开实例素材文件"第3章\原始文件\yueshucaozuo.CATPart"，选择【开始】|【机械设计】|【零件设计】，进入【零件设计】工作台，如图3-90所示。

3.4视频精讲

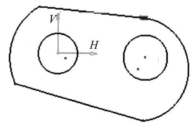

图3-90　打开草图

02 按住Ctrl键选择左侧圆和直线，单击【约束】工具栏上的【对话框中定义的约束】按钮，弹出【约束定义】对话框，选择所需相切约束类型，单击【确定】按钮完成约束施加，如图3-91所示。

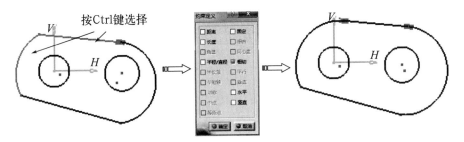

图3-91 施加相切约束

03 重复上述步骤，对下面的直线与圆弧之间施加两个相切约束，如图3-92所示。

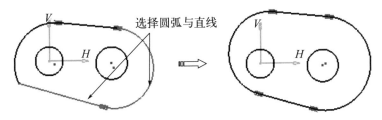

图3-92 施加相切约束

04 单击【约束】工具栏上的【约束】按钮，鼠标依次单击选择图形区的左侧两个圆，系统自动在两圆最近点处标注出距离值，单击鼠标右键，在弹出的快捷菜单中选择相应的同心度约束类型，如图3-93所示。

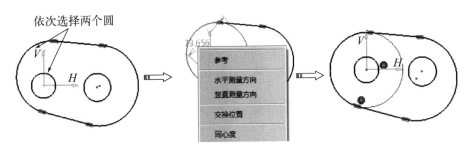

图3-93 创建同心度约束

05 重复上述过程，创建右侧两个圆的同心度约束，如图3-94所示。

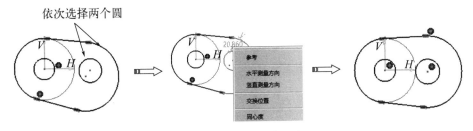

图3-94 创建同心度约束

06 按住Ctrl键选择两条直线，单击【约束】工具栏上的【对话框中定义的约束】按钮，弹出【约束定义】对话框，选择所需水平约束类型，单击【确定】按钮完成约束施加，如图3-95所示。

图3-95　施加水平约束

07 单击【约束】工具栏上的【约束】按钮 ，选择图形区要标注尺寸元素，系统根据选择元素的不同显示自动标注的尺寸，单击一点定位尺寸放置位置，完成尺寸标注，如图3-96所示。

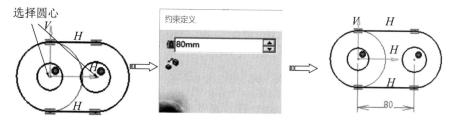

图3-96　创建尺寸约束

3.5　草图分析

创建草图后，都要对它进行一些简单的分析。根据分析结果可以对操作进行下一步处理并利用它生成三维实体。草图存在未完全约束、完全约束和过约束等状态，可进一步修改草图，从而使草图完全约束。

3.5.1　草图求解状态

草图求解状态分析用于对草图轮廓做简单的分析，判断草图是否完全约束。

单击【工具】工具栏上的【草图求解状态】按钮 ，弹出【草图求解状态】对话框，显示草图完全约束状态，如图3-97所示。

图3-97　【草图求解状态】对话框

3.5.2　草图分析

草图分析可对草图几何图形、草图投影/相交和草图状态进行分析。

单击【工具】工具栏上的【草图分析】按钮 ，弹出【草图分析】对话框，在【几何图形】选项卡中显示草图中的几何图形，如图3-98所示。

图3-98　【草图分析】对话框

3.6　本章小结

本章介绍了CATIA草图基本知识，主要内容有草图绘制方法、草图操作方法以及草图约束，这样大家能熟悉CATIA草图绘制的基本命令。本章的重点和难点为草图约束应用，希望大家按照讲解方法进一步进行实例练习。

3.7　上机习题（视频）

1. 习题1

如习题1所示创建一个公制的part文件，应用直线和圆弧等命令绘制完全约束草图。

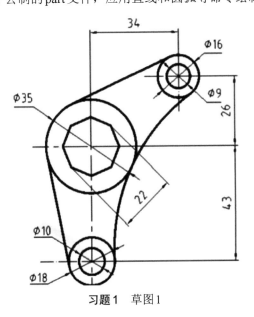

习题1　草图1

习题1视频精讲

2. 习题2

如习题2所示创建一个公制的part文件，应用直线、圆弧、阵列和修剪等命令绘制完全约束草图。

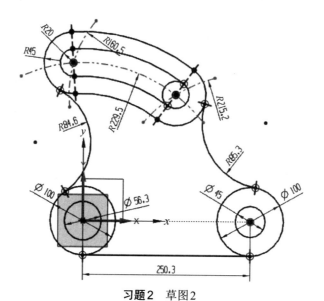

习题2视频精讲

习题2　草图2

第 4 章

实体设计技术

实体特征建模用于建立基本体素和简单的实体模型，包括块体、柱体、锥体、球体、管体，还有孔、圆形凸台、型腔、凸垫、键槽、环形槽等。实际的实体造型都可以分解为这些简单的特征建模，因此特征建模部分是实体造型的基础。

希望通过本章的学习，使读者轻松掌握CATIA实体特征建模的基本知识。

本章内容

◉ 实体设计简介
◉ 基于草图的特征
◉ 实体修饰特征
◉ 实体变换特征

4.1 CATIA实体特征设计简介

实体特征造型是CATIA三维建模的组成部分，也是用户进行零件设计最常用的建模方法。本节介绍CATIA实体特征设计基本知识和造型方法。

4.1.1 实体特征造型方法

特征是一种用参数驱动的模型，实际上它代表了一个实体或零件的组成部分。可将特征组合在一起形成各种零件，还可以将它们添加到装配体中，特征之间可以相互堆砌，也可以相互剪切。在三维特征造型中，基本实体特征是最基本的实体造型特征。基本实体特征是具有工程含义的实体单元，它包括拉伸、旋转、扫描、混合、扫描混合等命令。这些特征在工程设计应用中都有一一对应的对象，因而采用特征设计具有直观、工程性强等特点，同时特征的设计也是三维实体造型的基础。下面简单概述四种特征造型方法。

（1）拉伸实体特征

拉伸实体特征是指沿着与草绘截面垂直的方向添加或去除材料而创建的实体特征。如图4-1所示，将草绘截面沿着箭头方向拉伸后即可获得实体模型。

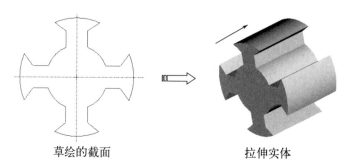

草绘的截面 拉伸实体

图4-1 拉伸实体特征

（2）旋转实体特征

选择实体特征是指将草绘截面绕指定的旋转轴转一定的角度后所创建的实体特征。将截面绕轴线转任意角度即可生成三维实体图形，如图4-2所示。

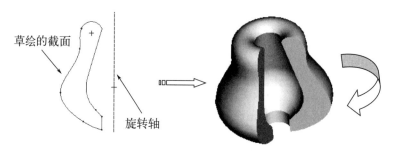

草绘的截面 旋转轴

图4-2 旋转实体特征

（3）扫描实体特征

扫描实体特征的创建原理比拉伸和旋转实体特征更具有一般性，它是通过将草绘截面沿着一定的轨迹（导引线）作扫描处理后，由其轨迹包络线所创建的自由实体特征。如图4-3所示，将草图绘制的轮廓沿着扫描轨迹创建出三维实体特征。

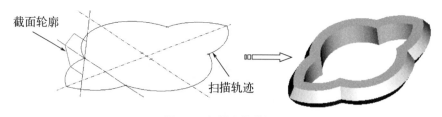

截面轮廓 扫描轨迹

图4-3 扫描实体特征

（4）放样特征

放样特征就是将一组草绘截面的顶点顺次相连进而创建的三维实体特征。如图4-4所示，依次连接截面1、截面2、截面3的相应顶点即可获得实体模型。

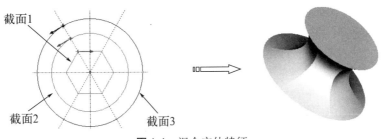

图4-4 混合实体特征

4.1.2 实体特征建模方法

4.1.2.1 轮廓生成实体特征

在机械加工中，为了保证加工结果的准确性，首先需要画出精确的加工轮廓线。与之相对应，在创建三维实体特征时，需要绘制二维草绘截面，通过该截面来确定特征的形状和位置，如图4-5所示。

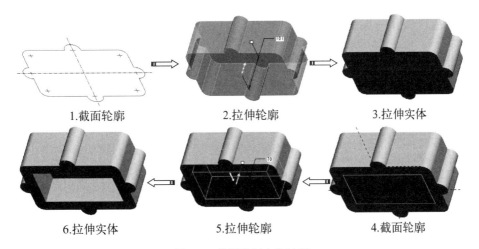

1.截面轮廓　　　　　　　2.拉伸轮廓　　　　　　　3.拉伸实体

6.拉伸实体　　　　　　　5.拉伸轮廓　　　　　　　4.截面轮廓

图4-5 草图绘制实体过程

在CATIA中，在草绘平面内绘制的二维图形被称作草绘截面或草绘轮廓。在完成剖（截）面图的创建工作之后，使用拉伸、旋转、扫描、混合以及其他高级方法创建基础实体特征，然后在基础实体特征之上创建孔、圆角、拔模以及壳等放置实体特征。

4.1.2.2 实体特征堆叠创建零件

使用CATIA创建三维实体模型时，实际上是以【搭积木】的方式依次将各种特征添加（实体布尔运算）到已有模型之上，从而构成具有清晰结构的设计结果。图4-6表达了一个十字接头零件的创建过程。

使用CATIA创建零件的过程中实际上也是一个反复修改设计结果的过程。CATIA是一个人性化的大型设计软件，其参数化的设计方法为设计者轻松修改设计意图打开了方便之门，使用软件丰富的特征修改工具可以轻松更新设计结果。此外，使用特征复制、特征阵列等工具可以毫不费力地完成特征的批量创建。

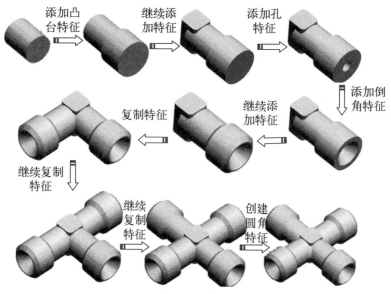

图4-6　三维实体建模的一般过程

4.1.3　CATIA零件设计工作台简介

CATIA中实体特征设计相关命令集中在【零件设计】工作台下，下面介绍零件设计工作台的相关知识。

要创建零件首先需要零件设计工作台环境，CATIA实体设计是在【零件设计工作台】下进行的，常用以下3种形式进入零件设计工作台。

4.1.3.1　系统没有开启任何文件

当系统没有开启任何文件时，执行【开始】|【机械设计】|【零件设计】命令，弹出【新建零件】对话框，在【输入零件名称】文本框中输入文件名称，然后单击【确定】按钮进入零件设计工作台，如图4-7所示。

4.1.3.2　当开启文件已在零件设计工作台

当开启的文件已在零件设计工作台时，再执行【开始】|【机械设计】|【零件设计】命令，弹出【新建零件】对话框，系统以创建的方式绘制一个新零件，如图4-8所示。

图4-7　【开始】菜单命令

图4-8　【新建零件】对话框

● 启用混合设计：在混合设计环境中，用户可以在同一主题创建线框架和平面，即实现零件工作台和线框及曲面设计工作台的相互切换。

● 创建几何图形集：选中该复选框，用户创建了新的零件后，能够立即创建几何图形集合。

● 创建有序几何图形集：选中该复选框，用于在创建了新的零件后立即创建有序的几何图形。

● 不要在启动时显示此对话框：选中该复选框，当用户再次进入零件设计工作台时，不再显示【新建零件】对话框。

4.1.3.3 菜单命令

选择下拉菜单中【开始】|【机械设计】|【零件设计】命令，弹出【新建零件】对话框，系统以创建的方式绘制一个新零件，如图4-9所示。

零件设计工作台界面主要包括菜单栏、特征树、图形区、指南针、工具栏、状态栏，如图4-10所示。

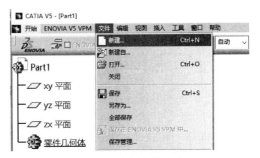

图4-9 选择菜单命令

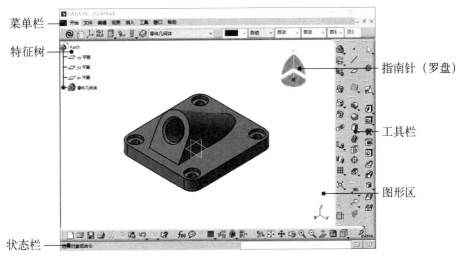

图4-10 零件设计工作台界面

● 菜单栏：菜单栏位于窗口顶部，包括开始、文件、编辑、视图、插入、工具、窗口、帮助等，它包括零件设计工作台所需的所有命令。

● 工具栏：位于窗口四周，命令的快捷方式，包括标准、图形属性、工作台、测量、视图等通用工具栏和基于草图特征、变换特征、参考图元、草图编辑器、基于曲面特征、约束等零件设计工具栏。

● 图形区：图形区也称为绘图区，是图形文件所在的区域，是供用户进行绘图的平台，它占工作界面的绝大部分，图形区左上侧为特征树，右上侧为指南针。

● 特征树：特征树上列出了所有创建的特征，并且自动以子树关系表示特征之间的父子关系。

● 指南针：代表模型的三维空间坐标系，指南针会随着模型的旋转而旋转，有助于建立空间位置概念。熟练应用指南针，可方便确定模型的空间位置。

● 状态栏：CATIA V5的命令指示栏位于用户界面下方，当光标指向某个命令时，该区域中即会显示描述文字，说明命令或按钮代表的含义。右下方为命令行，可以输入命令来执行相应的操作。

💡 技术要点

　　当开启文件在其他工作台，再执行【开始】|【机械设计】|【零件设计】命令，系统将零件切换到零件设计工作台。

4.2　基于草图的特征

　　基于草图的特征是指通过草绘轮廓来生成实体，包括凸台、凹槽、旋转体、旋转槽、孔、多截面实体等，相关命令集中在【基于草图的特征】工具栏上，如图4-11所示。

4.2.1　凸台特征

　　CATIA提供了多种凸台实体创建方法，单击【基于草图的特征】工具栏上的【凸台】按钮 ⚙ 右下角的小三角形，弹出凸台相关命令，包括凸台、拔模圆角凸台、多凸台等。

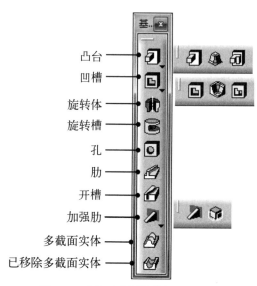

图4-11　【基于草图的特征】工具栏

4.2.1.1　凸台特征

　　凸台特征是指根据选定的草图轮廓线或曲面沿某一方向或两个方向拉伸一定的长度创建实体特征。用于凸台的草图轮廓线或曲面是凸台的基本元素，拉伸长度和方向是凸台的两个基本参数。

　　单击【基于草图的特征】工具栏上的【凸台】按钮 ⚙，弹出【定义凸台】对话框，单击【更多】按钮可展开【定义凸台】对话框，如图4-12所示。

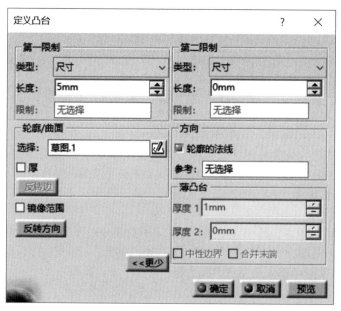

图4-12　【定义凸台】对话框

【定义凸台】对话框相关选项参数含义如下：

（1）限制

在【定义凸台】对话框【第一限制】和【第二限制】组框中可定义凸台的拉伸深度类型，【类型】下拉列表提供了5种凸台拉伸方式：

● 尺寸：指将从草图轮廓面开始，以指定的距离（输入的长度值）向特征创建的方向一侧进行拉伸。如图4-13所示为三种不同方法从草绘平面以指定的深度值拉伸。

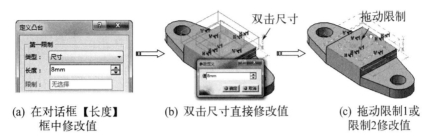

(a) 在对话框【长度】　　　(b) 双击尺寸直接修改值　　　(c) 拖动限制1或
框中修改值　　　　　　　　　　　　　　　　　　　　　　限制2修改值

图4-13　3种数值输入方法设定拉伸深度

● 直到下一个：指将截面拉伸至当前拉伸方向上的下一个特征，如图4-14所示。

图4-14　直到下一个

● 直到最后：指当前截面的拉伸方向有多个特征时，将截面拉伸到最后的特征上，如图4-15所示。

图4-15　直到最后

● 直到平面：指将截面拉伸到当前拉伸方向的指定平面上，可激活【限制】选择框，然后选择合适拉伸终止平面，如图4-16所示。

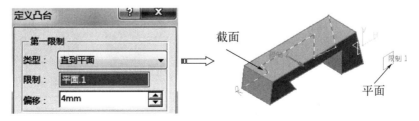

图4-16　直到平面

● 直到曲面：将截面拉伸到当前拉伸方向的指定曲面上，可激活【限制】选择框，然后选择合适拉伸终止曲面，如图4-17所示。

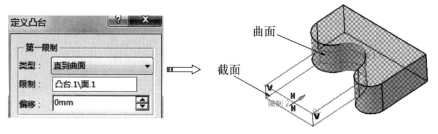

图4-17　直到曲面

💡 **技术要点**

当选择"直到曲面"方式时，轮廓沿拉伸方向在边界曲面上的投影必须包含在曲面中，否则将会出错。

（2）轮廓/曲面

用于定义凸台基本元素的草图或曲面，定义凸台特征截面的方法有以下几种。

① 选择已有草图作为特征的截面草图　可以在特征树上选择草图，然后启动凸台命令；也可以启动凸台命令后，激活【选择】框，在特征树上或图形区选择草图，如图4-18所示。

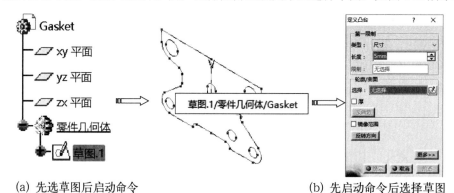

(a) 先选草图后启动命令　　　　　　　　　　(b) 先启动命令后选择草图

图4-18　选择草图创建凸台

② 选择曲面作为特征截面轮廓　选择曲面作为特征截面轮廓，此时需要指定凸台拉伸方向，如图4-19所示。

③ 创建新的草图作为特征截面草图　采用第二种方法，即当截面没有绘制时，选择【选择】框，单击鼠标右键，弹出快捷菜单，如图4-20所示。

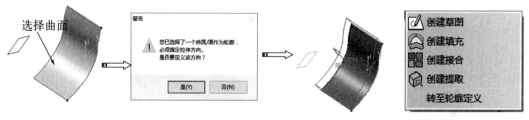

图4-19　选择曲面　　　　　　　　　　　图4-20　【选择】快捷菜单

● 创建草图：选择该命令，或者单击【定义凸台】对话框中的【草绘】按钮，弹出【运行命令】对话框，在系统提示"选择草图平面"下，选择草绘平面，进入草图编辑器绘制凸台截面，如图4-21所示。

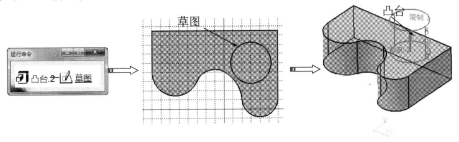

图4-21 创建草图的凸台

● 创建接合：选择该命令，弹出【接合定义】对话框，选择曲线或曲面作为凸台截面轮廓，如图4-22所示。

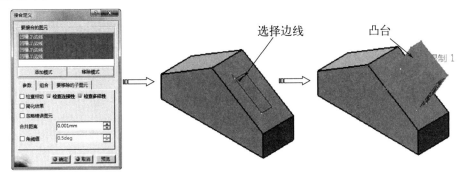

图4-22 创建接合

● 创建提取：选择该命令，弹出【提取定义】对话框，选择非连接子图元生成凸台截面轮廓，如图4-23所示。

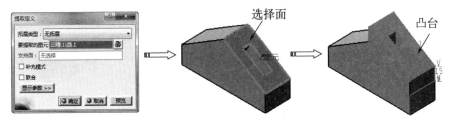

图4-23 创建提取

● 转至轮廓定义：选择该命令，弹出【定义轮廓】对话框，选中【子图元】单选按钮，可选择需要草图轮廓的一部分作为凸台截面，如图4-24所示。

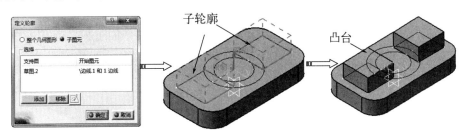

图4-24 转至轮廓定义操作

> **技术要点**
>
> 　　整个几何图形是指选择整个草图所有对象作为凸台截面轮廓；子图元是指选中该选项，可手工选择草图一部分封闭轮廓作为凸台截面轮廓。

（3）薄壁实体

　　凸台可创建实体和薄壁两种类型的特征，实体为默认特征。薄壁特征的草图截面由材料填充成均厚的环，环的内侧或外侧或中心轮廓边是截面草图。

　　①【厚】复选框　用于设置是否拉伸成薄壁件。选择该复选框后，可在【薄凸台】选项中设置薄凸台厚度，如图4-25所示。

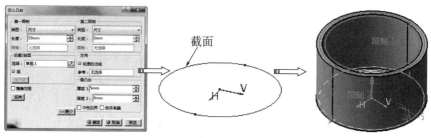

图4-25　厚度参数

> **技术要点**
>
> 　　【厚度1】表示向内增长的厚度；【厚度2】表示向外增长的厚度。

　　② 中性边界　薄壁厚度在截面轮廓中心两侧。此时【厚度1】文本框输入拉伸薄壁的总厚度。

　　③ 合并末端　选中该复选框，系统自动将草图轮廓延伸至现有实体，即拉伸草图在起始和结束处沿着切线方向延伸，如图4-26所示。

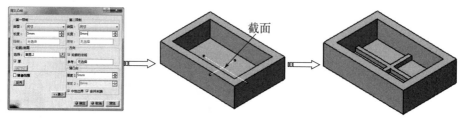

图4-26　合并末端

（4）镜像范围

【镜像范围】复选框用于在草图两侧拉伸相同长度的凸台。

（5）凸台方向

CATIA中凸台特征可以通过定义方向以实线法向或斜向拉伸。如果不选择拉伸参考方向，则系统默认法向拉伸。

　　① 轮廓的法线　选中【轮廓的法线】复选框，拉伸方向为草图平面的法向，如图4-27所示。

图4-27　轮廓的法线

② 参考　当取消【轮廓的法线】复选框，单击【参考】文本框，可选择直线、轴线、坐标轴等作为拉伸方向，如图4-28所示。

方向参考

凸台截面

图4-28　参考方向

③【反向】按钮　单击该按钮，反转凸台特征的拉伸方向。

4.2.1.2　拔模圆角凸台

【拔模圆角凸台】命令用于创建带有拔模角和圆角特征的凸台。

单击【基于草图的特征】工具栏上的【拔模圆角凸台】按钮，选择凸台截面后，弹出【定义拔模圆角凸台】对话框，如图4-29所示。

【定义拔模圆角凸台】对话框选项与【定义凸台】对话框中相关选项很多都类似，这里也就不再赘述了，只介绍不同选项参数。

（1）第一限制

用于定义凸台的长度。

（2）第二限制

用于定义凸台零件的起始面，一般选择凸台截面草绘平面，但必须是一个平面。

（3）拔模

●【角度】：用于定义拔模角度，单位为度。

●【中性元素】：可选择【第一限制】和【第二限制】

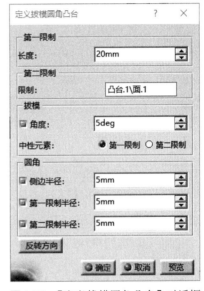

图4-29　【定义拔模圆角凸台】对话框

两个选项之一，选择其中之一作为拔模角度的中性面。拔模中性面是个参考面，被拔模面以拔模中性面与被拔模面的相交线为轴进行旋转，从而实现拔模。

（4）圆角

用于定义凸台零件各边缘处的圆角半径，包括以下选项：

●【侧边半径】：定义侧面棱边的圆角半径。

●【第一限制半径】和【第二限制半径】：分别定义两个限制平面棱边处的圆角半径。

4.2.1.3　多凸台

多凸台命令是指对同一草绘截面轮廓中定义不同封闭截面轮廓以不同长度值进行拉伸，要求所有轮廓必须是封闭且不相交。

单击【基于草图的特征】工具栏上的【多凸台】按钮，选择凸台截面后，弹出【定义多凸台】对话框，如图4-30所示。

【定义多凸台】对话框中的【域】将显示系统自动计算选择的草图轮廓中的封闭区域，在【域】列表框中分别选择各个域，然后在【第一限制】和【第二限制】框中输入拉伸长度。

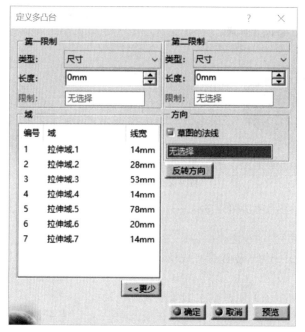

图4-30 【定义多凸台】对话框

4.2.2 凹槽特征

CATIA提供了多种凹槽创建方法，单击【基于草图的特征】工具栏上的【凹槽】按钮 右下角的小三角形，弹出有关凹槽命令，包括凹槽、拔模圆角凹槽、多凹槽等。

4.2.2.1 凹槽特征

凹槽是以剪切材料的方式拉伸轮廓或曲面。凹槽特征与凸台特征相似，只不过凸台是增加实体，而凹槽是去除实体。

单击【基于草图的特征】工具栏上的【凹槽】按钮 ，选择凹槽截面，弹出【定义凹槽】对话框，如图4-31所示。

图4-31 凹槽特征

4.2.2.2 拔模圆角凹槽

拔模圆角凹槽用于创建带有拔模角和圆角特征的凹槽特征，系统不但对凹槽的侧面进行拔模，而且还在凹槽的顶部与底部倒圆角。

单击【基于草图的特征】工具栏上的【拔模圆角凹槽】按钮 ，弹出【定义拔模圆角凹槽】对话框，如图4-32所示。

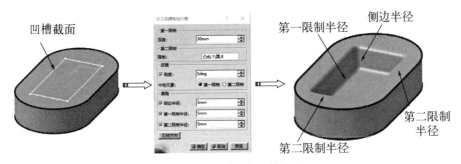

图4-32 拔模圆角凹槽特征

4.2.2.3 多凹槽

多凹槽是指在同一草绘截面上以不同深度指定创建不同的凹槽特征。多凹槽特征可以依次剪切不同深度的多个凹槽特征，但要求所有轮廓必须是封闭且不相交。

单击【基于草图的特征】工具栏上的【多凹槽】按钮 ，选择凹槽截面后，弹出【定义多凹槽】对话框，如图4-33所示。

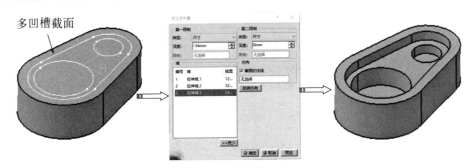

图4-33 多凹槽特征

4.2.3 旋转体

旋转体命令是指一个草图截面绕某一中心轴旋转指定的角度得到的实体特征，对应于工程实际中的旋转特征零件。

单击【基于草图的特征】工具栏上的【旋转体】按钮 ，选择旋转截面，弹出【定义旋转体】对话框，如图4-34所示。

【定义旋转体】对话框中相关选项参数含义如下：

（1）限制

● 第一角度：以逆时针方向为正向，从草图所在平面到起始位置转过的角度，即旋转角度与中心旋转特征成右手系。

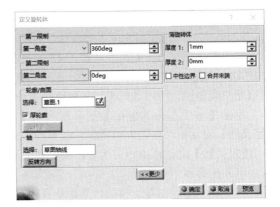

图4-34 【定义旋转体】对话框

● 第二角度：以顺时针方向为正向，从草图所在平面到终止位置转过的角度，即旋转角度与中心旋转特征成左手系。

> 💡 **技术要点**
>
> 单击【反转方向】按钮，可切换旋转方向，即将【第一角度】和【第二角度】相互交换，两限制面旋转角度之和应小于等于360°。

（2）轴线

如果在绘制旋转轮廓的草图截面时已经绘制了轴线，系统会自动选择该轴线，否则选中【选择】文本框，可在绘图区选择直线、轴、边线等作为旋转体轴线。

4.2.4　旋转槽

旋转槽是指由轮廓绕中心旋转，并将旋转扫过的零件上的材质去除，从而在零件上生成旋转剪切特征。旋转槽特征与旋转体特征相似，只不过旋转体是增加实体，而旋转槽是去除实体。

单击【基于草图的特征】工具栏上的【旋转槽】按钮 ，弹出【定义旋转槽】对话框，如图4-35所示。

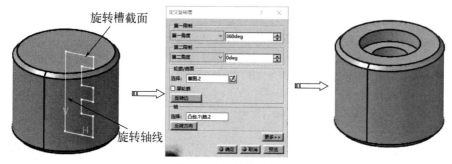

图4-35　旋转槽特征

💡 **技术要点**

旋转截面必须有一条轴线，轴线可以是绝对轴，也可以是草图中的轴线。如果轴线和轮廓在同一草图中，系统会自动识别。

4.2.5　肋特征

肋也称为扫掠体，是草图轮廓沿着一条中心导向曲线扫掠来创建实体。通常轮廓使用封闭草图，而中心曲线可以是草图，也可以是空间曲线，可以是封闭的，也可以是开放的。

单击【基于草图的特征】工具栏上的【肋】按钮 ，弹出【定义肋】对话框，如图4-36所示。

【定义肋】对话框中相关选项参数含义如下：

（1）轮廓和中心曲线

● 轮廓：选择创建肋特征的草图截面。既可以选择已经绘制好的草图，也可以单击编辑框右侧的【草图】按钮 进入草图编辑器绘制。

● 中心曲线：选择创建肋特征的中心引导线，可以是2D曲线、草绘，也可以是3D曲线。

图4-36　【定义肋】对话框

💡 **技术要点**

如果中心曲线为3D曲线，则必须相切连接；如果中心曲线是平面曲线，则可以相切不连续；中心曲线不能由多个几何元素组成；中心曲线不能自相交。

（2）控制轮廓

用于设置轮廓沿中心曲线的扫掠方式，包括以下选项：

● 保持角度：扫掠时，轮廓平面在中心线上走动的过程中与中心线每一点切线方向的角度等于初始位置时轮廓面与中心的角度，如图4-37（a）所示。

● 拔模方向：在扫掠过程中轮廓平面的法线方向始终与指定的牵引方向（Pulling direction）一致，如图4-37（b）所示。

● 参考曲面：轮廓平面的法线方向始终与指定参考曲面的法线保持恒定的夹角，如图4-37（c）所示。

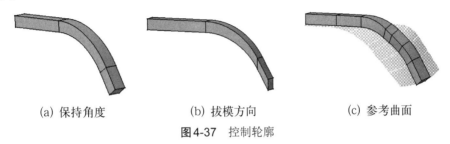

（a）保持角度　　　　　　　（b）拔模方向　　　　　　　（c）参考曲面

图4-37　控制轮廓

（3）薄肋

● 厚轮廓：选中该复选框，将在草图轮廓的两侧添加厚度。

● 中性边界：选中该复选框，将在草图轮廓的两侧添加相等厚度。

● 合并末端：选中该复选框，将草图轮廓延伸到现有的几何图元。

4.2.6　开槽特征

开槽是指在实体上以扫掠的形式创建剪切特征。开槽特征与肋特征相似，只不过肋是增加实体，而开槽是去除实体。

单击【基于草图的特征】工具栏上的【开槽】按钮，弹出【定义开槽】对话框，如图4-38所示。

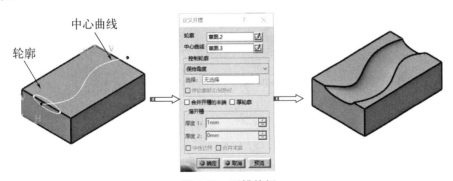

图4-38　开槽特征

4.2.7　多截面实体

多截面实体是指两个或两个以上不同位置的封闭截面轮廓沿一条或多条引导线以渐进方式扫掠形成的实体，也称为放样特征，如图4-39所示。

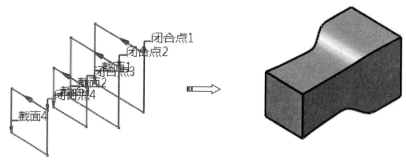

图4-39 多截面实体

单击【基于草图的特征】工具栏上的【多截面实体】按钮，弹出【多截面实体定义】对话框，如图4-40所示。

【多截面实体定义】对话框选项参数含义如下：

（1）截面

用于选择多截面实体草图截面轮廓，所选截面曲线被自动添加到列表框中，并自动进行编号，所选截面曲线的名称显示在列表框中的【截面】栏中。

> **技术要点**
>
> 多截面实体所使用的每一个封闭截面轮廓都有一个闭合点和闭合方向，而且要求各截面的闭合点和闭合方向都必须处于正确的方位，否则会发生扭曲和出现错误。对于闭合方向，可在截面上表示闭合点方向的箭头上单击，即可使之反转。

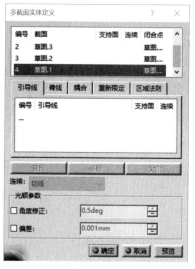

图4-40 【多截面实体定义】对话框

（2）【引导线】选项卡

引导线在多截面实体中起到边界的作用，它属于最终生成的实体。生成的实体零件是各截面线沿引导线延伸得到，因此引导线必须与每个轮廓线相交，如图4-41所示。

图4-41 引导线

（3）【脊线】选项卡

用于引导实体的延伸方向，其作用是保证多截面实体生成的所有截面都与脊线垂直，如图4-42所示。

图4-42 脊线

> **技术要点**
>
> 通常情况下系统能通过所选草图截面自动使用一条默认的脊线，不必对脊线进行特殊定义。如需定义脊线，要保证所选曲线相切连续。

（4）【耦合】选项卡

用于设置截面轮廓间的连接方式，包括以下选项。

① 比率　比例连接。各截面之间从封闭点开始所指的方向等分，再将等分点依次连接，常用于各截面顶点数不同的场合，例如圆和四边形的连接，如图4-43所示，例如圆周长为50mm，正方形周长为100mm，分别等分100份，然后对应等分点连接。

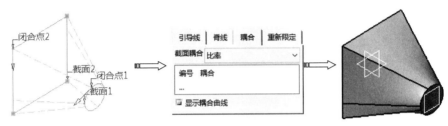

图4-43　比率

② 相切　在截面体实体中生成曲线的切矢连续变化，此时将截面轮廓上斜率不连续点作为连接点，要求各截面的顶点数必须相同。

相切表示各截面轮廓从闭合点开始，以相切元素基础进行匹配。分配方法如下：截面1从闭合点的方向开始，一直探测到相切结束作为截面1的第1份，共计4份；截面2采用同样的方法决定截面2的第1份，共计3份；截面3同样决定截面3的第1份，共计3份，如图4-44所示。

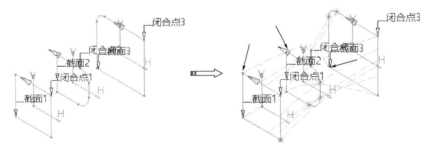

图4-44　相切的第一份

③ 相切然后曲率　相切然后曲率与相切基本相同，只不过此时在识别完相切后，将曲率连接的轮廓元素也串联了起来作为一部分。

④ 顶点　顶点连接。根据轮廓线的顶点进行连接，要求各截面的顶点数必须相同，如图4-45所示。

图4-45　顶点

4.2.8　已移除的多截面实体

已移除多截面实体用于通过多个截面轮廓的渐进扫掠，在已有实体上去除材料生成特征。已移除多截面实体特征与多截面实体特征相似，只不过多截面实体是增加实体，而已移除多截面实体是去除实体。

单击【基于草图的特征】工具栏上的【已移除的多截面实体】按钮，弹出【已移除的多截面实体定义】对话框，如图4-46所示。

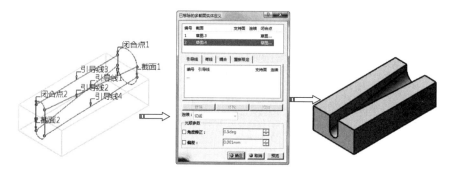

图4-46　已移除多截面实体

4.2.9　加强肋

加强肋是指在草图轮廓和现有零件之间添加指定方向和厚度的材料，在工程上一般用于加强零件的强度。

单击【基于草图的特征】工具栏上的【加强肋】按钮，弹出【定义加强肋】对话框，如图4-47所示。

【定义加强肋】对话框选项参数含义如下：

（1）模式

● 从侧面：加强筋厚度值被赋予在轮廓平面法线方向，轮廓在其所在平面内延伸得到加强筋零件，如图4-48所示。

● 从顶部：加强肋的厚度值被赋予在轮廓平面内，轮廓沿其所在平面的法线方向延伸得到加强肋零件，如图4-48所示。

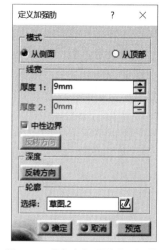

图4-47　【定义加强肋】对话框

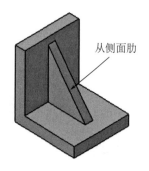

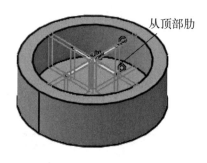

图4-48　加强肋模式

（2）线宽

用于设置轮廓沿中心曲线的扫掠方向，包括以下选项：

● 厚度：用于定义加强肋的厚度。在【厚度1】和【厚度2】文本框中输入数值，对加强肋在轮廓线两侧的厚度进行定义。

● 中性边界：选中【中性边界】单选按钮，将使加强肋在轮廓线两侧厚度相等，否则只在轮廓线一侧以【厚度1】文本框中定义的厚度创建加强肋。

（3）轮廓

用于定义加强肋的轮廓线。既可以选择已经绘制好的草图，也可以单击编辑框右侧的【草图】按钮进入草图编辑器绘制。

4.2.10 孔特征

孔特征用于在实体上钻孔，包括盲孔、通孔、锥形孔、沉头孔、埋头孔、倒钻孔等。

单击【基于草图的特征】工具栏上的【孔】按钮，选择钻孔的实体表面后，弹出【定义孔】对话框，如图4-49所示。

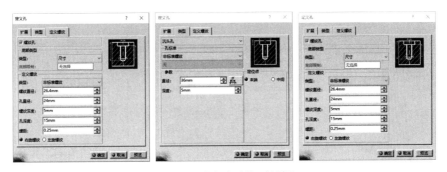

图4-49 【定义孔】对话框

4.2.10.1 【扩展】选项卡

（1）孔延伸方式

用于设置孔的延伸方式，包括"盲孔""直到下一个""直到最后""直到平面"和"直到曲面"等。

●【盲孔】：创建一个平底孔，如果选中该方式，必须在【深度】文本框中输入孔深度值，如图4-50所示。

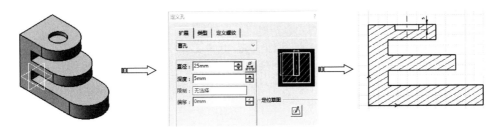

图4-50 盲孔

●【直到下一个】：创建一个一直延伸到零件的下一个面的孔，如图4-51所示。

图4-51　直到下一个

● 【直到最后】：创建一个穿过所有曲面的孔，如图4-52所示。

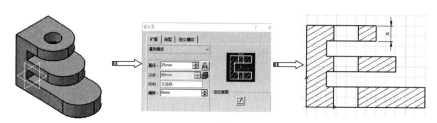

图4-52　直到最后

● 【直到平面】：创建一个穿过所有曲面直到指定平面的孔，必须选择一平面来创建孔的深度，如图4-53所示。

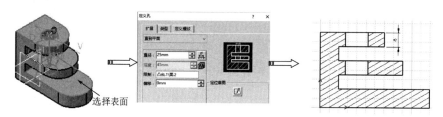

图4-53　直到平面

● 【直到曲面】：创建一个穿过所有曲面直到指定曲面的孔，必须选择一个面来确定孔的深度，如图4-54所示。

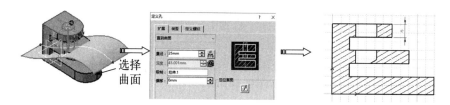

图4-54　直到曲面

（2）尺寸

用于设置孔尺寸的大小，包括"直径""深度""限制""偏移"等。

（3）方向

用于定义孔轴线方向，包括以下选项：

● 【反转】按钮：单击【反转】按钮，反转孔轴线方向。

● 【垂直于曲面】复选框：孔的拉伸方向垂直于孔所在平面。取消该复选框，可选择直线、轴线、轴等作为孔轴线的拉伸方向。

（4）定位草图

单击【定位草图】按钮⊠，进入草图编辑器，显示孔中心的位置，可调用约束功能确定孔的位置。单击【工作台】工具栏上的【退出工作台】按钮⤒，完成草图绘制退出草图编辑器环境。

（5）底部

用于设置孔底部形状，包括"平底"和"V形底"2种。

4.2.10.2 【类型】选项卡

（1）孔类型

用于设置孔类型，包括"简单孔""锥形孔""沉头孔""埋头孔"和"倒钻孔"等，如图4-55所示。

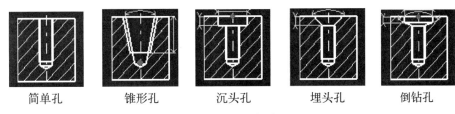

简单孔　　　　锥形孔　　　　沉头孔　　　　埋头孔　　　　倒钻孔

图4-55　孔类型

- 简单孔：用于创建简单直孔。
- 锥形孔：用于创建倾斜锥度孔，需设置锥形角度值。
- 沉头孔：用于创建沉头孔，需设置沉头部分的直径和深度。
- 埋头孔：用于设置埋头孔，需设置埋头孔的深度、角度和直径等参数。
- 倒钻孔：用于设置倒钻孔，需设置孔的直径、角度、深度等参数。

（2）定位点

用于设置定位类型孔的参数所位于的支持面，包括"末端""中间"两个选项。

4.2.10.3 【定义螺纹】选项卡

选中【螺纹孔】复选框，可创建螺纹孔，螺纹孔选项参数激活。

（1）底部类型

用于定义螺纹深度方式，包括"尺寸""支持面深度"和"直到平面"3种。

- 尺寸：通过定义螺纹深度来添加螺纹。
- 支持面深度：添加的螺纹深度为添加螺纹的侧面整个深度。
- 直到平面：通过定义底部限制来添加螺纹深度。

（2）内螺纹定义

螺纹的标准有"公制细牙螺纹""公制粗牙螺纹"和"非标准螺纹"3种，我国常用的是粗牙螺纹。

- 内螺纹直径：用于设置螺纹的大径。
- 孔直径：用于设置螺纹的小径（底孔直径）。
- 螺纹深度：用于设置螺纹深度。
- 孔深度：用于设置螺纹底孔深度，必须大于螺纹深度。
- 螺距：用于设置螺纹节距，标准螺纹螺距自动确定，非标准螺纹需要指定。

📖 **操作实例——创建基于草图的特征操作实例**

4.2视频精讲

操作步骤

01 在【标准】工具栏中单击【新建】按钮，在弹出【新建】对话框中选择
"part"，如图4-56所示。单击【确定】按钮新建一个零件文件，选择【开始】
|【机械设计】|【零件设计】，进入【零件设计】工作台。

02 单击【草图】按钮 ✍，在工作窗口选择草图平面xz平面，进入草图编辑器。利用直线、圆
弧等工具绘制如图4-57所示的草图。单击【工作台】工具栏上的【退出工作台】按钮 ⬆️，
完成草图绘制。

图4-56　【新建】对话框

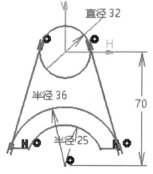

图4-57　绘制草图截面

03 单击【基于草图的特征】工具栏上的【凸台】按钮 ⬚，弹出【定义凸台】对话框，在【轮
廓/截面】中的【选择】框，单击鼠标右键，选择【转至轮廓定义】命令，选择如图4-58所
示的轮廓，设置拉伸深度类型为【尺寸】，【另一限制长度】为28mm，【第二限制长度】为
2mm，单击【确定】按钮完成凸台特征，如图4-58所示。

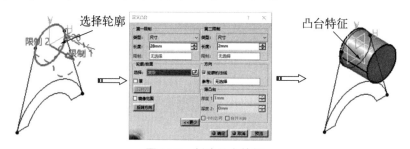

图4-58　创建凸台特征

04 选择基准平面xz，单击【草图】按钮 ✍，进入草图编辑器。利用圆等工具绘制如图4-59所
示的草图。单击【工作台】工具栏上的【退出工作台】按钮 ⬆️，完成草图绘制。

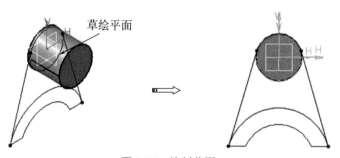

图4-59　绘制草图

05 单击【基于草图的特征】工具栏上的【凸台】按钮，弹出【定义凸台】对话框，设置拉伸深度类型为【尺寸】，【长度】为8mm，选择上一步所绘制的草图，单击【确定】按钮完成凸台特征，如图4-60所示。

图4-60　创建凸台特征

06 按住Ctrl键选择如图4-61所示的圆和平面，单击【基于草图的特征】工具栏上的【孔】按钮，弹出【定义孔】对话框，【孔的延伸方式】为"直到最后"，【直径】为20mm，单击【确定】按钮完成孔特征，如图4-61所示。

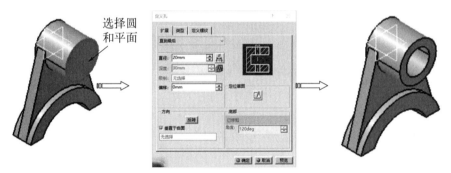

图4-61　创建孔特征

07 单击【草图】按钮，在工作窗口选择草图平面xz平面，进入草图编辑器。利用直线、圆弧等工具绘制如图4-62所示的草图。单击【工作台】工具栏上的【退出工作台】按钮，完成草图绘制。

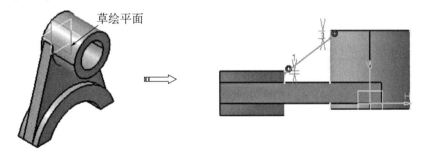

图4-62　绘制草图

08 单击【基于草图的特征】工具栏上的【加强肋】按钮，弹出【定义加强肋】对话框，选择上一步绘制草图作为轮廓，特征预览确认无误后单击【确定】按钮，完成加强肋特征，如图4-63所示。

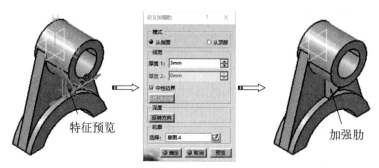

图4-63 创建加强肋特征

4.3 实体修饰特征

零件修饰特征是指在已有基本实体的基础上建立修饰，如倒角、拔模、螺纹等，相关命令集中在【修饰特征】工具栏上，如图4-64所示。

下面仅介绍最常用的"倒圆角""倒角""拔模""抽壳""厚度"和"内螺纹/外螺纹"等。

4.3.1 倒圆角

倒圆角是指通过指定实体的边线，在实体上建立与边线连接的两个曲面相切的曲面。

单击【修饰特征】工具栏上的【倒圆角】按钮，弹出【倒圆角定义】对话框，如图4-65所示。

【倒圆角定义】对话框中相关选项参数含义如下：

（1）半径和要圆角化的对象

● 半径：用于设置倒圆角的半径值。

● 要圆角化的对象：用于选择倒圆角对象，倒圆角的对象可以是边线、面、特征、特征之间。

（2）传播（选择模式）

用于选择创建倒圆角的扩展方式，包括"相切""最小""相交"和"与选定特征相交"等方式。

① 相切　当选择某一条边线时，所有和该边线光滑连接的棱边都将被选中进行倒圆角，如图4-66所示。

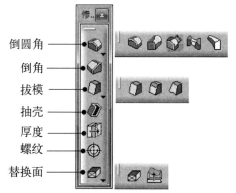

图4-64 【修饰特征】工具栏

图4-65 【倒圆角定义】对话框

图4-66 相切

② 最小 只对选中的边线进行倒圆角，并将圆角光滑过渡到下一条线段，如图4-67所示。

图4-67 最小

③ 相交 要圆角化的对象只能为特征，且系统只对与所选特征内部面之间相交的具有相切连续的边线倒圆角，如图4-68所示。

图4-68 相交

④ 与选定特征相交 要圆角化的对象只能为特征，且还要选择一个与其相交的特征作为相交对象，系统只对相交时产生的锐边进行倒圆角，如图4-69所示。

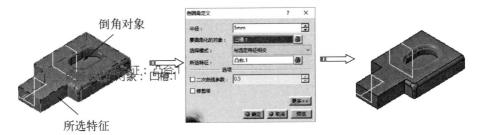

图4-69 与选定特征相交

（3）变化

● 常量：用于创建半径不变的圆角，如图4-70所示。

● 变量：可变半径圆角是指在所选边线上生成多个圆角半径值的圆角，在控制点间圆角可按照"立方体"或"线性"规律变化，如图4-70所示。

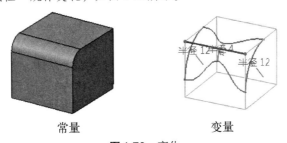

常量　　　　　　　　变量

图4-70 变化

（4）选项

● 二次曲线参数：在倒圆角半径范围内采用二次曲线圆滑过渡。

● 修剪带：用来处理倒圆角交叠部分，自动裁剪重叠部分，仅适合于"相切"选择模式。当两个元素的圆角相互重叠时就会出错，导致不能成功地生成圆角，此时可使用修剪带功能。

4.3.2 倒角

倒角是指在存在交线的两个面上建立一个倒角斜面。

单击【修饰特征】工具栏上的【倒角】按钮 ，弹出【定义倒角】对话框，如图4-71所示。

【定义倒角】对话框相关选项参数含义如下：

● 模式：倒角尺寸控制方式，包括"长度1/角度"和"长度1/长度2"2种，如图4-72所示。

图4-71 【定义倒角】对话框

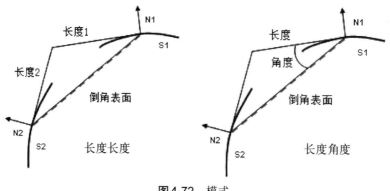

图4-72 模式

● 长度：用于控制倒角尺寸之一，也就是选中边时红色箭头所指的方向。单击【反转】按钮可反转调换两边的长度，如图4-73所示。

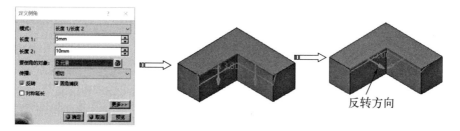

图4-73 长度

● 要倒角的对象：选择要进行倒角的边。

● 传播：用于选择创建倒角的扩展方式，与"边倒圆"相同，读者可参照进行学习。

● 反转：用于非对称性倒角，例如10×20、20×50，可反转调换两边的长度，也可单击图中箭头改变方向。

4.3.3 拔模

拔模斜度是根据拔模面和拔模方向之间的夹角作为拔模条件进行拔模。

单击【修饰特征】工具栏上的【拔模斜度】按钮 ，弹出【定义拔模】对话框，如图4-74

所示。

【定义拔模】对话框中相关选项参数含义如下：

（1）角度

用于设置拔模面与拔模方向间的夹角，正值表示向上拔模，即沿拔模方向的逆时针方向拔模；负值表示向下拔模，即沿拔模方向的顺时针方向拔模。

（2）要拔模的面

用于选择需要创建拔模斜度的面。

（3）通过中性面选择

选中【通过中性面选择】复选框，则只需选择实体上的一个面作为中性面，与其相交的面都会被定义为拔模面。

（4）中性元素

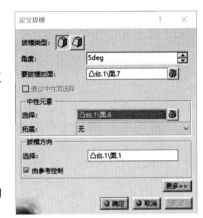

图4-74　【定义拔模】对话框

中性面是指一个平面（坐标面、实体表面、片体面），它与各拔模面相交（可以垂直、也可成角度）。因为与拔模面相交，所以形成一组相交曲线，该曲线在整个拔模过程中始终保持形状、周长不变，这样的面叫做中性面，如图4-75所示。

图4-75　选择中性面

（5）拔模方向

零件与模具分离时，零件相对于模具的运动方向，可选择平面、直线、边等元素来确定拔模方向。拔模方向用箭头表示，单击箭头可反转拔模方向。当选中【由参考控制】复选框，默认的拔模方向与中性面垂直，如图4-76所示。

图4-76　拔模方向

4.3.4　抽壳

抽壳用于从实体内部除料或在外部加料，使实体中空化，从而形成薄壁特征的零件。

单击【修饰特征】工具栏上的【盒体】按钮，弹出【定义盒体】对话框，如图4-77所示。

图4-77　【定义盒体】对话框

【定义盒体】对话框中相关选项参数含义如下：

（1）厚度

● 默认内侧厚度：指实体外表面到抽壳后壳体内表面的厚度。

● 默认外侧厚度：指实体抽壳后的外表面到抽壳前实体外表面的距离。该值不为0，则所抽壳的壳体外表面会沿着实体的外表面向外平移。

（2）其他厚度面

用于定义不同厚度的面。激活【其他厚度面】编辑框后，选择实体的某一表面，双击该表面参数值，并在弹出的【参数定义】对话框中输入厚度值，单击【确定】按钮后，可实现壁厚不均匀的抽壳，如图4-78所示。

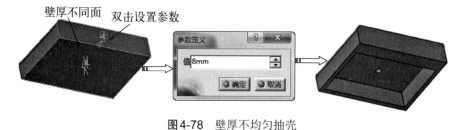

图4-78　壁厚不均匀抽壳

4.3.5　厚度

厚度用于在零件实体上选择一个厚度控制面，设置一个厚度值，实现增加现有实体的厚度。

单击【修饰特征】工具栏上的【厚度】按钮🔳，弹出【定义厚度】对话框，选择实体表面后，输入正值，则该表面沿法向增厚；负值则减薄，如图4-79所示。

图4-79　厚度特征

4.3.6　内螺纹/外螺纹

内螺纹/外螺纹用于在圆柱体内或外表面上创建螺纹，建立的螺纹特征在三维实体上并不显示，但在特征树上记录螺纹参数，并在生成工程图时显示。

单击【修饰特征】工具栏上的【内螺纹/外螺纹】按钮🔩，弹出【定义外螺纹/内螺纹】对话框，如图4-80所示。

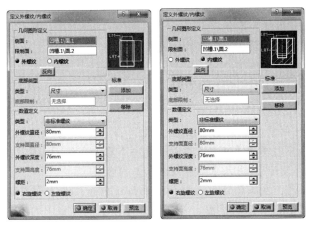

图4-80 【定义外螺纹/内螺纹】对话框

【定义外螺纹/内螺纹】对话框相关选项参数含义如下：

（1）几何图形定义（图4-81）

● 侧面：用于定义产生螺纹的零件实体表面。

● 限制面：用于定义螺纹起始位置的实体表面，该图形元素必须是平面。

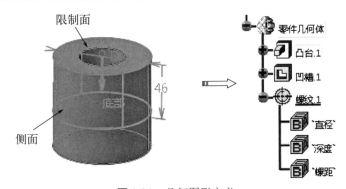

图4-81 几何图形定义

（2）底部类型

用于选择螺纹的终止方式，包括"尺寸""支持面深度""直到平面"3个选项：

● 尺寸：通过定义螺纹深度来添加螺纹。

● 支持面深度：添加的螺纹深度为添加螺纹的侧面整个深度。

● 直到平面：通过定义底部限制来添加螺纹深度。

（3）数值定义

用于设置螺纹详细参数，包括以下选项：

● 类型：用于定义螺纹类型，可选择标准螺纹和非标准螺纹。标准螺纹包括"公制细牙螺纹"和"公制粗牙螺纹"，可以单击【添加】和【移除】按钮来添加或删除标准螺纹文件。

● 外螺纹直径：用于定义螺纹的直径，即内、外螺纹输入螺纹大径。当定义非标准螺纹时，需要手动输入螺纹的直径数值。定义标准螺纹时，该项变成【外螺纹描述】，只需在该框内选择相应标准螺纹标号即可。

● 支持面直径：用于显示螺纹支持面直径，由几何定义中指定的螺纹限制表面决定，不可更改。

● 外螺纹深度：用于定义螺纹长度。

● 支持面高度：用于显示螺纹支持面的高度，由几何定义中指定的螺纹侧面决定，不可更改。

● 螺距：用于定义螺纹螺距数值。

● 右旋螺纹和左旋螺纹：用于选择螺纹的旋转方向。

📖 操作实例——创建修饰特征操作实例

4.3视频精讲

操作步骤

01 在【标准】工具栏中单击【新建】按钮，在弹出【新建】对话框中选择"part"，如图4-82所示。单击【确定】按钮新建一个零件文件，选择【开始】|【机械设计】|【零件设计】，进入【零件设计】工作台。

02 单击【草图】按钮，在工作窗口选择草图平面zx平面，进入草图编辑器。利用直线、圆弧等工具绘制如图4-83所示的草图。单击【工作台】工具栏上的【退出工作台】按钮，完成草图绘制。

图4-82　【新建】对话框

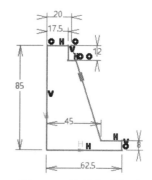

图4-83　绘制草图截面

03 单击【基于草图的特征】工具栏上的【旋转体】按钮，选择旋转截面，弹出【定义旋转体】对话框，选择上一步草图为旋转截面，选择"Z轴"为轴线，单击【确定】按钮，完成旋转，如图4-84所示。

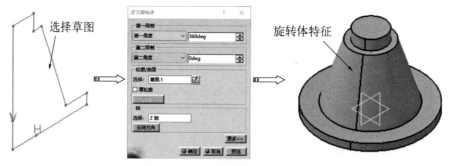

图4-84　创建旋转体特征

04 单击【草图】按钮，在工作窗口选择草图平面zx平面，进入草图编辑器。利用直线、圆弧等工具绘制如图4-85所示的草图。单击【工作台】工具栏上的【退出工作台】按钮，完成草图绘制。

图4-85 绘制草图截面

05 单击【基于草图的特征】工具栏上的【旋转体】按钮，选择旋转截面，弹出【定义旋转体】对话框，选择上一步草图为旋转截面，选择如图4-86所示的图形为轴线，单击【确定】按钮，完成旋转，如图4-86所示。

图4-86 创建旋转体特征

06 单击【修饰特征】工具栏上的【盒体】按钮，弹出【定义盒体】对话框，【默认内侧厚度】文本框中输入5mm，激活【要移除的面】编辑框，选择如图4-87所示的3个面，选择如图4-87所示的面为其他厚度面，编辑【厚度】为8mm，单击【确定】按钮，系统自动完成抽壳特征，如图4-87所示。

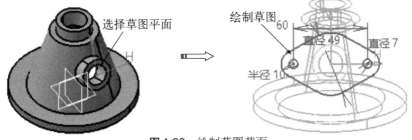

图4-87 创建抽壳特征

07 单击【草图】按钮，在工作窗口选择草图平面zx平面，进入草图编辑器。利用直线、圆弧等工具绘制如图4-88所示的草图。单击【工作台】工具栏上的【退出工作台】按钮，完成草图绘制。

08 单击【基于草图的特征】工具栏上的【凸台】按钮，弹出【定义凸台】对话框，在【轮廓/截面】中的【选择】框，单击鼠标右键，选择【转至轮廓定义】命令，选择如图4-89所示的轮廓，设置拉伸深度类型为【尺寸】，限制1尺寸为12mm，单击【确定】按钮完成凸台特征，如图4-89所示。

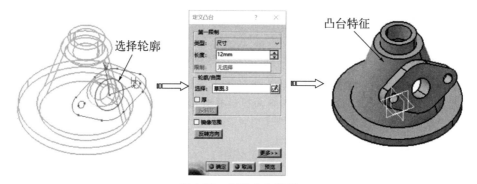

图4-89 创建凸台特征

4.4 实体变换特征命令

变换特征是指对已生成的零件特征进行位置的变换、复制变换（包括镜像和阵列）以及缩放变换等，相关命令集中在【变换特征】工具栏上，如图4-90所示。

下面介绍常用的变换特征，包括"平移""旋转""镜像"和"阵列"等。

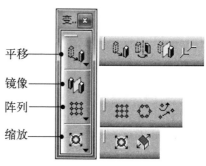

图4-90 【变换特征】工具栏

4.4.1 平移

平移用于在特定的方向上将零件文档中的当前工作对象相对于坐标系进行移动指定距离，常用于零件几何位置的修改。

单击【变换特征】工具栏上的【平移】按钮，弹出【问题】对话框和【平移定义】对话框，单击【问题】对话框中的【是】按钮，显示【平移定义】对话框，如图4-91所示。

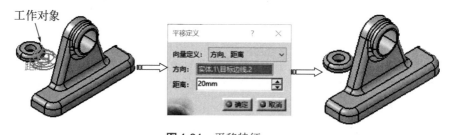

图4-91 平移特征

【平移定义】对话框中【向量定义】下拉列表中选项参数含义如下：

●【方向、距离】：单击【方向】选择框，选择已有直线、平面等参考元素作为平移方向，然后在【距离】框中输入移动距离（可通过正负值来改变方向）。

●【点到点】：定义两个点，系统以这两点之间的线段来定义平移工作对象的方向和距离。

●【坐标】：直接定义需要将工作对象移动到的位置坐标来定义平移特征。

4.4.2 旋转

旋转用于将当前工作对象绕某一旋转轴旋转一定角度到达一个新的位置。与平移特征一样，旋转特征的操作对象也是当前工作对象，在创建旋转特征前要先定义工作对象。

单击【变换特征】工具栏上的【旋转】按钮 ，弹出【问题】对话框和【旋转定义】对话框，单击【问题】对话框中的【是】按钮，显示【旋转定义】对话框，如图4-92所示。

图4-92 旋转变换特征

4.4.3 镜像

镜像用于对点、曲线、曲面、实体、特征等几何元素相对于镜像平面进行镜像操作。

选择需要的实体或特征，单击【变换特征】工具栏上的【镜像】按钮 ，选择平面作为镜像平面，弹出【定义镜像】对话框，如图4-93所示。

图4-93 镜像特征

> **技术要点**
>
> 在启动镜像命令之前，应先选择镜像平面或镜像特征。如果没有选择镜像特征，系统自动选择当前工作对象为镜像对象；当选择特征时，可按Ctrl键在特征树或图形区选择即可。

4.4.4 阵列

CATIA V5提供了3种阵列特征的创建方法，下面仅介绍最常用的矩形阵列和圆形阵列。

4.4.4.1 矩形阵列

矩形阵列是以矩形排列方式复制选定的实体特征，形成新的实体。

选择要阵列的实体特征，单击【变换特征】工具栏上的【矩形阵列】按钮 ，弹出【定义矩形阵列】对话框，如图4-94所示。

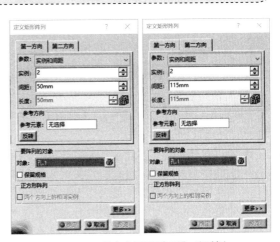

图4-94 【定义矩形阵列】对话框

【定义矩形阵列】对话框中相关选项参数含义如下：

（1）参数

用于定义源特征在阵列方向上副本的分布数量和间距，包括以下选项：

① 实例和长度　通过指定实例数量和总长度，系统自动计算实例之间的间距。

② 实例和间距　通过指定实例数量和间距，系统自动计算总长度。

③ 间距和长度　通过指定间距和总长度，系统自动计算实例的数量。

④ 实例和不等间距　在每个实例之间分配不同的间距值。

（2）参考方向

用于选择线性图元定义阵列方向。单击【反转】按钮可反转阵列方向。

（3）要阵列的对象

● 对象：用于选择阵列对象。如果先单击【矩形阵列】按钮▦，再选择特征，那么系统将对当前所有实体进行阵列；要选择特征阵列，需要先选择特征，然后再单击【矩形阵列】按钮▦。

● 保留规格：选中该复选框，表示在阵列过程中使用原始特征中的参数生成特征。

4.4.4.2　圆形阵列

圆形阵列用于将实体绕旋转轴进行旋转阵列分布。

选择要阵列的实体特征，单击【变换特征】工具栏上的【圆形阵列】按钮❀，弹出【定义圆形阵列】对话框，如图4-95所示。

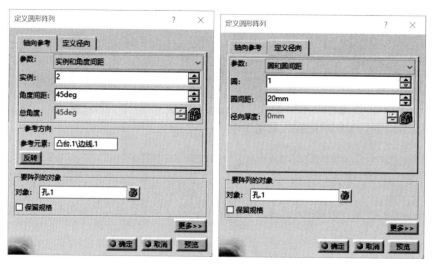

图4-95　【定义圆形阵列】对话框

【定义圆形阵列】对话框中相关选项参数含义如下：

（1）轴向参考

在【轴向参考】选项卡中的【参数】下拉列表用于定义源特征在轴向的副本分布数量和角度间距，包括以下选项：

● 实例和总角度：通过指定实例数目和总角度值，系统将自动计算角度间距。

● 实例和角度间距：通过指定实例数目和角度间距，系统将自动计算总角度。

● 角度间距和总角度：通过指定角度间距和总角度，系统自动计算生成的实例数目。

● 完整径向：通过指定实例数目，系统自动计算满圆周的角度间距。

● 实例和不等角度间距：在每个实例之间分配不同的角度值。

（2）定义径向

在【定义径向】选项卡中的【参数】下拉列表用于定义源特征在径向的副本分布数量和角度间距，包括以下选项：

● 圆和径向厚度：通过指定径向圆数目和径向总长度，系统可以自动计算圆间距。

● 圆和圆间距：通过指定径向圆数目和径向间距生成径向实例。

● 圆间距和径向厚度：通过指定圆间距和径向总长度生成实例。

4.4视频精讲

📖 **操作实例——创建变换特征操作实例**

操作步骤

01 在【标准】工具栏中单击【新建】按钮，在弹出【新建】对话框中选择"Part"，如图4-96所示。单击【确定】按钮新建一个零件文件，选择【开始】|【机械设计】|【零件设计】，进入【零件设计】工作台。

02 单击【草图】按钮✍，在工作窗口选择草图平面zx平面，进入草图编辑器。利用直线、圆弧等工具绘制如图4-97所示的草图。单击【工作台】工具栏上的【退出工作台】按钮↥，完成草图绘制。

图4-96 【新建】对话框

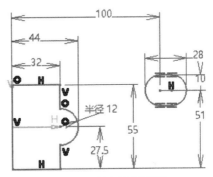

图4-97 绘制草图截面

03 单击【基于草图的特征】工具栏上的【旋转体】按钮🔄，选择旋转截面，弹出【定义旋转体】对话框，选择上一步草图为旋转截面，选择"Z轴"为轴线，单击【确定】按钮，完成旋转，如图4-98所示。

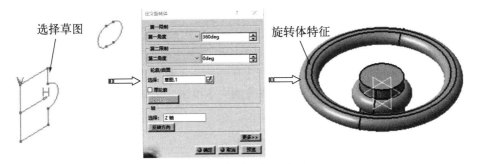

图4-98 创建旋转体特征

04 单击【草图】按钮✍，在工作窗口选择草图平面zx平面，进入草图编辑器。利用直线、圆弧等工具绘制如图4-99所示的草图。单击【工作台】工具栏上的【退出工作台】按钮↥，完成草图绘制。

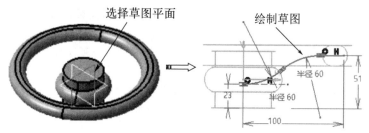

图4-99　绘制草图截面

05 单击【草图】按钮![icon]，在工作窗口选择草图平面*yz*平面，进入草图编辑器。利用直线、圆弧等工具绘制如图4-100所示的草图。单击【工作台】工具栏上的【退出工作台】按钮![icon]，完成草图绘制。

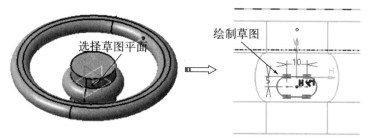

图4-100　绘制草图截面

06 单击【基于草图的特征】工具栏上的【肋】按钮![icon]，弹出【定义肋】对话框，选择第一个草图为轮廓，第二个草图为中心曲线，单击【确定】按钮创建肋特征，如图4-101所示。

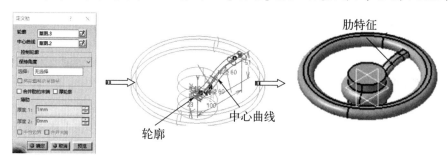

图4-101　创建肋特征

07 选择肋特征为要阵列的孔特征，单击【变换特征】工具栏上的【圆形阵列】按钮![icon]，弹出【定义圆形阵列】对话框，在【轴向参考】选项卡中设置【参数】为"实例和角度间距"，【实例】为4，【角度间距】为90°，激活【参考元素】编辑框，选择如图4-102所示的外圆柱面，单击【预览】按钮显示预览，单击【确定】按钮完成圆形阵列，如图4-102所示。

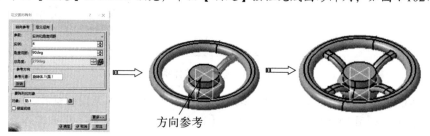

图4-102　创建圆形阵列

4.5 本章小结

本章介绍了CATIA实体特征设计知识，主要内容有实体设计界面、实体建模方法、基本体素特征、扫描设计特征、基础成型特征和实体特征操作，这样大家能熟悉CATIA实体特征绘制命令，希望大家按照讲解方法进一步进行实例练习。

4.6 上机习题（视频）

1. 习题1

使用凸台、肋板、孔、圆角等指令建立习题1所示的模型。

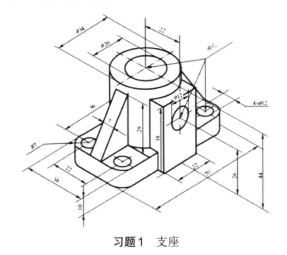

习题1视频精讲

习题1 支座

2. 习题2

使用凸台、孔、圆角等指令建立习题2所示的模型。

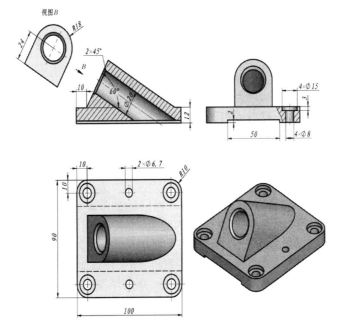

习题2视频精讲

习题2 支座

第5章

创成式曲线设计

流畅外形设计离不开曲线和曲面，为了建立好曲面，必须适当建好基本曲线模型，线框是曲面的基础，所建立的曲线可以作为创建曲面或实体的引导线或参考线。希望通过本章曲线的学习，使读者轻松掌握CATIA创成式曲线创建的基本功能和应用。

本章内容

- 创成式外形设计工作台简介
- 曲线绘制命令
- 曲线操作命令

5.1　创成式外形设计工作台概述

复杂形状结构单靠【零件设计】工作台不能完成，而需要实体和曲面混合设计才能完成。创成式外形设计工作台是CATIA进行曲面设计的重要部分，可交互式地创建曲线和曲面。本节介绍创成式外形设计工作台界面和相应工具栏等。

5.1.1　创成式外形设计工作台简介

在CATIA中，通常将在三维空间创建的点、线（包括直线和曲线）、平面称为线框；在三维空间中建立的各种面，称为曲面；将一个曲面或几个曲面的组合称为面组。值得注意的是：曲面是没有厚度的几何特征，不要将曲面与实体里的"厚（薄壁）"特征混淆，"厚"特征有一定的厚度值，其本质上是实体，只不过它很薄而已。

5.1.2 启动创成式外形设计工作台

要创建曲面首先要进入创成式外形设计工作台环境中，常用进入创成式外形设计工作台方法如下。

（1）系统没有开启任何文件

当系统没有开启任何文件时，执行【开始】|【形状】|【创成式外形设计】命令，弹出【新建零件】对话框，在【输入零件名称】文本框中输入文件名称，然后单击【确定】按钮进入创成式外形设计工作台，如图5-1所示。

（2）当开启文件在其他工作台

当开启文件在其他工作台，执行【开始】|【形状】|【创成式外形设计】命令，系统将零件切换到曲面设计工作台，如图5-2所示。

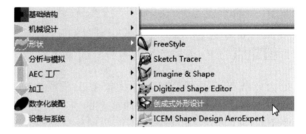

图5-1 【新建零件】对话框   图5-2 【开始】菜单命令

进入创成式外形设计工作台后，界面主要包括菜单栏、特征树、图形区、指南针、工具栏、状态栏，如图5-3所示。

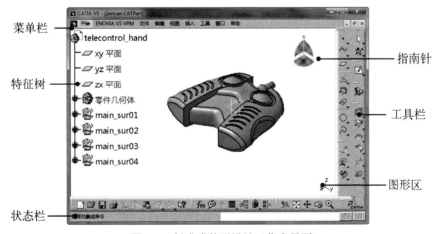

图5-3 创成式外形设计工作台界面

5.2 曲线绘制命令

为了建立好曲面，必须适当建好基本曲线模型。线框是曲面的基础，所建立的曲线可以用来作为创建曲面或实体的引导线或参考线。【线框】工具栏命令用于创建点、直线、曲线、二次曲线等，如图5-4所示。

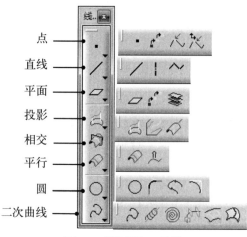

图5-4 【线框】工具栏

5.2.1 创建点

点是构成线框的基础，单击【线框】工具栏上的【点】按钮，弹出【点定义】对话框，CATIA空间点创建方法：坐标点、曲线上的点、平面上的点、曲面上的点、圆/球面/椭圆中心的点、曲线的切线点和之间点等，下面分别加以介绍。

5.2.1.1 坐标点

【坐标点】是指相对于现有参考点通过输入X、Y、Z坐标值来创建点。

单击【线框】工具栏上的【点】按钮 ，弹出【点定义】对话框，在【点类型】下拉列表中选择【坐标】选项，输入X、Y、Z坐标【点缺省参考为默认（原点），所输入的X、Y、Z坐标是相对于参考点的值】，单击【确定】按钮，系统自动完成点创建，如图5-5所示。

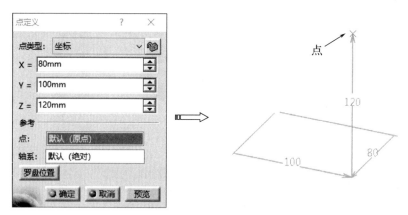

图5-5 创建坐标点

【点定义】对话框中的【参考】选项含义如下：

- 点：激活此文本框，可在图形区选择所需的点作为参考，创建的点坐标以此点为基准。
- 轴系：激活该文本框，可在图形区选择所需的参考轴线（坐标系）。

> 💡 **技术要点**
>
> 单击【锁定】按钮 可锁定点类型，防止在选择元素时自动改变点的类型。

5.2.1.2 曲线上的点

【曲线上的点】是指通过选择曲线而在曲线上创建点。

单击【线框】工具栏上的【点】按钮 ■ ，弹出【点定义】对话框，在【点类型】下拉列表中选择【曲线上】选项，选择一条曲线作为参考曲线，在【长度】文本框中输入长度值，单击【确定】按钮，系统自动完成点创建，如图5-6所示。

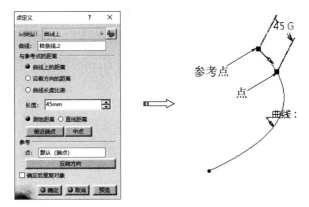

图5-6 曲线上的点

创建曲线上的点相关选项参数含义如下：

（1）曲线

选择一条曲线，所创建的点在该曲线上。

（2）与参考点的距离

用于设置点在曲线上的定位方式，包括以下选项：

① 曲线上的距离　创建的点位于沿曲线到参考点的给定曲线距离处，可在【长度】框中设置距离，曲线上的距离有以下两种方式：

- 测地距离：新点与参考点的距离是沿着曲线来计算长度的。
- 直线距离：新点与参考点的距离是相对于参考点的直线距离。

② 沿着方向的距离　通过参考点沿某一方向（可选择一条直线作为方向）偏移一定距离在曲线上创建点。

③ 曲线长度比率　通过定义所生成的点与参考点之间的比率生成点，要设【比率】值。

④ 特殊点

- 最近端点：创建点位于鼠标点击最近的曲线端点，单击该按钮后即使指定了距离值，创建的点仍为曲线端点。
- 中点：创建点位于曲线的中点。

（3）参考

- 点：指定参考点，缺省情况为曲线端点。
- 反转方向：修改创建点相对于参考点位置。如果参考点为曲线端点，则改变参考点为曲线的另一端点，或者也可单击图形区中的红色箭头。

5.2.1.3 平面上的点

【平面上的点】是指在平面上通过参考点及坐标来创建点。

单击【线框】工具栏上的【点】按钮 ■ ，弹出【点定义】对话框，在【点类型】下拉列表中选择【平面上】选项，选择平面作为参考平面，在【H】、【V】文本框中输入点坐标，单击【确定】按钮，系统自动完成点创建，如图5-7所示。

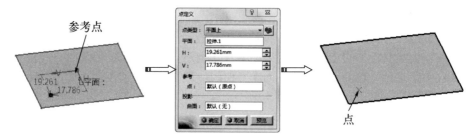

图 5-7　平面上的点

创建平面上的点相关选项参数含义如下：

（1）平面

选择创建点的参考平面。

（2）距离参数

● H：用于输入创建点 *H* 方向的坐标值。

● V：用于输入创建点 *V* 方向的坐标值。

（3）参考点

系统默认的参考点为坐标原点或者坐标原点在平面上的投影点。

（4）投影

如果在【投影】选项中的【曲面】框中选择了曲面，则创建的点为平面上的点投影到该曲面上的点。

5.2.1.4　曲面上的点

【曲面上的点】是指通过选择曲面而在曲面上创建点。

单击【线框】工具栏上的【点】按钮 ■，弹出【点定义】对话框，在【点类型】下拉列表中选择【曲面上】选项，选择曲面作为参考曲面，在【方向】编辑框中输入方向参考，在【距离】文本框中输入与参考点的距离，单击【确定】按钮，系统自动完成点创建，如图5-8所示。

图 5-8　创建曲面上的点

曲面上的点相关参数含义如下：

（1）曲面

用于在图形区选择创建点的参考曲面。

（2）方向

可在图形区选择创建点的参考方向。

（3）距离

用于输入创建点与参考点的距离值。

（4）动态定位

● 粗略的：在参考点和鼠标单击位置之间计算的距离为直线距离，所以创建的点可能不位于鼠标单击的位置。

● 精确的：在参考点和鼠标单击之间计算的距离为测地距离，所以创建的点精确位于鼠标单击的位置。

5.2.1.5 圆/球面/椭圆中心的点

【圆/球面/椭圆中心的点】是指在圆心、圆弧中心、球形面、椭圆形或球心处创建点。

单击【线框】工具栏上的【点】按钮 ▪，弹出【点定义】对话框，在【点类型】下拉列表中选择【圆/球面/椭圆中心】选项，选择圆柱、圆弧、球面等作为参考，单击【确定】按钮，系统自动完成点创建，如图5-9所示。

图5-9 圆/球面/椭圆中心的点

5.2.1.6 曲线上的切线点

【曲线上的切线点】是指创建曲线与参考方向上的相切点。

单击【线框】工具栏上的【点】按钮 ▪，弹出【点定义】对话框，在【点类型】下拉列表中选择【曲线上的切线】选项，选择曲线作为参考线，选择直线作为切点方向，单击【确定】按钮，系统自动完成曲线与直线的切点创建，如图5-10所示。

图5-10 曲线上的切线点

5.2.1.7 之间的点

【之间的点】是指创建已知两点的中间点。

单击【线框】工具栏上的【点】按钮 ▪，弹出【点定义】对话框，在【点类型】下拉列表中选择【之间】选项，选择两个点作为参考点，在【比率】文本框中输入比率数值，单击【确定】按钮，系统自动完成点创建，如图5-11所示。

图5-11 之间的点

之间的点相关选项参数含义如下：

（1）点1

在图形区选择创建点的第一个参考点。

（2）点2

在图形区选择创建点的第二个参考点。

（3）比率

用于输入创建点在点1和点2之间百分比。

（4）支持面

支持面用于定义创建点的依附面或依附曲线，也可以使用快捷菜单定义支持面。

（5）反转方向

比率值的起始位置系统默认在第1参考点，该按钮可切换起始点。

（6）中点

单击该按钮，在两参考点中间创建新点。

5.2.2　创建直线

直线是构成线框的基本单元之一，可作为创建平面、曲线、曲面的参考，也可作为方向参考和轴线。

5.2.2.1　点-点直线

点-点直线是指在两个相异点创建一条直线，也可创建两点连线在支持曲面上的投影线。

单击【参考元素】工具栏上的【直线】按钮 ✏，弹出【直线定义】对话框，在【线型】下拉列表中选择【点-点】选项，选择两个点作为参考，单击【确定】按钮，系统自动完成直线创建，如图5-12所示。

图5-12　点-点创建直线

【直线定义】对话框选项参数含义如下：

（1）选择点

● 点1：用于选取第一个通过点。

● 点2：用于选取第二个通过点。

（2）支持面

可以选择一个平面或曲面作为支持面，所绘制的直线将在该支持面上，即生成沿曲面距离最短的直线，如图5-13所示。

图 5-13　支持面

（3）起点与终点距离与延伸

① 起点和终点

● 起点：选择创建直线的起点，为 0 表示从点 1 开始，正值表示从起点向外延伸的距离。

● 终点：选择创建直线的终点，为 0 表示从点 2 开始，正值表示从终点向外延伸的距离。

② 直到 1 和直到 2

● 直到 1：从起点向外延伸到某一个限制停止，如图 5-14 所示。

● 直到 2：从终点向外延伸到某一个限制停止，如图 5-14 所示。

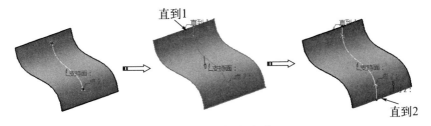

图 5-14　直到 1 和直到 2

（4）长度类型

● 长度：通过直线的长度来确定直线总长。

● 起点无限：从起点无限向外延伸，即通过定义终点生成起点无限长的射线。

● 终点无限：从终点无限向外延伸，即通过定义起点生成终点无限长的射线。

● 无限：两端点向外无限延伸，即创建无限长直线。

● 镜像范围：勾选【镜像范围】复选框，用于将终点镜像到起点，即终点和起点到相应参考点之间距离相同。【起点】文本框不可用，即直线朝两个方向的延伸长度相等。

5.2.2.2　点 - 方向直线

点 - 方向直线是指通过一点与指定方向的直线。

单击【参考元素】工具栏上的【直线】按钮 ∕，弹出【直线定义】对话框，在【线型】下拉列表中选择【点 - 方向】选项，选择一个点作为起点，选择一个参考元素（直线、平面）作为方向参考，在【起点】和【终点】文本框中输入长度数值，单击【确定】按钮，系统自动完成直线创建，如图 5-15 所示。

图 5-15　点 - 方向创建直线

5.2.2.3　曲线切线直线

曲线的切线是指创建通过起点，并平行于曲线切线的直线。

单击【参考元素】工具栏上的【直线】按钮 ∕，弹出【直线定义】对话框，在【线型】下拉列表中选择【曲线的切线】选项，选择曲线作为参考，选择一点作为起点（元素2），在【起点】和【终点】文本框中输入长度数值，单击【确定】按钮，系统自动完成直线创建，如图5-16所示。

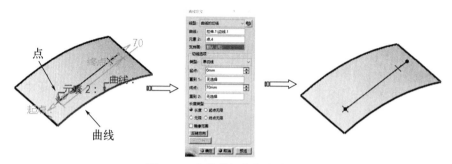

图5-16　曲线的切线创建直线

5.2.2.4　曲线角度/法线直线

曲线的角度/法线直线是指创建与曲线垂直或倾斜的直线。

单击【参考元素】工具栏上的【直线】按钮 ∕，弹出【直线定义】对话框，在【线型】下拉列表中选择【曲线的角度/法线】选项，选择曲线作为参考，选择一点作为起点，在【角度】文本框中输入角度值，在【起点】和【终点】文本框中输入长度数值，单击【确定】按钮，系统自动完成直线创建，如图5-17所示。

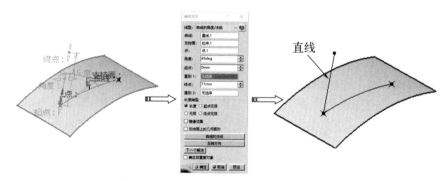

图5-17　曲线的角度/法线直线

> 💡 **技术要点**
>
> 　　根据曲线、曲面与起点创建一条直线，该直线与曲线在曲面上的投影在起点处成一角度，该角度为与曲线切线所成角度，创建的直线沿着起点在曲面投影处的切线方向延伸。

5.2.2.5　曲面法线直线

曲面的法线是指通过指定点沿着曲面法线方向创建直线。

单击【参考元素】工具栏上的【直线】按钮 ∕，弹出【直线定义】对话框，在【线型】下拉列表中选择【曲面的法线】选项，选择曲面作为参考，选择一点作为起点，在【起点】和【终点】文本框中输入长度数值，单击【确定】按钮，系统自动完成直线创建，如图5-18所示。

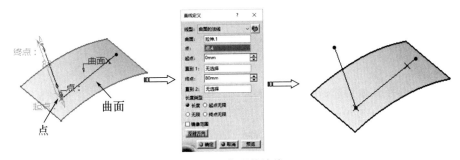

图 5-18　曲面的法线

5.2.2.6　角平分线直线

角平分线是指创建两条直线的夹角平分线。

单击【参考元素】工具栏上的【直线】按钮 ，弹出【直线定义】对话框，在【线型】下拉列表中选择【角平分线】选项，选择两条直线作为参考，单击【确定】按钮，系统自动完成直线创建，如图 5-19 所示。

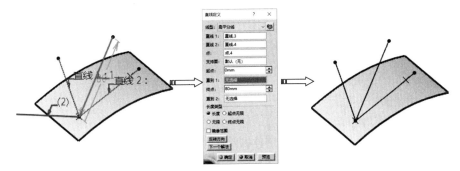

图 5-19　角平分线创建直线

5.2.3　圆与圆弧

圆或圆弧是构成线框的基本单元之一，CATIA 空间圆或圆弧创建方法有：中心和半径、中心和点、两点和半径、三点、中心和轴线、双切线和半径、双切线和点、三切线、中心和切线等。

5.2.3.1　中心和半径

【中心和半径】是指通过已知的点和半径创建圆或圆弧。

单击【线框】工具栏上的【圆】按钮 ，弹出【圆定义】对话框，在【圆类型】下拉列表中选择【中心和半径】选项，如图 5-20 所示。

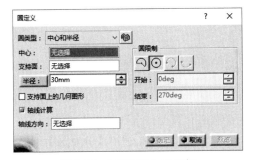

图 5-20　【圆定义】对话框

【圆定义】对话框选项参数含义如下：

（1）中心

选择一个点作为圆心，或者在文本框使用右键快捷菜单创建圆心点。

（2）支持面

选择圆的支持面。如果选择的支持面为曲面，圆将被放在其切平面上，如图5-21所示。

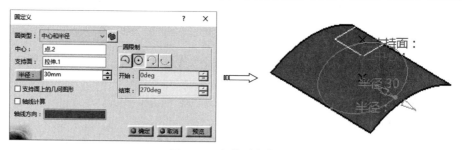

图5-21　支持面为曲面

> 🔍 **技术要点**
>
> 　　如果将圆投影到曲面上，则须选中【支持面上的几何图形】复选框。否则如果选择的支持面为平面或曲面，圆将放在通过点的平行平面上。

（3）半径

用于输入圆或圆弧半径。

（4）支持面上的几何图形

将几何图形投影到支持面上，如果圆或圆弧超过了支持面，则支持面外的部分将被切除。

（5）轴线计算

选中该复选框，在创建或修改圆时自动创建轴线，此时需要选择【轴线方向】。

（6）圆限制

选择是创建圆还是圆弧以及形成补圆等，包括"部分弧""整圆""修剪圆"和"补充圆"4种，如图5-22所示。

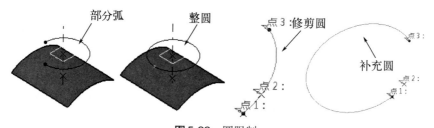

图5-22　圆限制

（7）开始和结束

● 开始：圆弧的起始角度。

● 结束：圆弧的终止角度。

5.2.3.2　中心和点

【中心和点】是指通过定义圆心和圆上一点创建圆或圆弧。

单击【线框】工具栏上的【圆】按钮 ⊙，弹出【圆定义】对话框。在【圆类型】下拉列表中选择【中心和点】选项，选择一点作为圆心，选择一点为圆上的点，选择一个平面或曲面作为圆弧的支持面。在【开始】和【结束】文本框中输入开始结束角度，单击【确定】按钮，系统自动完成圆创建，如图5-23所示。

图5-23　中心和点

5.2.3.3　两点和半径

【两点和半径】是指通过定义圆上的两点和半径创建圆或圆弧。

单击【线框】工具栏上的【圆】按钮 ○，弹出【圆定义】对话框，在【圆类型】下拉列表中选择【两点和半径】选项，依次选择两点作为圆周上的点，选择一个平面或曲面作为圆弧的支持面，在【半径】文本框中输入半径值，在【开始】和【结束】文本框中输入开始结束角度，单击【确定】按钮，系统自动完成圆创建，如图5-24所示。

图5-24　两点和半径

💡 **技术要点**

系统显示出两个圆弧，可单击【下一个解法】按钮选择所需的圆弧，不带圆括号数字所指的圆弧是当前所选的圆弧。此外，可单击【修剪圆】按钮和【补充圆】按钮改成当前圆弧的互补圆弧。

5.2.3.4　三点

【三点】是指通过定义圆上的三点创建圆或圆弧。

单击【线框】工具栏上的【圆】按钮 ○，弹出【圆定义】对话框，在【圆类型】下拉列表中选择【三点】选项，依次选三个点作为圆周上的点，单击【确定】按钮，系统自动完成圆创建，如图5-25所示。

图5-25　三点

5.2.3.5　中心和轴线

【中心和轴线】是指通过定义轴线和圆上一点创建圆或圆弧。

单击【线框】工具栏上的【圆】按钮◯，弹出【圆定义】对话框，在【圆类型】下拉列表中选择【中心和轴线】选项，选择一条直线或轴线作为圆弧支持面的垂线，选择一点作为圆弧支持面通过点，在【半径】文本框中输入半径值，单击【确定】按钮，系统自动完成圆创建，如图5-26所示。

图5-26　中心和轴线

5.2.3.6　双切线和半径

【双切线和半径】通过圆的公切线、切点位置和半径创建圆或圆弧。

单击【线框】工具栏上的【圆】按钮◯，弹出【圆定义】对话框，在【圆类型】下拉列表中选择【双切线和半径】选项，依次选择两个元素作为圆弧相切元素，在【半径】文本框中输入半径值，单击【确定】按钮，系统自动完成圆创建，如图5-27所示。

图5-27　双切线和半径

5.2.3.7　双切线和点

【双切线和点】是指通过圆的两条切线和圆上的点创建圆或圆弧。

单击【线框】工具栏上的【圆】按钮◯，弹出【圆定义】对话框，在【圆类型】下拉列表中选择【双切线和点】选项，依次选择两个元素作为圆弧相切元素，并选择一点，如果所选点在曲线2上，生成的圆弧通过点，否则所选点投影到该线上，并且生成的圆弧通过投影点，单击【确定】按钮，系统自动完成圆创建，如图5-28所示。

图5-28　双切线和点

5.2.3.8 三切线

【三切线】是指通过定义圆的三条切线创建圆或圆弧。

单击【线框】工具栏上的【圆】按钮 ◯，弹出【圆定义】对话框，在【圆类型】下拉列表中选择【三切线】选项，依次选择三个元素作为圆弧相切元素，单击【确定】按钮，系统自动完成圆创建，如图5-29所示。

图5-29 三切线

5.2.3.9 中心和切线

【中心和切线】是指通过圆心和一条切线创建圆。

单击【线框】工具栏上的【圆】按钮 ◯，弹出【圆定义】对话框，在【圆类型】下拉列表中选择【中心和切线】选项，选择一点作为圆心，选择直线或曲线作为圆弧相切元素，单击【确定】按钮，系统自动完成圆创建，如图5-30所示。

图5-30 中心和切线

5.2.4 圆角

【圆角】用于在空间曲线、直线以及点等几何元素上建立平面或空间的过渡圆角。

单击【线框】工具栏上的【圆角】按钮 ⌒，弹出【圆角定义】对话框，如图5-31所示。

图5-31 圆角

5.2.5 连接曲线

【连接曲线】用于将两条曲线或直线以某种连续形式连接起来，连接形式有点、相切、曲率等。

单击【线框】工具栏上的【连接曲线】按钮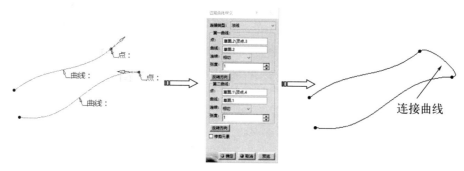，弹出【连接曲线定义】对话框，如图5-32所示。

图5-32　连接曲线

【连接曲线定义】对话框选项参数含义如下：

（1）连接类型

● 法线：通过已知曲线的法线创建连接曲线。

● 基曲线：通过已知的基曲线创建连接曲线，创建的连接曲线方向偏向于基曲线。

（2）第一曲线

● 点：用于选择连接点。

● 曲线：用于选择连接曲线，如果上面选择的点在某一曲线上，系统会自动选择该曲线。

● 连续：用于定义已知曲线和连接曲线的连接类型，包括"点""相切"和"曲率"等。

● 弧度：用于定义连接曲线在某种连接方式下的张度情况。

● 反转方向：单击该按钮，可以改变连接曲线的张度方向。

（3）第二曲线

用于定义要连接的第二条曲线。

（4）修剪元素

选中该选项，系统会将连接曲线以外的部分修剪掉。

5.2.6　样条线

【样条线】命令用于通过一系列控制点来创建样条曲线。

单击【线框】工具栏上的【样条线】按钮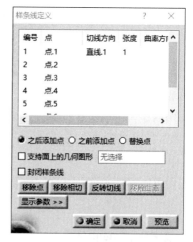，弹出【样条线定义】对话框，如图5-33所示。

【样条线定义】对话框相关选项参数含义如下：

（1）支持面上的几何图形

选中该选项，选择支持面，将样条线投影到支持面上（选取的点必须是支持面上的点）。

（2）封闭样条线

将样条曲线封闭。

（3）约束类型

● 显示：选择一个直线或平面，在选定的点上，样条上的切线与直线或平面是平行的，如图5-34所示。

图5-33　【样条线定义】对话框

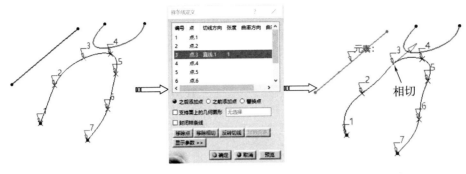

图 5-34　显示

● 从曲线：选择一个曲线，在选定的点样条切线方向与曲线相切，如图 5-35 所示。

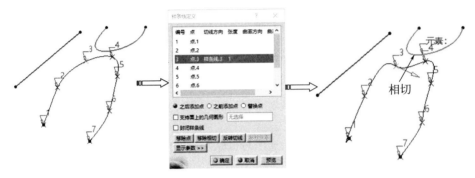

图 5-35　从曲线

5.2.7　螺旋线

【螺旋线】用于通过定义起点、轴线、间距和高度等参数在空间建立螺旋线。

单击【线框】工具栏上的【螺旋】按钮 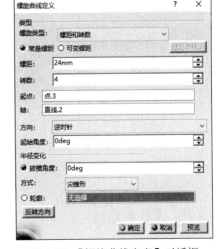，弹出【螺旋曲线定义】对话框，如图 5-36 所示。

【螺旋曲线定义】对话框相关选项参数含义如下：

（1）螺旋类型

● 螺距和转数：用于设置螺旋线的螺距和圈数。

● 高度和螺距：用于设置螺旋线的总高度和螺距。

● 高度和转数：用于设置螺旋线的总高度和圈数。

（2）螺距

用于定义螺旋线的螺距，包括以下两种：

① 常量螺距　如果选择【常量螺距】单选按钮，表示螺距不变，可在【螺距】文本框中输入数值。

② 可变螺距　单击【法则曲线】按钮，弹出【法则曲线定义】对话框，包括以下形式：

图 5-36　【螺旋曲线定义】对话框

● 常量：如果选择【常量】单选按钮，表示螺距不变，此时只能设置起始值。

● S 型：如果选择【S 型】单选按钮，表示螺距按照一定规则在起始值和结束值之间变化，如图 5-37 所示。

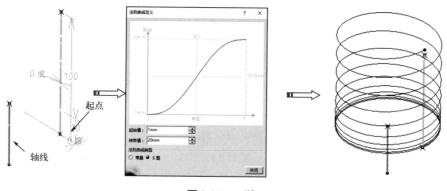

图 5-37　S 型

（3）起点

用于定义螺旋线的起点，即通过起点和轴线从而指定螺旋线半径大小。

（4）轴

用于定义螺旋线轴线。

（5）方向

用于设置螺旋线方向，包括"顺时针"和"逆时针"2种。

（6）起始角度

用于定义螺旋曲线的起始点和轴线的连线与坐标系之间的夹角。

（7）半径变化

● 拔模角度：用于设置螺旋线的锥角，正值沿螺旋方向扩大，负值沿螺旋方向缩小。

● 方式：用于定义螺旋线的锥形方式，包括"尖锥形"和"倒锥形"2种。

● 轮廓：用于设置螺旋线母线的轮廓，螺旋线的起点必须位于轮廓线上，如图5-38所示。

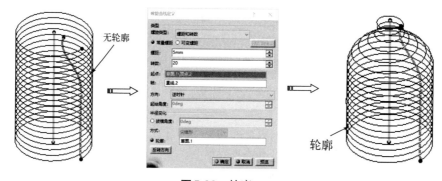

图 5-38　轮廓

5.2.8　等参数曲线

【等参数曲线】是指通过定义曲线的方向和指定曲面上参数相等的点创建曲线。

单击【线框】工具栏上的【等参数曲线】按钮 ，弹出【等参数曲线】对话框，如图5-39所示。

【等参数曲线】对话框相关选项参数含义如下：

（1）支持面

可在绘图区指定等参数曲线的支持面。

图5-39 等参数曲线

（2）点

在绘图区指定等参数曲线的参考点。

（3）方向

【方向】用于定义生成等参数曲线的方向，单击【交换曲线方向】按钮 ，用于调整曲线的方向。

5.2.9 投影混合曲线

在【线框】工具栏中单击【投影】按钮 右下角的黑色三角，展开工具栏，包含"投影""混合"等。

5.2.9.1 投影曲线

【投影曲线】用于将空间的点、直线或者曲线以某个方向投影到支持面上创建几何图形。投影方向可选择法向投影或者沿一个给定的方向进行投影。

单击【线框】工具栏上的【投影】按钮 ，弹出【投影定义】对话框，如图5-40所示。

图5-40 创建投影曲线

【投影定义】对话框选项参数含义如下：

（1）投影类型

用于定义投影类型，包括以下选项：

● 法线：沿着与曲面垂直的方向进行投影。

● 沿某一方向：沿着用户指定的方向进行投影。

（2）投影的

用于定义要投影的点、线等。

（3）支持面

用于定义曲线的投影面，可以是曲面，也可以是平面。

（4）近接解法

当选取的投影支持面在投影方向上重复出现时，选中该选项后，系统会自动找到离投影曲线最近的那部分曲面进行投影；否则系统会在整个曲面上投影。

（5）光顺

可对创建的曲线进行光顺处理，包括以下选项：

● 无：表示不进行光滑处理。

● 相切：表示对投影曲线进行切线连续处理，需要在【偏差】文本框中输入相切偏差数值和3D光顺处理。

● 曲率：表示对投影曲线进行曲率处理，需要在【偏差】文本框中输入相切偏差数值和3D光顺处理。

5.2.9.2　混合曲线

【混合曲线】是指将非平行平面上的两条曲线拉伸形成的曲面相交线。

单击【线框】工具栏上的【混合】按钮，弹出【混合定义】对话框，如图5-41所示。

图5-41　混合曲线

【混合类型】下拉列表中有2种选项：

● 法线：拉伸方向为曲线的法线方向，如图5-42所示。

图5-42　法线

● 沿方向：沿指定方向拉伸曲线形成混合曲线，如图5-43所示。

图5-43　沿方向

5.2.10 相交曲线

【相交曲线】用于求两条线的交点、线与面的交点、曲面与曲面的交线、曲面与实体的截交线或横截面等。

单击【线框】工具栏上的【相交】按钮 ，弹出【相交定义】对话框，如图5-44所示。

图5-44   相交曲线

【相交定义】对话框选项参数含义如下：

（1）第一元素和第二元素

● 第一元素：用于定义第一个相交元素。

● 第二元素：用于定义第二个相交元素。

（2）扩展相交的线性支持面

选中该复选框，可用于扩展第一元素、第二元素或两个元素使其相交，从而得到相交的点或者曲线。

（3）具有共同区域的曲线相交

用于针对第一元素和第二元素具有重合段的曲线相交时所产生的结果进行处理，包括以下选项：

● 曲线：选中该选项，系统将重叠区域创建曲线作为相交结果。

● 点：选中该选项，系统在重叠区域的两端创建两个点。

（4）曲面部分相交

用于针对第一元素和第二元素分别为曲面和实体相交时所产生的结果进行处理，包括以下两个选项：

● 轮廓：选中该选项，系统将相交部分的轮廓曲线作为相交结果。

● 曲面：选中该选项，系统将相交部分的曲面作为相交结果。

（5）外插延伸选项

● 在第一元素上外插延伸相交：当两个曲面相交时，选中该复选框可将第二元素延伸至第一元素形成两曲面的交线。

● 与非共面线段相交：当两条直线非共面时，选中该复选框可使两直线相交，创建交点。

5.2.11 偏移曲线

在【线框】工具栏中单击【平行曲线】按钮 右下角的黑色三角，展开工具栏，包含"平行曲线""偏移3D曲线"等。

5.2.11.1 平行曲线

【平行曲线】用于生成与参考曲线平行的曲线。

单击【线框】工具栏上的【平行曲线】按钮 ，弹出【平行曲线定义】对话框，如图5-45

所示。

图 5-45　平行曲线

【平行曲线定义】对话框相关参数选项含义如下：

（1）距离参数

● 常量：通过指定距离来定义平行曲线的位置。

● 点：通过指定点来定义平行曲线的位置，此方法只适用于相切连续的曲线，此时【常量】文本框不可用。

（2）平行模式

● 直线距离：表示两平行线之间的距离为最短的曲线，而不考虑支持面。

● 测地距离：表示两平行线之间的距离最短的曲线，考虑支持面，此时偏移距离只能为常数，不可编辑规则。

（3）平行圆角类型

● 尖的：表示平行曲线与参考曲线保持一样的夹角特征。

● 圆的：表示平行曲线在尖角处自动添加圆角过渡，该方式偏移距离为常数，并只适用于向原始曲线外侧偏移的情况。

（4）反转方向

用于调整平行曲线的偏移方向。如果通过指定点来创建平行曲线，该选项无效。

（5）双侧

选择该复选框，会在原始曲线两侧同时生成平行曲线，但必须在参考曲线曲率半径允许的范围，否则无法生成。

5.2.11.2　偏移3D曲线

【偏移3D曲线】用于将空间三维曲线按照某个指定方向进行偏置而生成新的曲线。

单击【线框】工具栏上的【偏移3D曲线】按钮，弹出【3D曲线偏移定义】对话框，如图5-46所示。

图 5-46　偏移3D曲线

【3D曲线偏移定义】对话框相关选项参数含义如下：

（1）曲线

用于选择要偏移的空间曲线。

（2）拔模方向

用于决定偏移方向，可选择平面（在平面内方向偏移）和直线（沿直线方向偏移）。

（3）3D圆角参数

用于处理偏移过程中的偏差：

● 半径：若参考曲线的曲率半径小于偏移距离，则将以该最小曲率半径创建曲线。

● 张度：设置偏移曲线的张度，不同张度时创建偏移曲线。

📖 操作实例——曲线绘制操作实例

5.2视频精讲

操作步骤

01 在【标准】工具栏中单击【新建】按钮，在弹出【新建】对话框中选择"part"，单击【确定】按钮新建一个零件文件，选择【开始】|【形状】|【创成式外形设计】命令，进入创成式外形设计工作台。

02 创建点。单击【线框】工具栏上的【点】按钮 ▪，弹出【点定义】对话框，在【点类型】下拉列表中选择【坐标】选项，分别输入点坐标为（−20,40,0）、（20,−40,0）、（20,40,0）、（−20,−40,0），单击【确定】按钮，系统自动完成点创建，如图5-47所示。

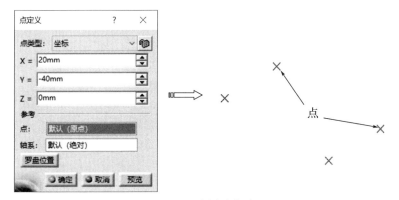

图5-47 创建坐标点

03 单击【线框】工具栏上的【圆】按钮 ◯，弹出【圆定义】对话框，在【圆类型】下拉列表中选择【两点和半径】选项，选择如图5-48所示的点，设置【支持面】为zx平面，【半径】为20mm，单击【确定】按钮创建圆弧，如图5-48所示。

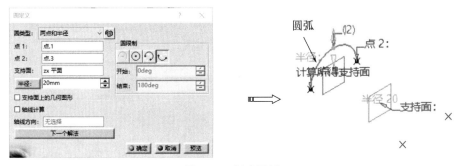

图5-48 创建圆弧

04　单击【线框】工具栏上的【圆】按钮○，弹出【圆定义】对话框，在【圆类型】下拉列表中选择【两点和半径】选项，选择如图5-49所示的点，设置【支持面】为zx平面，【半径】为20mm，单击【确定】按钮创建圆弧，如图5-49所示。

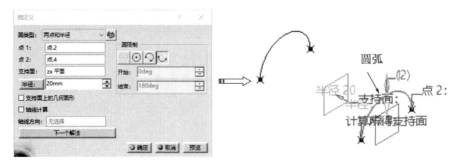

图5-49　创建圆弧

05　单击【线框】工具栏上的【圆】按钮○，弹出【圆定义】对话框，在【圆类型】下拉列表中选择【两点和半径】选项，选择如图5-50所示的点，设置【支持面】为xy平面，【半径】为80mm，单击【确定】按钮创建圆弧，如图5-50所示。

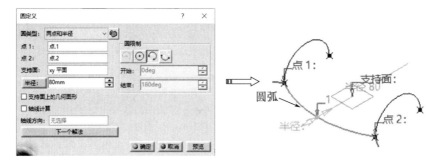

图5-50　创建圆弧

06　单击【线框】工具栏上的【圆】按钮○，弹出【圆定义】对话框，在【圆类型】下拉列表中选择【两点和半径】选项，选择如图5-51所示的点，设置【支持面】为xy平面，【半径】为80mm，单击【确定】按钮创建圆弧，如图5-51所示。

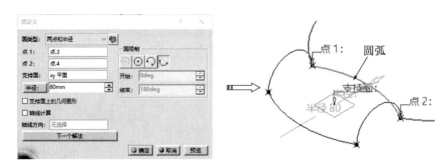

图5-51　创建圆弧

07　单击【线框】工具栏上的【圆】按钮○，弹出【圆定义】对话框，在【圆类型】下拉列表中选择【两点和半径】选项，选择如图5-52所示的中点，设置【支持面】为zx平面，【半径】为40mm，单击【确定】按钮创建圆弧，如图5-52所示。

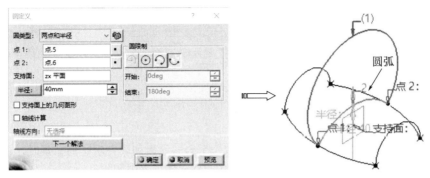

图 5-52　创建圆弧

5.3　曲线操作命令

曲线操作是对已建立的曲线进行裁剪、合并、拆解、延伸等操作，通过编辑功能可方便迅速地修改曲面形状来满足设计要求。【操作】工具栏用于曲线操作命令，如图5-53所示。

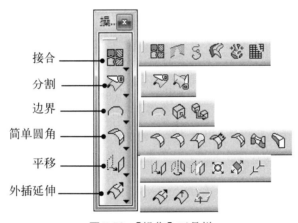

图 5-53　【操作】工具栏

5.3.1　曲线接合（抽取和组合曲线）

【接合】用于将已有或多条曲线结合在一起而形成整体曲线。

单击【操作】工具栏上的【接合】按钮🖾，弹出【接合定义】对话框，如图5-54所示。

图 5-54　接合

> 💡 **技术要点**
> 曲线接合主要用于多个曲面边界线组成一条曲线，或者将多条曲线组成一条整体曲线。

【接合定义】对话框相关选项参数含义如下：

（1）基本参数

要接合的元素用于选择接合曲线或曲面。

① 标准选择　系统默认模式，当用户选取一个合并元素列表中没有的元素时，该元素即加入列表；选取合并列表中已有元素时，该元素从合并元素列表中删除。

② 添加模式　单击该按钮，可在图形区选取要合并的元素。如果选取的元素在合并列表中没有，则加入；如果有，该元素也不会从列表中删除。

③ 移除模式　单击该按钮，用于选取的元素若接合元素列表中有，则从中删除；如果没有，则列表内容不变。

（2）【参数】选项卡

● 检查相切：检查接合的元素是否相切。选中该复选框，单击【预览】按钮，若不相切，则会弹出错误信息。

● 检查连接性：检查接合元素是否连通。若不相通，则弹出错误信息，且自由连接将被亮显，让设计者知道不连通的位置。

● 检查多样性：检查接合是否生成多个结果。该选项只有在接合曲线时有效，选中该选项，将自动选中【检查连接性】复选框。

● 简化结果：将使程序在可能的情况下，减少生成接合元素（面或者边界棱边）的数量。

● 忽略错误元素：将使程序忽略那些不允许接合的元素。

● 合并距离：设置两个元素接合时所能允许的最大距离，系统默认距离为0.001mm。

● 角阈值：设置两个元素接合时所允许的最大角度。如果棱边的角度大于设置值，元素将不能被接合。

（3）【组合】选项卡

● 无组合：选中该选项，则不能选取任何元素。

● 全部：选中该选项，则系统默认选取所有元素。

● 点连续：选中该选项，在图形区选取与选定元素存在点连续关系的元素。

● 切线连续：选中该选项，在图形区选取与选定元素相切的元素。

● 无拓展：选中该选项，则不自动拓展任何元素，但可以指定要接合的元素。

（4）【要移除的子元素】选项卡

用于定义在接合过程中要从某元素中移除的子元素。

5.3.2　曲线分割与修剪

在【操作】工具栏中单击【分割】按钮右下角的黑色三角，展开工具栏，包含"分割""修剪"等。

> 💡 **技术要点**
> 分割与修剪有不同，分割是用其他元素对一个元素进行修剪，它可以修剪元素，或者是仅仅分割不修剪。修剪是两个同类元素之间相互进行裁剪。

5.3.2.1 曲线分割

【分割】通过点、线元素或者曲面分割线元素，也可以通过线元素或曲面分割曲面。

单击【操作】工具栏上的【分割】按钮 ，弹出【分割定义】对话框，如图5-55所示。

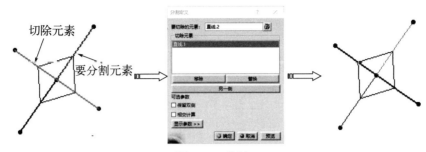

图5-55 分割

5.3.2.2 曲线修剪

【修剪】用于相互修剪两个曲线，并可选择各自的保留部分，最后保留的部分会接合成一个新的元素。

单击【操作】工具栏上的【修剪】按钮 ，弹出【修剪定义】对话框，如图5-56所示。

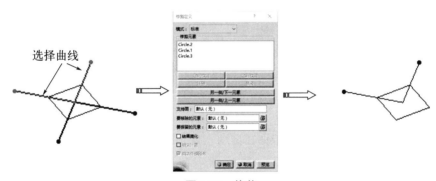

图5-56 修剪

【修剪定义】对话框相关选项参数含义如下：

（1）模式

用于定义修剪类型：

● 标准：可用于一般曲线与曲线、曲面与曲面或者曲线和曲面的修剪。

● 段：只用于修剪曲线，选定的曲线全部保留。

（2）修剪元素

选择要剪切的两面或两个线框元素，此时会显示剪切结果的预览。如果两元素不能相互完全切割，系统会自动延伸两元素以完成切割。

> **技术要点**
>
> 　修剪时单击曲线或曲面部位是曲线将要保留的部分，如果要保留部位不对，可单击【另一侧/下一元素】按钮进行改变。

（3）支撑面

在剪切两个线框元素时，可以指定一个支撑面（Support），来确定剪切后的保留部分。它由支撑面的法矢与剪切元素的切矢的矢积来确定。

（4）结果简化

选择了 Result simplification 选项，则系统会尽量减少最后生成剪切面的数量。

（5）相交计算

选中该复选框，系统将在两个曲面相交的地方创建相交线，会生成两相剪切元素的相交元素。

（6）自动外插延伸

选中该选项，当修剪元素不足够大，不足以修剪掉要修剪的元素时，可以选中此复选框，将修剪元素沿切线延伸至要修剪元素的边界。要注意避免修剪元素延伸到要修剪元素边界之前发生自相交。

5.3.3 曲线延伸

【外插延伸】用于将曲线从边界向外进行插值延伸。

单击【操作】工具栏上的【外插延伸】按钮，弹出【外插延伸定义】对话框，如图5-57所示。

图 5-57 外插延伸定义

【外插延伸定义】对话框中相关选项含义如下：

（1）边界

用于选择外插延伸的曲面边界线或曲线端点。

（2）外插延伸的

用于选择要延伸的曲面或曲线。

（3）限制

【类型】用于设置延伸类型，包括以下选项：

● 长度：通过输入长度值来定义曲面延伸的位置。

● 直到元素：通过选择元素延伸到所选定的边界曲面或者曲线。

（4）连续

用于设置外插延伸曲线与原曲线之间的连续方式，包括以下选项：

● 切线：延伸部分与原来曲面是相切关系。

● 曲率：延伸部分与原来曲面具有曲率连续关系。

5.3.4 曲线变换

在【操作】工具栏中单击【平移】按钮右下角的黑色三角，展开工具栏，包含"平移""旋转""对称""缩放""仿射"和"定位变换"等，下面仅介绍常用命令。

5.3.4.1 平移

【平移】用于对点、曲线、曲面、实体等几何元素进行平移生成曲面或者包络体。

选择平移元素，单击【操作】工具栏上的【平移】按钮，弹出【平移定义】对话框，在

【向量定义】下拉列表中选择"方向、距离"平移类型，激活【方向】编辑框，选择*X*方向为平移方向参考，在【距离】文本框中输入–200mm，其他参数保持默认，如图5-58所示。单击【确定】按钮，系统自动完成平移操作。

图5-58　平移

【平移定义】对话框相关选项参数含义如下：

（1）向量定义

用于定义平移类型，包括以下选项：

● 方向、距离：通过定义平移方向和距离进行图元平移，可以用直线作为平移方向，也可用平面法线作为平移方向。

● 点到点：通过定义起点和终点进行图元平移。

● 坐标：通过定义X、Y、Z相对于轴系的偏移量进行图元平移。

（2）隐藏/显示初始元素

单击该按钮，可切换初始元素的显示与隐藏。

（3）确定后重复对象

用于设置平移后创建的多个平移几何图形，每个几何图形与初始几何图形的距离都为【距离】值的整数倍，仅适用于"方向-距离"模式。

5.3.4.2　旋转

【旋转】用于对点、曲线、曲面、实体等几何元素绕一个轴旋转。

选择需要旋转的曲线，单击【操作】工具栏上的【旋转】按钮，弹出【旋转定义】对话框，在【定义模式】下拉列表中选择"轴线-角度"方式，选择一条直线作为旋转轴线，设置【角度】为75°，单击【确定】按钮，系统自动完成旋转操作，如图5-59所示。

图5-59　旋转曲线

5.3.4.3　对称（镜像和对称）

【对称】用于对点、曲线、曲面、实体等几何元素相对于点、线、面进行镜像或对称。

选择需要镜像曲线，单击【操作】工具栏上的【对称】按钮，弹出【对称定义】对话框，选择面作为对称面，单击【确定】按钮，系统自动完成对称操作，如图5-60所示。

图 5-60　对称操作

5.3.5　曲线阵列

阵列包括【矩形阵列】、【圆周阵列】和【用户阵列】，曲线、曲面阵列操作与实体变换特征中相关操作相同，下面简单加以介绍。

5.3.5.1　矩形阵列

【矩形阵列】命令是以矩形排列方式复制选定的曲线，形成新的曲线。

选择要阵列的曲面特征，单击【复制】工具栏上的【矩形阵列】按钮 ，弹出【定义矩形阵列】对话框，激活【第一方向】选项卡中的【参考图元】编辑框，选择如图5-61所示的边线为方向参考，设置【实例】为3，【间距】为100mm，单击【预览】按钮显示预览，如图5-61所示。

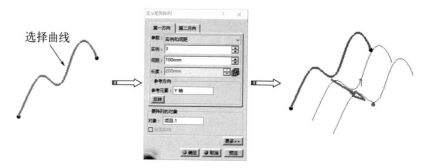

图 5-61　设置第一方向

5.3.5.2　圆形阵列

【圆形阵列】用于将曲面绕旋转轴进行旋转阵列分布。

选择要阵列的曲面，单击【复制】工具栏上的【圆形阵列】按钮 ，弹出【定义圆形阵列】对话框，在【轴向参考】选项卡中设置【参数】为"实例和角度间距"，【实例】为7，【角度间距】为45°，激活【参考图元】编辑框，选择如图5-62所示的直线，单击【预览】按钮显示预览，单击【确定】按钮完成圆形阵列，如图5-62所示。

图 5-62　创建圆形阵列

📖 **操作实例——曲线操作实例**

5.3视频精讲

操作步骤

01 在【标准】工具栏中单击【新建】按钮，在弹出【新建】对话框中选择"Part"，单击【确定】按钮新建一个零件文件，选择【开始】|【形状】|【创成式外形设计】命令，进入创成式外形设计工作台。

02 创建点。单击【线框】工具栏上的【点】按钮■，弹出【点定义】对话框，在【点类型】下拉列表中选择【坐标】选项，分别输入点坐标为（30，–100，0）、（30，–90，0）、（25，–70，0），单击【确定】按钮，系统自动完成点创建，如图5-63所示。

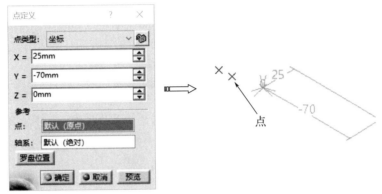

图5-63 创建坐标点

03 选择3个点作为镜像元素，单击【操作】工具栏上的【对称】按钮，弹出【对称定义】对话框，选择yz平面作为对称面，单击【确定】按钮，系统自动完成对称操作，如图5-64所示。

图5-64 对称操作

04 单击【线框】工具栏上的【圆】按钮○，弹出【圆定义】对话框，在【圆类型】下拉列表中选择【两点和半径】选项，选择如图5-65所示点，设置【支持面】为zx平面，【半径】为30mm，单击【确定】按钮创建圆弧，如图5-65所示。

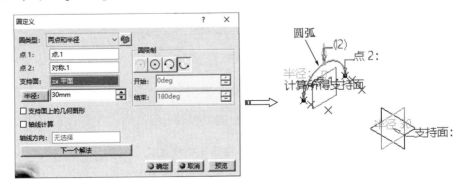

图5-65 创建圆弧

05 单击【线框】工具栏上的【圆】按钮⊙，弹出【圆定义】对话框，在【圆类型】下拉列表中选择【两点和半径】选项，选择如图5-66所示点，设置【支持面】为zx平面，【半径】为30mm，单击【确定】按钮创建圆弧，如图5-66所示。

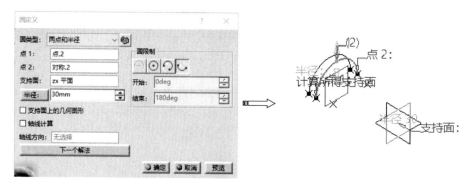

图5-66 创建圆弧

06 单击【线框】工具栏上的【圆】按钮⊙，弹出【圆定义】对话框，在【圆类型】下拉列表中选择【两点和半径】选项，选择如图5-67所示点，设置【支持面】为zx平面，【半径】为25mm，单击【确定】按钮创建圆弧，如图5-67所示。

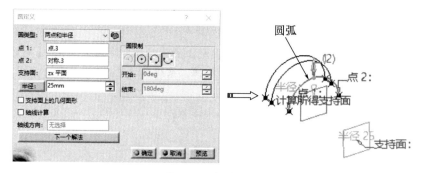

图5-67 创建圆弧

07 选择3个圆弧作为镜像元素，单击【操作】工具栏上的【对称】按钮，弹出【对称定义】对话框，选择zx平面作为对称面，单击【确定】按钮，系统自动完成对称操作，如图5-68所示。

图5-68 对称操作

08 单击【线框】工具栏上的【折线】按钮，弹出【折线定义】对话框，依次选择所需的点，单击【确定】按钮，系统自动完成折线创建，如图5-69所示。

图 5-69 创建折线

09 单击【线框】工具栏上的【折线】按钮 ，弹出【折线定义】对话框，依次选择所需的点，单击【确定】按钮，系统自动完成折线创建，如图5-70所示。

图 5-70 创建折线

10 选择如图5-71所示的曲线，单击【操作】工具栏上的【旋转】按钮 ，弹出【旋转定义】对话框，在【定义模式】下拉列表中选择"轴线-角度"方式，选择Z轴作为旋转轴线，【角度】为90，单击【确定】按钮，系统自动完成旋转操作，如图5-71所示。

图 5-71 创建旋转曲线

5.4　本章小结

本章介绍了CATIA创成式曲线设计知识，主要内容有曲线创建、曲线操作命令，这样大家能熟悉CATIA曲线绘制的基本命令。本章的重点和难点为曲线创建应用，希望大家按照讲解方法进行实例练习。

5.5　上机习题（视频）

1.习题1

如习题1所示创建一个公制的part文件，应用创成式曲线相关命令绘制图形。

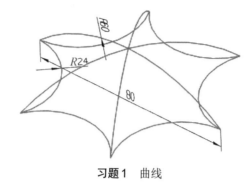

习题1　曲线

2.习题2

如习题2所示创建一个公制的part文件，应用创成式曲线相关命令绘制图形。

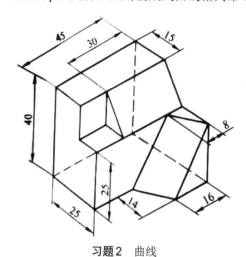

习题2　曲线

第6章

创成式曲面设计

曲面设计是CATIA强大功能的核心部分，创成式曲面设计工作台提供了多种曲面造型功能，包括拉伸、偏移、旋转、球面、圆柱面、扫掠曲面、填充曲面、多截面曲面、桥接曲面等。本章将介绍创成式曲面设计命令和方法。

本章内容

- 创成式曲面简介
- 曲面创建命令
- 曲面操作命令

6.1 创成式曲面设计简介

创成式曲面设计工作台提供了多种曲面造型功能，包括拉伸、偏移、旋转、球面、圆柱面、扫掠曲面、填充曲面、多截面曲面、桥接曲面等。

6.1.1 菜单栏介绍

与曲面有关的菜单命令主要位于【插入】菜单中的【曲面】、【高级曲面】、【BiW Templates】选项中。

6.1.1.1 【曲面】菜单

在菜单栏执行【插入】|【曲面】命令，弹出【曲面】菜单，如图6-1所示。【曲面】菜单包含拉伸、偏移、旋转、球面、圆柱面、扫掠曲面、填充曲面、多截面曲面、桥接曲面等。

6.1.1.2 【高级曲面】菜单

在菜单栏执行【插入】|【高级曲面】命令，弹出【高级曲面】

菜单，如图6-2所示。【高级曲面】菜单包含凹凸、包裹曲线、包裹曲面、外形渐变等。

图6-1 【曲面】菜单

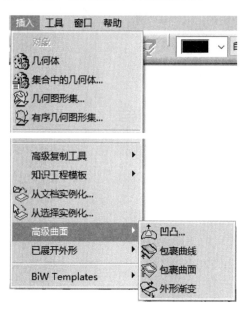

图6-2 【高级曲面】菜单

6.1.1.3 【BiW Templates】菜单

在菜单栏执行【插入】|【BiW Templates】命令，弹出【BiW Templates】菜单，如图6-3所示。

图6-3 【BiW Templates】菜单

6.1.2 工具栏介绍

6.1.2.1 基本曲面

在【曲面】工具栏中单击【拉伸】按钮 右下角的黑色三角，展开工具栏，包含"拉伸曲面""旋转""球面"和"圆柱面"4个工具按钮，如图6-4所示。

6.1.2.2 偏移曲面

【偏移曲面】用于创建一个或多个现有面的偏移曲面。在【曲面】工具栏中单击【偏移】按钮 右下角的黑色三角，展开工具栏，包含"偏移曲面""可变偏移""粗略偏移"3个工具按钮，如图6-5所示。

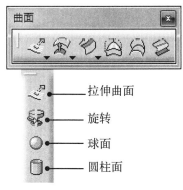

图6-4 基本曲面命令

图6-5 偏移曲面命令

6.1.2.3 扫掠曲面

【扫掠曲面】是指将一个轮廓（截面线）沿着一条（或多条）引导线生成曲面，截面线可以是已有的任意曲线，也可以是规则曲线，如直线、圆弧等，如图6-6所示。

6.1.2.4 填充曲面

【填充曲面】用于由一组曲线或曲面的边线围成的封闭区域中形成曲面，如图6-7所示。

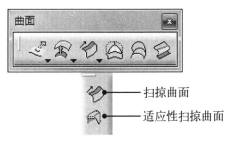

图6-6 扫掠曲面

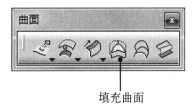

图6-7 填充曲面

6.1.2.5 多截面曲面

【多截面曲面】是通过多个截面线扫掠生成曲面，如图6-8所示。

6.1.2.6 桥接曲面

【桥接曲面】用于在两个曲面或曲线之间建立一个曲面，如图6-9所示。

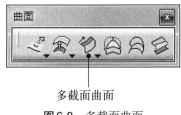

图6-8 多截面曲面

图6-9 桥接曲面

6.2　曲面创建命令

6.2.1　创建基本曲面

在创成式外形设计工作台中，可以创建拉伸、旋转、球面、圆柱面等基本曲面。

6.2.1.1　拉伸曲面

【拉伸曲面】是指将草图、曲线、直线或者曲面边线拉伸成曲面。

单击【曲面】工具栏上的【拉伸】按钮，弹出【拉伸曲面定义】对话框，选择拉伸截面，设置拉伸参数后，单击【确定】按钮，系统自动完成拉伸曲面创建，如图6-10所示。

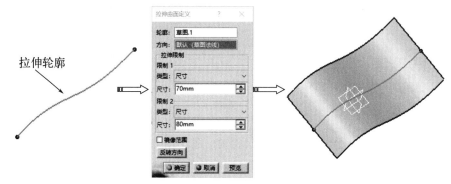

图6-10　拉伸曲面

> 💡 **技术要点**
>
> 　　拉伸限制可以用尺寸定义拉伸长度，还可以选择点、平面或曲面，但不能是线作为拉伸限制。如果指定的拉伸限制是点，则系统会垂直于经过指定点拉伸方向平面作为拉伸限制面。

6.2.1.2　旋转曲面

【旋转】用于将草图、曲线等绕旋转轴旋转形成一个旋转曲面。

单击【曲面】工具栏上的【旋转】按钮，弹出【旋转曲面定义】对话框，选择旋转截面和旋转轴，设置旋转角度后单击【确定】按钮，系统自动完成旋转曲面创建，如图6-11所示。

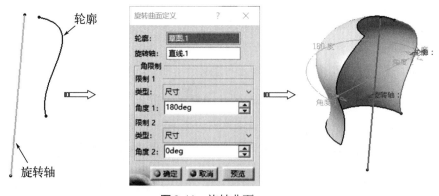

图6-11　旋转曲面

6.2.1.3　球面曲面

　　【球面】用于以空间某点为球心创建一定半径的球面。

　　单击【曲面】工具栏上的【球面】按钮◎，弹出【球面曲面定义】对话框，选择一点作为球心，输入球面半径，设置经线和纬线角度后单击【确定】按钮，系统自动完成球面曲面创建，如图6-12所示。

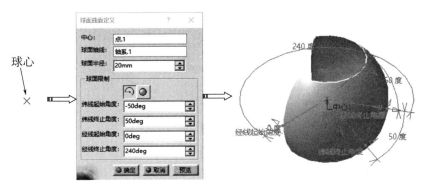

图6-12　球面曲面

6.2.1.4　圆柱面

　　【圆柱面】是指通过空间一点及一个方向生成圆柱面。

　　单击【曲面】工具栏上的【圆柱面】按钮🔲，弹出【圆柱曲面定义】对话框，选择一点作为柱面轴线点，选择直线作为轴线，设置半径和长度后单击【确定】按钮，系统自动完成圆柱曲面创建，如图6-13所示。

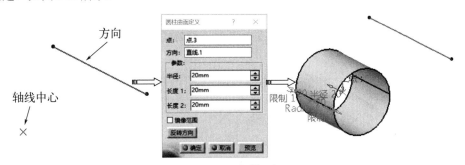

图6-13　圆柱面

6.2.2 创建偏移曲面

曲面的偏移用于创建一个或多个现有面的偏移曲面。在【曲面】工具栏中单击【偏移】按钮 右下角的黑色三角，展开工具栏，包含"偏移曲面""可变偏移""粗略偏移"等。

6.2.2.1 偏移曲面

【偏移曲面】用于将已有曲面沿着曲面法向向里或向外偏移一定的距离形成新曲面。

单击【曲面】工具栏上的【偏移】按钮 ，弹出【偏移曲面定义】对话框，如图6-14所示。

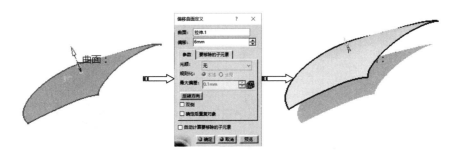

图6-14 偏移曲面

【偏移曲面定义】对话框相关选项参数含义如下：

（1）曲面

用于选择要偏移的曲面。

（2）偏移

用于输入偏移曲面的偏移距离。

（3）【参数】选项卡

用于指定偏移曲面的质量，包括以下选项：

① 光顺 用于定义偏移质量的类型，包括"无""自动""手动"等。

② 最大偏差 用于定义偏差质量的偏差值，只有当【光顺】类型为"手动"时才有效。

③ 反转方向 单击该按钮，可切换偏移曲面方向。

④ 双侧 选中该复选框，将在原始曲面两侧生成偏移曲面。

6.2.2.2 可变偏移曲面

【可变偏移】用于将一组曲面按照不同的偏移距离进行偏移而生成新的偏移曲面。

单击【曲面】工具栏上的【可变偏移】按钮 ，弹出【偏移曲面定义】对话框，如图6-15所示。

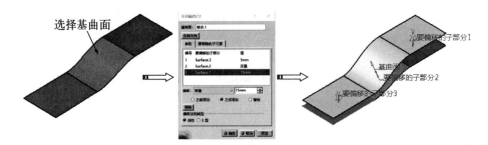

图6-15 可变偏移曲面

> ⚡ **技术要点**
>
> 在创建可变偏移曲面之前，需要利用【接合】命令将要偏移的所有曲面合并成一个曲面，否则无法进行偏移。

【可变偏移定义】对话框相关选项参数含义如下：

（1）基曲面

用于定义整体要偏移的曲面。

（2）偏移

用于定义选定元素的偏移类型，包括以下选项：

● 常量：选择该选项，选定元素的偏移距离是一个固定值，此时可以在其后的文本框中输入偏移距离值。

● 变量：选择该选项，选定元素的偏移距离是可变的，其具体的偏移距离要根据与其相连元素的偏移距离来确定。

6.2.3 创建扫掠曲面

扫掠曲面是一种重要的曲面类型，在曲面造型中具有相当广泛的应用。扫掠曲面是以若干线条为截面线（可以看作是纬线），以另外若干条线条为导引线（可以看作是经线），截面线沿着导引线移动，形成了一张曲面。

CATIA 所提供的扫掠曲面（Sweep）功能，不但可以构建传统的扫掠曲面类型轮廓扫掠（具有截面线和导引线），还可以只根据导引线构建直纹面（截面线为直线）、圆弧曲面（截面线为圆弧）、圆锥曲面（截面线为圆锥曲线），包括以下类型：

● 显式扫掠（Explicit Sweep）：以明确的轮廓形状沿着指定的轨迹进行扫掠。

● 直纹面（Line Sweep）：系统自动以直线作为轮廓形状，只需要指定导引线及相关的边界条件，也就是将直线沿着导引线为轨迹进行扫掠，形成直纹面。

● 圆弧曲面（Circle Sweep）：系统自动在指定的若干条导引线及边界条件上构建圆弧截面，而不需要额外指定轮廓线。

● 圆锥曲面（Conic Sweep）：这种曲面的构建与圆弧曲面有些类似，只是圆锥曲面所需要的边界条件比较多。

下面仅介绍最常用的显式扫掠。【显式扫掠】是利用精确的轮廓曲线扫描形成曲面，此时需要指定明确的曲线作为扫掠轮廓，可定义一条或两条引导线。这种扫掠曲面的形状主要取决于截面线和导引线的形状、相对位置（特别是角度）。显式扫掠创建曲面时有三种方式：使用参考曲面、使用两条引导曲线和使用拔模方向等，如图6-16所示。

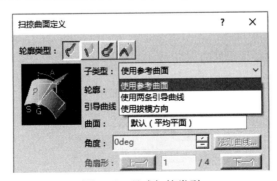

图6-16　显式扫掠类型

6.2.3.1　使用参考曲面

在创建显式扫掠曲面时，可以定义轮廓线与某一参考曲面保持一定角度。

单击【曲面】工具栏上的【扫掠】按钮，弹出【扫掠曲面定义】对话框，在【轮廓类型】选择【显式】图标，在【子类型】下拉列表中选择【使用参考曲面】选项，如图6-17所示。

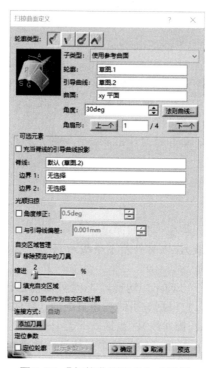

图6-17　【扫掠曲面定义】对话框

【扫掠曲面定义】对话框相关选项参数含义如下：

（1）轮廓参数

① 轮廓　用于选择扫掠曲面的轮廓线，如图6-18所示。需要注意的是：显式轮廓可以是任意的3D曲线，但必须保证没有自交和非连续的前提。

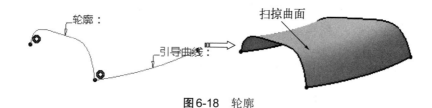

图6-18　轮廓

② 引导曲线　用于选择扫掠曲面的引导曲线，如图6-19所示。

图6-19　引导曲线

（2）曲面（参考平面）

用于选取一个曲面控制轮廓曲线在扫掠过程中的位置，该参考面可以是平面或曲面，如果选择的是曲面，那引导曲线必须完全位于该曲面上。如用户未定义参考面，系统则以脊线的平均平面作为扫掠过程中控制轮廓位置参考。

● 默认状态：系统默认参考平面为脊线的平均平面，系统默认的脊线为第一条引导线所在平面，如图6-20所示。

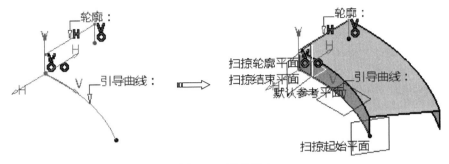

图6-20　默认状态

● 选择参考平面：选择一个平面作为参考平面，但该面必须包含引导曲线，即引导曲线必须在该面上，如图6-21所示。

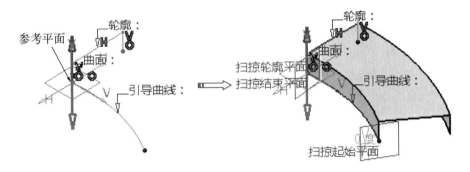

图6-21　选择参考平面

（3）角度和角扇形

① 角度

● 角度：用于输入扫掠过程中的角度值，即所生成的曲面与参考曲面之间的相对位置，如图6-22所示。

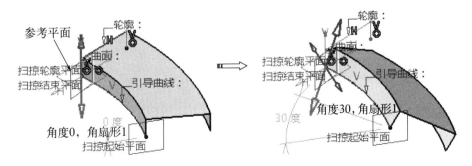

图6-22　参考平面和角度

● 法则曲线：角度的控制是一个很有用的方法。在对话框中单击【法则曲线】按钮，在【法则曲线定义】对话中设置一条规律曲线，如图6-23所示，是设置了一条线性关系曲线，【起始值】为60°，【结束值】为0°。根据这个角度规则所生成的扫掠曲面如图6-23所示。

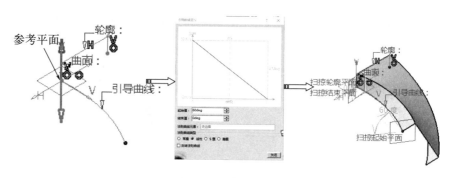

图6-23　法则曲线

② 角扇形　用于定义扫掠角度值所处的坐标系空间，如图6-24所示。

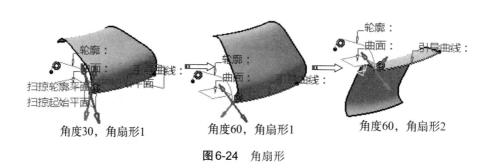

角度30，角扇形1　　　角度60，角扇形1　　　角度60，角扇形2

图6-24　角扇形

（4）脊线

脊线（Spine）是曲面扫掠中控制曲面形状的一个有效工具，用于控制曲面姿态。脊线类似于人体的脊椎，在扫掠过程中起到对齐的作用。默认情况下的脊线是第一条导引线，指定脊线后，扫描曲面的每一个截面都是垂直于脊线，如图6-25所示。

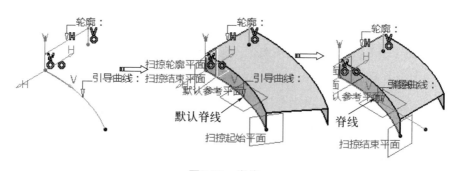

图6-25　脊线

（5）边界1和边界2

用于控制扫掠起始平面和结束平面的位置，如图6-26所示。

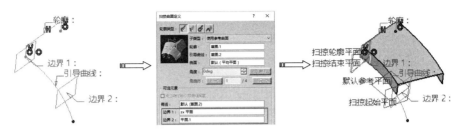

图6-26 边界1和边界2

（6）光顺扫掠

用于对扫掠曲面的光顺性进行处理，在创建曲面时，如出现曲线（一般是引导曲线）不连续的情况，会造成曲面内部不连续，此时可对扫掠曲面进行自动修正，保证曲面内部连续，但曲面与曲线会有细微的偏差。

● 角度修正：选中该复选框，按照给定角度值移除不连续部分，以执行光顺扫掠操作。

● 与引导线偏差：选中该复选框，按照给定偏差值来执行光顺扫掠操作。

（7）自交区域管理

用于对扫掠过程中出现的自相交区域进行处理，包括以下选项：

● 移除预览中的刀具：选中该复选框，系统将自动移除由自交区域管理添加的刀具，系统默认选中该选项。

● 缩进：拖动此滑动条可以调整缩进量，调整范围为0%～20%。

● 填充自交区域：选中该复选框，系统将出现自相交的区域进行填充。

● 连接方式：用于定义填充区域的连接方式，包括"自动""标准"和"类似引导线"3种，该选项只有选中【填充自交区域】复选框时有效。

（8）定位参数

用于设置定位轮廓参数。

● 定位轮廓：系统默认取消选中，即使用定位轮廓。若选中此选项，可以自定义定位轮廓参数。

6.2.3.2 使用两条引导曲线

在使用两条引导曲线创建扫掠曲面时，可以定义一条轮廓线在两条引导线上扫掠。

由于截面线要求与两条引导线相交，所以需要对截面线进行定位，【定位类型】包括"两个点"和"点和方向"两种类型。

（1）两个点

选择截面线上的两个点，生成的曲面沿第一个点的法线方向，同时自动匹配到两条引导曲线上，如图6-27所示。

图6-27 两个点

（2）点和方向

选取一点及一个方向，生成的曲面通过点并沿平面的法线方向，如图6-28所示。

图6-28　点和方向

6.2.3.3　使用拔模方向

在使用拔模方向创建显式扫掠曲面时，可以在创建的扫掠曲面上添加拔模特征。

只需要指定一条截面线和一条导引线，并且指定一个所谓的运动方向，该运动方向实际上就是确定了截面线在扫掠过程中始终与该方向保持初始的角度（或者说是相对位置），如图6-29所示。

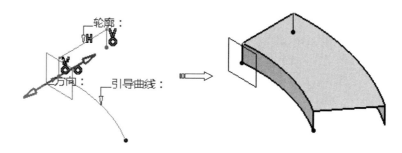

图6-29　使用拔模方向

6.2.4　创建填充曲面

【填充】用于由一组曲线或曲面的边线围成的封闭区域中形成曲面。

单击【曲面】工具栏上的【填充】按钮，弹出【填充曲面定义】对话框，如图6-30所示。

图6-30　填充曲面

【填充曲面定义】对话框相关选项参数含义如下：

（1）边界

用于选取填充曲面的边界曲线。在选取时要按顺序选取，填充对象可以是单个封闭的草图，也可以是由多条曲线或曲面边界组成的线框。需要注意的是，填充的线框必须封闭，小于0.1mm的间隙也可。

（2）支持面

支持面用于定义填充曲面与公共边线处原有曲面之间的连续关系，可在【连续】下拉列表中选择"点""相切"和"曲率"等连续关系。

（3）穿越元素

选择一个点，生成的曲面通过所选点。

（4）命令按钮

● 之后添加：表示在列表框中选择选项后添加新的曲线。

● 之前添加：表示在列表框中选择选项前添加新的曲线。

● 替换：单击该按钮从图形区选择曲面，将使用该曲线替换在列表框中选择的曲线。

● 移除：单击该按钮移除在列表框中选择的曲线。

● 替换支持面：单击该按钮从图形区中选择曲面，该曲面将替换在列表框中选择的曲线支持面。

● 移除支持面：单击该按钮将移除在列表框中选择的曲线支持面。

（5）偏差

● 偏差：选择该复选框，在文本框中输入生成的填充曲面与参照之间的偏差。

● 检测标准部分：选择该复选框，系统自动计算生成曲面中的平面和圆柱曲面等标准图元。

6.2.5 创建多截面曲面

【多截面曲面】是通过多个截面线扫掠生成曲面，创建多截面曲面时，可使用引导线、脊线，也可以设置各种耦合方法。

单击【曲面】工具栏上的【多截面曲面】按钮，弹出【多截面曲面定义】对话框，如图6-31所示。

图6-31 多截面曲面

【多截面曲面定义】对话框选项参数含义如下：

（1）截面

用于选择多截面实体草图截面轮廓，所选截面曲线被自动添加到列表框中，并自动进行编号，所选截面曲线的名称显示在列表框中的【截面】栏中。

（2）引导线

引导线在多截面实体中起到边界的作用，它属于最终生成的曲面。生成的曲面是各截面线沿引导线延伸得到，因此引导线必须与每个轮廓线相交，如图6-32所示。

图6-32　引导线

💡 **技术要点**

　　截面线方向不同曲面生成扭曲，此时单击截面线的方向箭头，改变截面线的方向，即可创建光顺曲面。

6.2.6　创建桥接曲面

　　【桥接曲面】用于在两个曲面或曲线之间建立一个曲面。

　　单击【曲面】工具栏上的【桥接曲面】按钮🗊，弹出【桥接曲面定义】对话框，如图6-33所示。

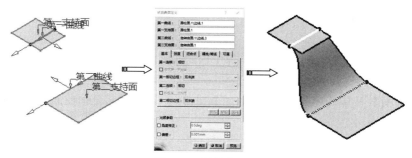

图6-33　桥接曲面

　　【桥接曲面定义】对话框相关选项参数含义如下：

　　（1）曲线

● 第一曲线：用于选择要连接的第一条曲线。
● 第二曲线：用于定义要连接的第二条曲线。

💡 **技术要点**

　　桥接曲线的方向一定要相同，可在图形区单击方向箭头反转方向。

　　（2）支持面

　　用于选择曲线的支持面，所生成的曲面与原来的两张曲面光顺连接，如图6-34所示。需要注意的是曲线必须位于对应的支持面上，否则会出错。

● 桥接方向：选择支持面后，出现桥接方向，这个方向决定了桥接曲面的方向，通常两个桥接曲面的方向相反，如图6-35所示。

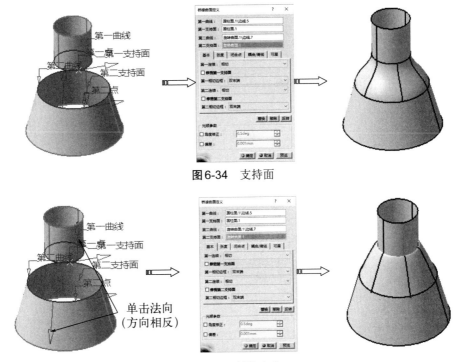

图 6-34 支持面

图 6-35 桥接方向

（3）基本（连续）

基本选项用于设置桥接曲面在边界处与支持面之间的连续方式。

● 第一连续和第二连续：包括点、相切、曲率等，如图 6-36 所示。

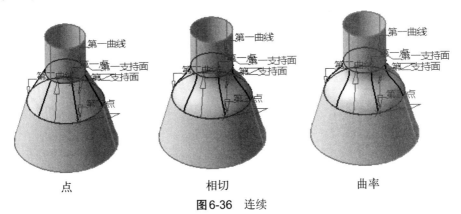

点　　　　　　　　相切　　　　　　　　曲率

图 6-36 连续

● 修剪第一支持面和修剪第二支持面：用于设置是否修剪支持面，如图 6-37 所示。

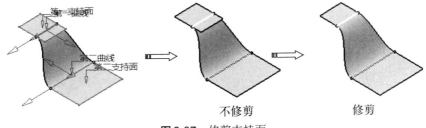

不修剪　　　　　　　修剪

图 6-37 修剪支持面

💡 **技术要点**

修改支持面后桥接曲面与原曲面缝合成一个整体。

📖 **操作实例——曲面创建操作实例**

6.2视频精讲

操作步骤

01 在菜单中选择【文件】|【打开】命令，弹出【选择文件】对话框，选择"实例素材文件：第6章/原始文件/6.2.CATPart"，单击【打开】按钮，打开文件进入创成式外形设计工作台，如图6-38所示。

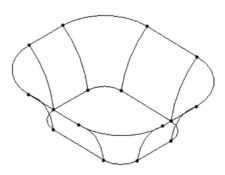

图6-38 打开文件

02 单击【曲面】工具栏上的【多截面曲面】按钮，弹出【多截面曲面定义】对话框，选择如图6-39所示的2条截面线和8条引导线，单击【确定】按钮完成多截面曲面创建，如图6-39所示。

图6-39 创建多截面曲面

03 单击【曲面】工具栏上的【填充】按钮，弹出【填充曲面定义】对话框，选择如图6-40所示的封闭曲线，单击【确定】按钮创建填充曲面，如图6-40所示。

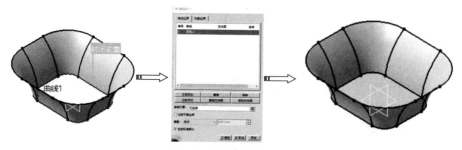

图6-40 创建填充曲面

6.3 曲面操作命令

在曲面造型中通常需要进行线框造型，再进行曲面造型构造基本曲面，最后对这些基本曲面利用曲面操作进行裁剪、圆角过渡等处理。曲面操作是对已建立的曲面进行裁剪、连接、倒圆角等操作，通过编辑功能可方便迅速地修改曲面形状来满足设计要求。

6.3.1 合并曲面

在【操作】工具栏中单击【接合】按钮██右下角的黑色三角，展开工具栏，包含"接合曲面""取消修剪""拆解曲面"等。

6.3.1.1 接合曲面

【接合曲面】用于将已有的多个曲面或多条曲线接合在一起而形成整体曲面或曲线。

单击【操作】工具栏上的【接合】按钮██，弹出【接合定义】对话框，如图6-41所示。

图6-41 接合曲面

【接合定义】对话框相关选项参数含义如下：

（1）要接合的元素

要接合的元素用于选择接合曲线或曲面。

（2）标准选择

系统默认模式，当用户选取一个合并元素列表中没有的元素时，该元素即加入列表；选取合并列表中已有元素时，该元素从合并元素列表中删除。

（3）添加模式

单击该按钮，可在图形区选取要合并的元素。如果选取的元素在合并列表中没有，则加入；如果有，该元素也不会从列表中删除。

（4）移除模式

单击该按钮，用于选取的元素若接合元素列表中有，则从中删除；如果没有，则列表内容不变。

6.3.1.2 取消修剪

【取消修剪】用于对使用【分割】工具操作的几何元素重新恢复到原状态。

单击【操作】工具栏上的【取消修剪】按钮██，弹出【取消修剪】对话框，在定义取消修剪元素时，大致可分为3种情况：

（1）选择内部轮廓

选择内部轮廓时，只还原所选轮廓曲线所在部分，如图6-42所示。

图6-42　选择内部轮廓

（2）选择外部轮廓

选择外部轮廓时，系统默认还原与边界相连的部分，如图6-43所示。

图6-43　选择外部轮廓

（3）选择面

当选取面时，还原到初始曲面状态，如图6-44所示。

图6-44　选择面

6.3.1.3　拆解曲面

【拆解曲面】用于将多元素几何体拆分成单一单元或者单一域几何体，多元素几何体可以是曲面，也可以是曲线。

单击【操作】工具栏上的【拆解】按钮■，弹出【拆解】对话框，如图6-45所示。

【拆解】对话框相关选项参数含义如下：

（1）输入元素

用于输入要拆解的元素。

（2）所有单元

显示拆解后的所有独立单元方式。

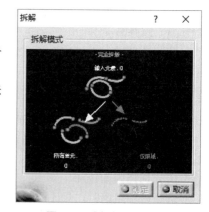

图6-45　【拆解】对话框

（3）仅限域

仅限域的个数即封闭区域的个数，用于元素部分分解，即将元素拆解成整体域方式。

6.3.2 曲面分割与修剪

在【操作】工具栏中单击【分割】按钮右下角的黑色三角，展开工具栏，包含"曲面分割""曲面修剪"等。

6.3.2.1 曲面分割

【分割】可以通过点、线元素或者曲面分割线元素，也可以通过线元素或曲面分割曲面。

单击【操作】工具栏上的【分割】按钮，弹出【定义分割】对话框，如图6-46所示。

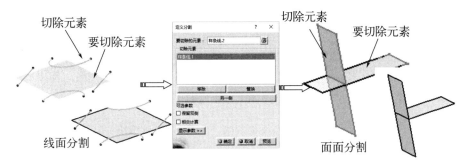

图6-46 分割类型

【定义分割】对话框相关选项参数含义如下：

（1）要切除的元素

用于选择要分割的元素，可以选择曲线或曲面。

（2）切除元素

用于选择分割工具元素，可以是曲线或曲面。

6.3.2.2 曲面修剪

【曲面修剪】用于相互修剪两个曲面或者曲线，并可选择各自的保留部分，最后保留的部分会接合成一个新的元素。

单击【操作】工具栏上的【修剪】按钮，弹出【修剪定义】对话框，如图6-47所示。

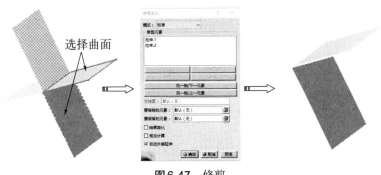

图6-47 修剪

💡 **技术要点**

修剪可选择各自的保留部分，最后保留的部分会接合成一个新的元素。

【修剪定义】对话框相关选项参数含义如下：

（1）模式

用于定义修剪类型：

● 标准：可用于一般曲线与曲线、曲面与曲面的修剪，即同类型曲线或曲面之间修剪，如图6-48所示。

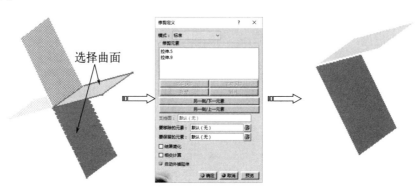

图6-48　曲面修剪

● 段：只用于修剪曲线，选定的曲线全部保留，如图6-49所示。

图6-49　段

（2）修剪元素

选择要剪切的两面或两个线框元素（Element1、Element2），此时会显示剪切结果的预览。如果两元素不能相互完全切割，系统会自动延伸两元素以完成切割。

> 💡 **技术要点**
>
> 　修剪时单击曲线或曲面部位是曲线将要保留的部分，如果要保留的部位不对，可单击【另一侧/下一元素】按钮进行改变。

6.3.3　曲面圆角

在【操作】工具栏中单击【曲面圆角】按钮右下角的黑色三角，展开工具栏，包含"简单圆角""倒圆角""面与面的圆角""三切线内圆角"等。

6.3.3.1　简单圆角

【简单圆角】用于对两个曲面连接部位圆角化生成圆角曲面，可进行倒角。

单击【操作】工具栏上的【简单圆角】按钮，弹出【圆角定义】对话框，如图6-50所示。

图6-50 简单圆角

【圆角定义】对话框中相关选项参数含义如下：

（1）圆角类型

● 双切线圆角：在两个相交曲面之间生成圆角曲面。

● 三切线内圆角：在选定曲面间滚动球面获得圆角曲面，将移除三个曲面中的一个。

（2）修剪支持面

选中该复选框，支持面元素被修剪装配到圆角化后的曲面中，默认选中该选项。

（3）端点

用于选择圆角曲面的端点类型，包括以下选项，如图6-51所示：

● 光顺：对圆角曲面和支持面的连接强加了一个相切约束以光顺连接。

● 直线：不对圆角和初始支持面之间的连接点强加相切约束，因此有时会生成锐角。

● 最大值：圆角曲面由选定支持面的最长边线限制。

● 最小值：圆角曲面由选定支持面的最短边线限制。

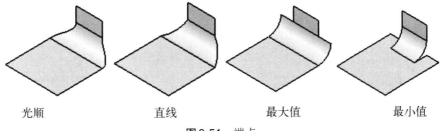

光顺　　　　　　　　直线　　　　　　　　最大值　　　　　　　最小值

图6-51 端点

6.3.3.2 倒圆角

【倒圆角】可对曲面的棱边进行倒角，该命令只能对曲面体进行倒圆角。

单击【操作】工具栏上的【倒圆角】按钮，弹出【倒圆角定义】对话框，激活【要圆角化的对象】编辑框，选择需要倒圆角的棱边，在【半径】文本框中输入半径值，单击【确定】按钮，系统自动完成圆角操作，如图6-52所示。

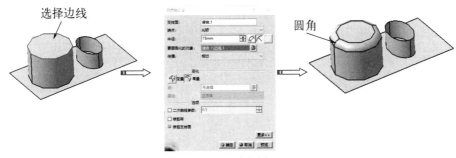

图6-52 倒圆角

> 💡 **技术要点**
> 倒圆角的两个曲面首先要通过接合命令进行曲面缝合，才能进行倒圆角。

6.3.3.3　面与面的圆角

【面与面的圆角】用于创建两个曲面之间的圆角，可在相邻两个面的交线上创建圆角，也可以在不相交的两个面间创建圆角。

单击【操作】工具栏上的【面与面的圆角】按钮 ，弹出【定义面与面的圆角】对话框，选择需要倒圆角的两个面，单击【确定】按钮完成操作，如图6-53所示。

图6-53　面与面的圆角

6.3.3.4　三切线内圆角

【三切线内圆角】可以在三个曲面内进行倒角。由于在三个曲面内倒角，其中一个曲面就会被删除，倒角半径自动计算。

单击【操作】工具栏上的【三切线内圆角】按钮 ，弹出【定义三切线内圆角】对话框，激活【要圆角化的面】编辑框，选择需要倒圆角的两个面，然后激活【要移除的面】编辑框，选择一个要移除的面，单击【确定】按钮，系统自动完成圆角操作，如图6-54所示。

图6-54　三切线内圆角

6.3.4　曲面延伸

【外插延伸】用于将曲面或曲线从边界向外进行插值延伸。

单击【操作】工具栏上的【外插延伸】按钮 ，弹出【外插延伸定义】对话框，如图6-55所示。

图6-55　外插延伸

【外插延伸定义】对话框中相关选项含义如下:

(1)边界

用于定义附加曲面或曲线依附的边线或点。

(2)外插延伸的

用于定义延伸的曲面或曲线。

(3)限制

【类型】册于设置延伸类型,包括以下选项:

① 长度 通过输入长度值来定义曲面延伸的位置,如图6-56所示。在选择"长度"方式时,可选中【常量距离优化】复选框,将执行常量距离的外插延伸,并创建无变形的曲面。

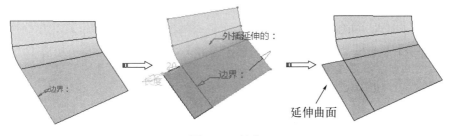

图6-56 长度

② 直到元素 通过选择元素延伸到所选定的边界曲面或者曲线,如图6-57所示。

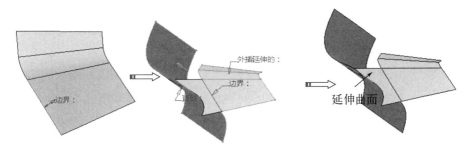

图6-57 直到元素

(4)连续

用于设置外插延伸曲面与原曲面之间的连续方式,包括以下选项:

● 切线:延伸部分与原来曲面是相切关系。

● 曲率:延伸部分与原来曲面具有曲率连续关系。

(5)端点

用于设置外插延伸曲面与支持面之间端点的连接方式,包括以下选项:

● 切线:外插延伸端与和曲面边界相邻的边线相切。

● 法线:外插延伸端与原始曲面边界垂直。

6.3.5 曲面变换

在【操作】工具栏中单击【平移】按钮右下角的黑色三角,展开工具栏,包含"平移""旋转""对称""缩放""仿射"和"定位变换"等。下面介绍最常用的曲面变换功能。

6.3.5.1 平移曲面

【平移】用于对点、曲线、曲面、实体等几何元素进行平移生成曲面或者包络体。

单击【操作】工具栏上的【平移】按钮，弹出【平移定义】对话框，如图6-58所示。

图6-58　平移

6.3.5.2　旋转曲面

【旋转】用于对点、曲线、曲面、实体等几何元素进行绕一个轴旋转。

单击【操作】工具栏上的【旋转】按钮，弹出【旋转定义】对话框，激活【元素】选项，选择要旋转的曲面，激活【轴线】选项，选择旋转轴线，在【角度】中设置旋转角度，单击【确定】按钮完成，如图6-59所示。

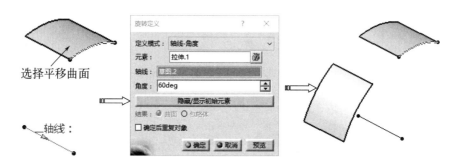

图6-59　旋转曲面

6.3.5.3　对称曲面

【对称】用于对点、曲线、曲面、实体等几何元素相对于点、线、面进行镜像。

单击【操作】工具栏上的【对称】按钮，弹出【对称定义】对话框，如图6-60所示。

图6-60　对称

6.3.6　阵列曲面

阵列包括【矩形阵列】、【圆周阵列】和【用户阵列】，曲面阵列操作与实体变换特征中相关操作相同，下面简单加以介绍。

6.3.6.1　矩形阵列

【矩形阵列】命令是以矩形排列方式复制选定的曲面特征，形成新的曲面。

选择要阵列的曲面特征，单击【复制】工具栏上的【矩形阵列】按钮，弹出【定义矩形阵列】对话框，激活【第一方向】选项卡中的【参考元素】编辑框，选择如图6-61所示的边线为方向参考，设置【实例】为3，【间距】为50mm，单击【预览】按钮显示预览，如图6-61所示。

图6-61　设置第一方向

6.3.6.2　圆形阵列

【圆形阵列】用于将曲面绕旋转轴进行旋转阵列分布。

选择要阵列的曲面，单击【复制】工具栏上的【圆形阵列】按钮，弹出【定义圆形阵列】对话框，在【轴向参考】选项卡中设置【参数】为"实例和角度间距"，【实例】为8，【角度间距】为45，激活【参考元素】编辑框，选择如图6-62所示的直线，单击【预览】按钮显示预览，单击【确定】按钮完成圆形阵列，如图6-62所示。

图6-62　创建圆形阵列

📖 **操作实例——曲面操作实例**

操作步骤

01 在菜单中选择【文件】|【打开】命令，弹出【选择文件】对话框，选择"实例素材文件：第6章 / 原始文件 /6.3.CATPart"，单击【打开】按钮，打开文件进入创成式外形设计工作台，如图6-63所示。

6.3视频精讲

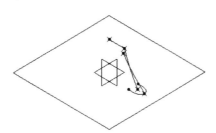

图6-63　打开文件

02 单击【曲面】工具栏上的【旋转】按钮![icon]，弹出【旋转曲面定义】对话框，选择接合曲线作为旋转截面，Z轴为旋转轴，设置旋转角度后单击【确定】按钮，系统自动完成旋转曲面创建，如图6-64所示。

图6-64　旋转曲面

03 单击【曲面】工具栏上的【扫掠】按钮![icon]，弹出【扫掠曲面定义】对话框，在【轮廓类型】选择【显式】图标![icon]，在【子类型】下拉列表中选择【使用参考曲面】选项，选择一条曲线作为轮廓，选择一条曲线作为引导曲线，单击【确定】按钮，系统自动完成扫掠曲面创建，如图6-65所示。

图6-65　创建扫掠曲面

04 选择要阵列的扫掠曲面，单击【复制】工具栏上的【圆形阵列】按钮![icon]，弹出【定义圆形阵列】对话框，在【轴向参考】选项卡中设置【参数】为"实例和角度间距"，【实例】为6，【角度间距】为60，激活【参考元素】编辑框，选择Z轴，单击【预览】按钮显示预览，单击【确定】按钮完成圆形阵列，如图6-66所示。

图6-66　创建圆形阵列

05 单击【操作】工具栏上的【修剪】按钮![icon]，弹出【修剪定义】对话框，选择需要修剪的两个曲面，单击【确定】按钮，系统自动完成修剪操作，如图6-67所示。

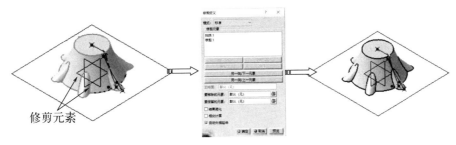

图6-67 创建修剪

06 单击【操作】工具栏上的【修剪】按钮 ，弹出【修剪定义】对话框，选择需要修剪的两个曲面，单击【确定】按钮，系统自动完成修剪操作，如图6-68所示。

图6-68 创建修剪

07 单击【曲面】工具栏上的【填充】按钮 ，弹出【填充曲面定义】对话框，选择如图6-69所示的封闭曲线，单击【确定】按钮，系统自动完成填充曲面创建，如图6-69所示。

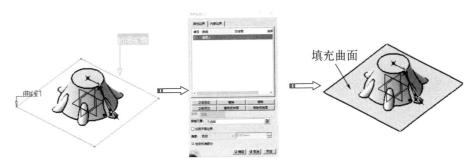

图6-69 创建填充曲面

08 单击【操作】工具栏上的【修剪】按钮 ，弹出【修剪定义】对话框，选择需要修剪的两个曲面，单击【确定】按钮，系统自动完成修剪操作，如图6-70所示。

图6-70 创建修剪

09 单击【操作】工具栏上的【倒圆角】按钮 🔗 ，弹出【倒圆角定义】对话框，激活【要圆角化的对象】编辑框，选择需要倒圆角的棱边，设置倒角参数。在【半径】文本框中输入半径值5mm，单击【确定】按钮，系统自动完成圆角操作，如图6-71所示。

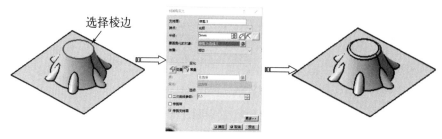

图6-71 倒圆角

6.4 本章小结

本章介绍了CATIA创成式曲面基本知识，主要内容有曲面创建命令、曲面操作命令，这样大家能熟悉CATIA创成式曲面的基本命令，本章的重点和难点为曲面创建应用，希望大家按照讲解方法进行实例练习。

6.5 上机习题（视频）

1.习题1

如图1所示创建一个公制的part文件，应用曲线和曲面等命令创建轮辐曲面。

习题1视频精讲

习题1 曲面1

2.习题2

如图2所示创建一个公制的part文件，应用曲线和曲面等命令创建风扇叶轮曲面。

习题2视频精讲

习题2 曲面2

第 7 章

装配体设计

CATIA中把各种零件、部件组合在一起形成一个完整装配体的过程叫做装配设计，而装配体实际上是保存在单个CATPart文档文件中的相关零件集合，该文件的扩展名为.CATProduct。装配体中的零部件是通过装配约束关系来确定它们之间的正确位置和相互关系，添加到装配体中的零件与源零件之间是相互关联的，改变其中的一个则另一个也将随之改变。

本章介绍CATIA装配设计技术。希望通过本章的学习，使读者轻松掌握CATIA装配体设计的基本功能和应用。

本章内容

- 装配设计工作台简介
- 装配结构设计与管理
- 加载装配组件
- 移动装配组件
- 组件装配约束
- 装配爆炸图

7.1 装配设计模块概述

产品通常由多个零件组成，这些零件只有装配成功，并且运动校核合理之后才可以试制生产。装配设计就是要将设计好的各个零件组装起来，在设计过程中协调各零件之间的关系，发现并修正零件设计的缺陷，装配设计也是数字样机（DMU）的基础。

7.1.1 进入装配设计工作台

要进行装配设计，首先必须进入装配设计工作台。进入装配设计工作台有2种方法：【开始】菜单法和新建装配文档法。

（1）【开始】菜单法

启动CATIA后，在菜单栏执行【开始】|【机械设计】|【装配设计】命令，系统自动进入装配设计工作台，如图7-1所示。

图7-1　【开始】菜单法

（2）新建装配文档法

启动CATIA之后，在菜单栏执行【文件】|【新建】|命令，弹出【新建】对话框，在【类型列表】中选择【Product】选项，如图7-2所示。单击【确定】按钮，系统自动进入装配设计工作台中。

（3）打开装配文件

启动CATIA之后，在菜单栏执行【文件】|【打开】|命令，弹出【选择文件】对话框，选择一个装配文件（*.CATProduct），单击【打开】按钮即可进入装配模块。

图7-2　【新建】对话框

7.1.1.1　装配工作台用户界面

装配工作台中增加了装配相关命令和操作，其中与装配有关的菜单有【插入】、【工具】、【分析】，与装配有关的工具栏有【产品结构工具】、【约束】、【移动】和【装配特征】等，如图7-3所示。

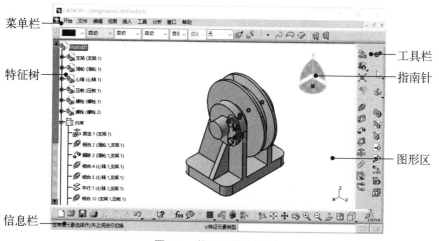

图7-3　装配工作台界面

7.1.1.2　装配设计菜单

（1）【插入】菜单

【插入】菜单包括约束命令、产品结构管理命令和装配特征命令等，如图7-4所示。

（2）【工具】菜单

【工具】菜单包含产品管理、从产品生成CATPart命令以及场景命令等，如图7-5所示。

（3）【分析】菜单

【分析】菜单包括装配设计分析命令和测量命令等，如图7-6所示。

图7-4 【插入】菜单　　　　图7-5 【工具】菜单　　　　图7-6 【分析】菜单

7.1.1.3 装配设计工具栏

利用装配设计工作台中的工具栏命令按钮是启动装配命令最简便的方法。CATIA装配设计中常用工具栏有：【产品结构工具】、【约束】、【移动】、【装配特征】和【空间分析】等。

（1）【产品结构工具】工具栏

【产品结构工具】工具栏用于产品部件管理功能组合，包括部件插入和部件管理，如图7-7所示。

图7-7 【产品结构工具】工具栏

- 【部件】按钮：插入一个新的部件。
- 【产品】按钮：插入一个新的产品。
- 【零件】按钮：插入一个新零件。
- 【现有部件】按钮：插入系统中已经存在的零部件。
- 【具有定位的现有部件】按钮：插入系统具有定位的零部件。
- 【替换部件】按钮：将现有的部件以新的部件代替。
- 【图形树重新排序】按钮：将零件在特征树中重新排列。
- 【生成编号】按钮：将零部件逐一按序号排列。
- 【选择性加载】按钮：单击将打开【产品加载管理】对话框。

●【管理展示】按钮圖：单击该按钮再选择装配特征树中的"Product"将弹出【管理展示】对话框。

●【快速多实例化】按钮圖：根据定义多实例化输入的参数快速定义零部件。

●【定义多实例化】按钮圖：根据输入的数量及规定的方向创建多个相同的零部件。

（2）【约束】工具栏

【约束】工具栏用于定义装配体零部件的约束定位关系，如图7-8所示。

图7-8 【约束】工具栏

●【相合约束】按钮：在轴系间创建相合约束，轴与轴之间必须有相同的方向与方位。

●【接触约束】按钮：在两个共面间的共同区域创建接触约束，共同的区域可以是平面、直线和点。

●【偏移约束】按钮：在两个平面间创建偏移约束，输入的偏移值可以为负值。

●【角度约束】按钮：在两个平行面间创建角度约束。

●【修复部件】按钮：部件固定的位置方式有2种：绝对位置和相对位置，目的是在更新操作时避免此部件从父级中移开。

●【固联】按钮：将选定的部件连接在一起。

●【快速约束】按钮：用于快速自动建立约束关系。

●【柔性/刚性子装配】按钮：将子装配作为一个刚性或柔性整体。

●【更改约束】按钮：用于更改已经定义的约束类型。

●【重复使用阵列】按钮：按照零件上已有的阵列样式来生成其他零件的阵列。

（3）【移动】工具栏

【移动】工具栏用于移动插入到装配工作台中的零部件，如图7-9所示。

●【操作】按钮：将零部件向指定的方向移动或旋转。

●【捕捉】按钮：以单捕捉的形式移动零部件。

图7-9 【移动】工具栏

●【智能移动】按钮：以单捕捉和双捕捉结合在一起移动零部件。

●【分解】按钮：不考虑所有的装配约束，将部件分解。

●【碰撞时停止操作】按钮：检测部件移动时是否存在冲突，如有将停止动作。

（4）【装配特征】工具栏

【装配特征】工具栏用于在装配体中同时在多个零部件上创建特征，如图7-10所示。

图7-10 【装配特征】工具栏

●【分割】按钮：利用平面或曲面作为分割工具，将零部件实体分割。

●【对称】按钮：以一平面为镜像面，将零部件镜像至镜像面的另一侧。

●【孔】按钮：创建可同时穿过多个零部件的孔特征。

●【凹槽】按钮：创建可同时穿过多个零部件的凹槽特征。

●【添加】按钮：执行此命令，选择要移除的几何体，并选择需要从中移除的零件。

●【移除】按钮：执行此命令，选择要添加的几何体，并选择需要从中添加材料的零件。

（5）【空间分析】工具栏

【空间分析】工具栏用于分析装配体零部件之间的干涉以及切片观察
等，如图7-11所示。

图7-11 【空间分析】
工具栏

●【碰撞】按钮：用于检查零部件之间间距与干涉。

●【切割】按钮：用于三维环境下观察产品，也可创建局部剖视图
和剖视体。

●【距离和区域分析】按钮：用于计算零部件之间的最小距离。

7.1.2 装配方式

（1）自底向上装配（Bottom-UP Assembly）

自底向上装配是先创建部件几何模型，再组合成子装配，最后生成装配部件的装配方法。
即先产生组成装配的最低层次的部件，然后组装装配。

（2）自顶向下装配（Top-Down Assembly）

自顶向下装配，是指在装配级中创建与其他部件相关的部件模型，是在装配部件的顶级向
下产生子装配和部件（即零件）的装配方法。顾名思义，自顶向下装配是先在结构树的顶部生
成一个装配，然后下移一层，生成子装配和组件。

（3）混合装配（Mixing Assembly）

混合装配是将自顶向下装配和自底向上装配结合在一起的装配方法。例如先创建几个主要
部件模型，再将其装配在一起，然后在装配中设计其他部件，即为混合装配。在实际设计中，
可根据需要在两种模式下切换。

7.2 装配结构设计与管理

装配文档不同于零件建模，零件建模以几何体为主，装配文档操作对象是部件和零件，不
同对象的建立过程对应不同的操作方法。本节将介绍装配结构设计与管理，相关命令集中在
【产品结构工具】工具栏上，下面分别加以介绍。

7.2.1 CATIA装配体结构体系

讲解后续内容之前，有必要系统地了解CATIA的装配件结构体系。这种结构体系主要体现
在模型树上，如图7-12所示。

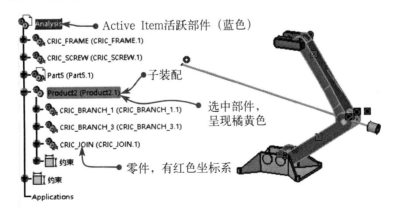

图7-12 装配件结构体系阐述图

（1）活跃部件——Active Item

活跃部件就是当前能够编辑的部件，用户的操作仅能针对活跃部件的子节点，至于用户到底操作哪个部件零件，还要进一步取决于用户的选中部件（Selected Item）；活跃部件呈蓝色；可以选定模型树上的任何零部件或装配件节点作为活跃部件；活跃部件的切换可以通过鼠标左键双击该节点实现。

（2）选中部件——Selected Item

选中的操作目标部件，呈橘黄色，后续操作就针对这个部件。

（3）子装配件——Sub assembly

一个装配件可以由多个零件组成，也可以由多个子装配件组成，或者由零件及子装配件混合组装。

（4）零部件——Part

装配件由多个零件组成，模型树上所有零件节点的图标右下角都有个红色的坐标系。

（5）约束——Constraints

约束用来限定各零部件之间的关系，一个装配件中可能有多种层次的约束，即作用于子装配件的约束、作用于总装配件的约束等。

（6）零件编号——Part Number

装配件中的每个零部件或者子装配都有一个零件编号，其默认值就是部件的名字。图7-12中模型树上每个节点括弧外的名字就是编号。

（7）实例名称——Instance Name

一个装配件中包含某个零件的多个实例时，每个实例的零件编号都一样，但是实例名称却应该有所区别。图7-12中模型树上每个节点括弧内的名字就是实例名称。

通过选中模型树上该组件节点，单击鼠标右键，在弹出的快捷菜单中选择【属性】命令，弹出【属性】对话框，可以创建零件编号和实例名称，如图7-13所示。

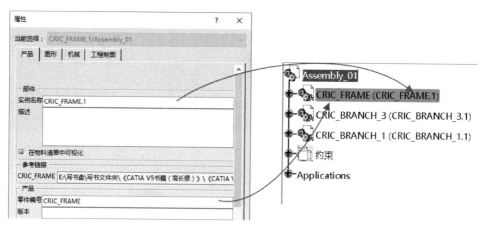

图7-13　零件编号和实例名称

7.2.2　创建装配结构

7.2.2.1　新建装配文档

启动CATIA之后，在菜单栏执行【文件】|【新建】|命令，弹出【新建】对话框，在【类型列表】中选择【Product】选项，单击【确定】按钮，创建装配体文档，系统自动进入装配设计工作台中，如图7-14所示。

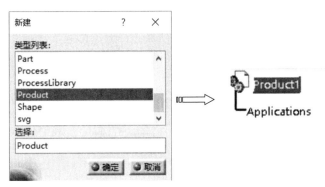

图7-14 新建装配文档

7.2.2.2 创建部件（Component）

【部件】用于在空白装配文件或已有装配文件中添加部件。

单击【产品结构工具】工具栏中的【部件】按钮🐝，系统提示"选择部件以添加新部件"，在特征树中选择部件节点，系统自动添加一个产品，如图7-15所示。

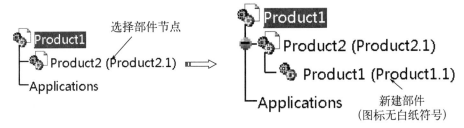

图7-15 创建部件

7.2.2.3 创建产品（Product）

【产品】用于在空白装配文件或已有装配文件中添加产品（为装配件添加子装配的功能）。

单击【产品结构工具】工具栏中的【产品】按钮🐝，系统提示"选择部件以添加产品"，在特征树中选择部件节点，系统自动添加一个产品，如图7-16所示。

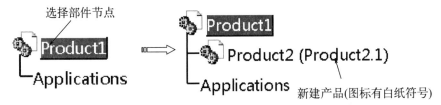

图7-16 创建产品

> 💡 **技术要点**
>
> 产品（product）与部件（component）基本相同，但部件（component）不产生单独的文件，不单独打开。该方法创建的子装配件不会单独存盘，只存在于上级装配件中。

7.2.2.4 创建零件（Part）

【零件】用于在现有产品中直接添加一个零件。

单击【产品结构工具】工具栏中的【零件】按钮🐝，系统提示"选择部件以插入新零件"，在特征树中选择部件节点，系统弹出【新零件：原点】对话框，如图7-17所示。新增的零件需要定位原点，单击【是】按钮，读取插入零件的原点，原点位置单独定义，单击【否】按钮，表示插入零件的原点位置同它的父组件原点位置相同。

图 7-17　创建零件

> **技术要点**
>
> 　　将新零件插入一个已有的装配中，新建的文件保存时也会在磁盘上有单独的 CatPart 文件存在。产品 Product、部件 Componet、零件 Part 是逐级减小的关系，产品的概念范畴比部件大，部件的概念范畴比零件大。或者说产品可以称为总装，部件（组件）称为部装，零件就是零件。

📖 **操作实例**——创建装配结构实例

7.2 视频精讲

操作步骤

01 在【标准】工具栏中单击【新建】按钮，在弹出【新建】对话框中选择 "Product"。单击【确定】按钮新建一个装配文件，并进入【装配设计】工作台，如图7-18所示。

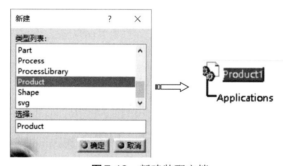

图 7-18　新建装配文档

02 单击【产品结构工具】工具栏中的【产品】按钮，系统提示"选择部件以添加产品"，在特征树中选择部件节点，系统自动添加一个产品，如图7-19所示。

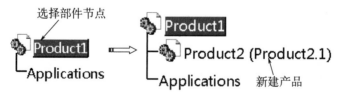

图 7-19　创建产品

03 单击【产品结构工具】工具栏中的【零件】按钮，系统提示"选择部件以插入新零件"，在特征树中选择部件节点，系统弹出【新零件：原点】对话框，如图7-20所示。新增的零件需要定位原点，单击【是】按钮，读取插入零件的原点，原点位置单独定义，单击【否】按钮，表示插入零件的原点位置同它的父组件原点位置相同。

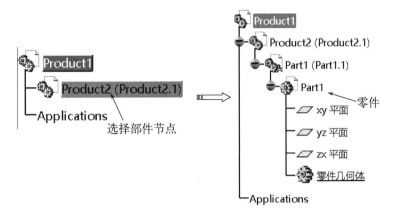

图7-20　插入零件

04 单击【保存】按钮，弹出【另存为】对话框，选择合适路径，完成保存。

7.3　加载装配组件

加载现有部件是将已经存储在计算中的零件、部件或者产品作为一个个部件插入当前产品中，从而构成整个装配体。

7.3.1　加载现有部件

单击【产品结构工具】工具栏中的【现有部件】按钮，在特征树中选取插入位置（可以是当前产品或者产品中的某个部件），弹出【选择文件】对话框，选择需要插入的文件，单击【打开】按钮，系统自动载入部件，如图7-21所示。

图7-21　加载现有部件

> 💡 **技术要点**
>
> 　　在一个装配文件中，可以添加多种文件，包括CATPart、CATProduct、V4 CATIA Assembly、CATAnalysis、V4 session、V4 model、cgr、wrl等后缀类型文件。

7.3.2　加载具有定位的现有部件

加载具有定位的现有部件是指相对于现有组件，在定位插入当前组件时，可利用【智能移动】对话框创建约束。

单击【产品结构工具】工具栏中的【具有定位的现有部件】按钮，在特征树中选取插入位置（可以是当前产品或者产品中的某个部件），弹出【选择文件】对话框，选择需要插入的文件，单击【打开】按钮，系统弹出【智能移动】对话框，如图7-22所示。

【智能移动】对话框相关选项参数含义如下：

（1）【自动约束创建】复选框

选择该复选框，系统自动按照【快速约束】列表框中的约束顺序创建约束，如图7-23所示。

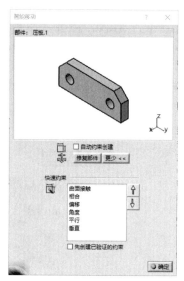

图7-22　【智能移动】对话框

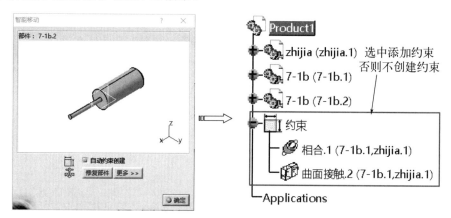

图7-23　选中自动约束创建

（2）【修复部件】按钮

单击该按钮将创建固定约束，如图7-24所示。

图7-24　修复部件

7.3.3　加载标准件

在CATIA V5中有一个标准件库，库中有大量的已经造型完成的标准件，在装配中可以直接将标准件调出来使用。

单击【目录浏览器】工具栏上的【目录浏览器】按钮◇，或选择下拉菜单【工具】|【目录浏览器】命令，弹出【目录浏览器】对话框，选中相应的标准件，双击所需的标准件，可将其添加到装配文件中，如图7-25所示。

图7-25 【目录浏览器】对话框

📖 **操作实例——加载装配组件实例**

7.3视频精讲

操作步骤

01 在【标准】工具栏中单击【新建】按钮，在弹出【新建】对话框中选择"Product"。单击【确定】按钮新建一个装配文件，并进入【装配设计】工作台，如图7-26所示。

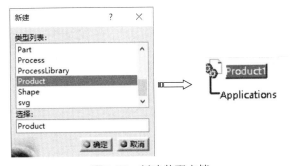

图7-26 新建装配文档

02 单击【产品结构工具】工具栏中的【具有定位的现有部件】按钮🗗，在特征树中选取插入位置（风机总装），弹出【选择文件】对话框，选择需要插入的文件（xiaxiangti.CATPart），单击【打开】按钮，如图7-27所示。

图7-27 加载第一个零件

03 弹出【智能移动】对话框，单击【修复部件】按钮，将创建固定约束，如图7-28所示。

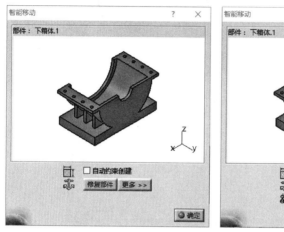 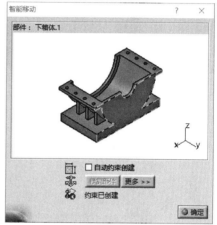

图7-28 【智能移动】对话框

04 完成加载具有定位的现有部件后，在特征树中显示【约束】节点，如图7-29所示。

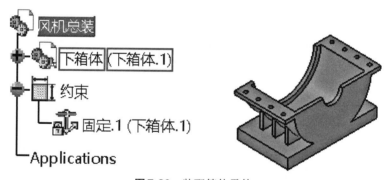

图7-29 装配箱体零件

> **🔅 技术要点**
>
> 一个装配件中包含某个零件的多个实例时，每个实例的零件编号都一样，但是实例名称却应该有所区别。在模型树上每个节点括弧内的名字就是实例名称。

05 单击【产品结构工具】工具栏中的【现有部件】按钮 ☑，在特征树中选取插入位置（"风机总装"节点），在弹出【选择文件】对话框中选择需要的文件 fengji.CATPart，单击【打开】按钮，完成零件添加，如图7-30所示。

图 7-30　加载第 2 个零件

06 单击【产品结构工具】工具栏中的【现有部件】按钮，在特征树中选取插入位置（"风机总装"节点），在弹出【选择文件】对话框中选择需要的文件 shangxiangti.CATPart，单击【打开】按钮，完成零件添加，如图 7-31 所示。

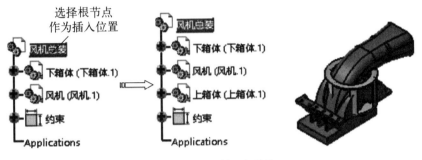

图 7-31　加载第 3 个零件

7.4　移动装配组件

创建零部件时坐标原点不是按装配关系确定的，导致装配中所插入零部件可能位置相互干涉，影响装配，因此需要调整零部件的位置，便于约束和装配。移动相关命令主要集中在【移动】工具栏上，下面分别加以介绍。

7.4.1　指南针（罗盘）移动组件

指南针也称为罗盘，在文件窗口的右上角，并且总是处于激活状态，代表着模型的三维空间坐标系。指南针是由与坐标轴平行的直线和三个圆弧组成的，其中 X 和 Y 轴方向各有两条直线，Z 轴方向只有一条直线。这些直线与圆弧组成平面，分别与相应的坐标平面平行，如图 7-32 所示。

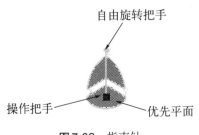

图 7-32　指南针

7.4.1.1　移动组件

移动鼠标到【指南针操作把手】，指针变成四向箭头，然后拖动指南针至模型上释放，此时指南针会附着在模型上，且字母X、Y、Z变为W、U、V，选择指南针上的任意轴线（该轴线会以亮色显示），按住鼠标左键并移动鼠标，则零部件将沿着此直线平移，如图7-33所示。

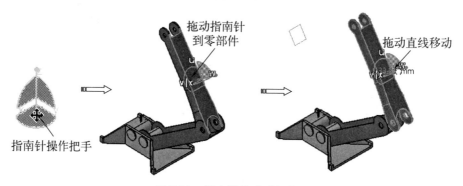

图7-33　指南针移动零部件

> **💡 技术要点**
>
> 如果指南针脱离模型，可将其拖动到窗口右下角绝对坐标系处；或者指南针离开物体的同时按住Shift键，并且要先松开鼠标左键；还可以选择菜单栏【视图】|【重置指南针】命令来实现。

7.4.1.2　旋转组件

移动鼠标到【指南针操作把手】，指针变成四向箭头，然后拖动指南针至模型上释放，此时指南针会附着在模型上，且字母X、Y、Z变为W、U、V，选择指南针平面的弧线（该弧线会以亮色显示），按住鼠标左键并移动鼠标，则零部件将绕该平面的法线旋转，如图7-34所示。

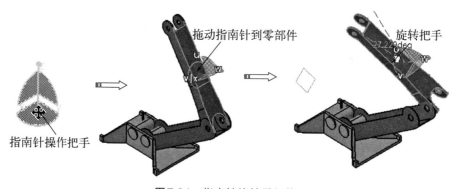

图7-34　指南针旋转零部件

7.4.1.3　自由旋转组件

移动鼠标到【指南针操作把手】，指针变成四向箭头，然后拖动指南针至模型上释放，此时指南针会附着在模型上，且字母X、Y、Z变为W、U、V，选择指南针上的自由旋转把手，按住鼠标左键则零部件将旋转，如图7-35所示。

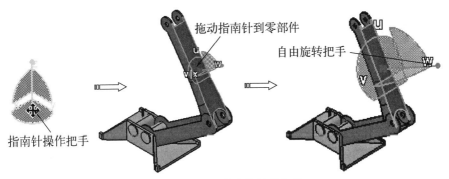

图7-35 指南针自由旋转零部件

💡 **技术要点**

利用指南针可移动已经约束的组件，移动后恢复约束，可单击【更新】工具栏上的【全部更新】按钮 ⏪。

7.4.2 操作移动组件

【操作】命令允许用户更加柔性、自由地移动或旋转处于激活状态下的部件。

单击【移动】工具栏上的【操作】按钮 ⏬，弹出【操作参数】对话框，如图7-36所示。

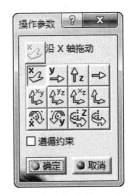

💡 **技术要点**

【操作参数】对话框中选中【遵循约束】复选框后，不允许对已经施加约束部件进行违反约束要求的移动、旋转等操作。

图7-36 【操作参数】对话框

7.4.2.1 沿直线移动组件

【操作参数】对话框中第一行前三个按钮 ⏬⏬⏬ 用于沿着 x，y，z 坐标轴移动零部件，如图7-37所示。第一行最后一个按钮 ➡ 用于沿着任意选定线方向移动，可选择直线或边线。

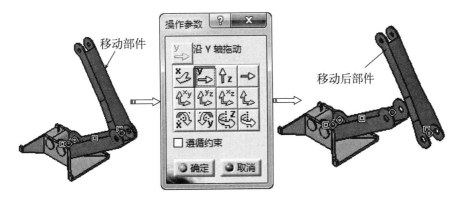

图7-37 沿坐标轴移动零部件

7.4.2.2 沿平面移动组件

【操作参数】对话框中第二行前三个按钮🔄🔄🔄用于零部件在xy、yz、xz坐标平面移动，如图7-38所示。第二行最后一个按钮🔄用于沿着选定面移动零部件。

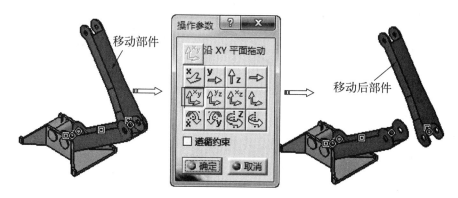

图7-38 沿坐标面移动零部件

7.4.2.3 旋转组件

【操作参数】对话框中第三行前三个按钮🔄🔄🔄用于零部件绕着x、y、z坐标轴旋转，如图7-39所示。第三行最后一个按钮🔄用于绕某一任意选定轴旋转零部件，选定轴可以是棱线或轴线。

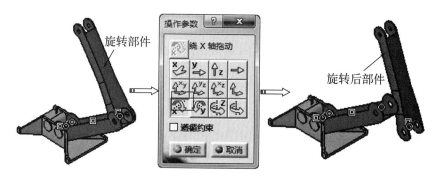

图7-39 旋转零部件

💡 **技术要点**

利用操作工具按钮不可以移动或旋转已经约束的零部件，此时可利用指南针移动。此外，可变形组件不可以利用操作工具按钮移动。

7.4.3 捕捉移动组件

【捕捉】用于移动零件时，可以为它设置相应的参考，根据参考对象快速方便地移动对象。

单击【移动】工具栏上的【捕捉】按钮🔄，选择第一个移动对象相关图素，然后再选择第二个参考对象相关图素，即可移动对象，如图7-40所示。

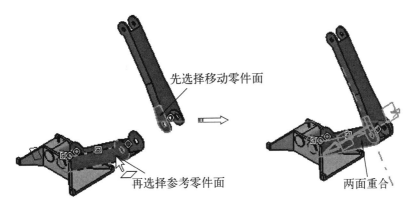

先选择移动零件面

再选择参考零件面

两面重合

图7-40 捕捉移动组件

7.4.4 智能移动组件

【智能移动】是指利用【智能移动】对话框在移动组件的同时创建相应的相合约束。智能移动同时包含了操作和敏捷移动两个功能，同时也可以创建相应的约束。在智能移动时，观察状态下的零件将自动转换成设计状态。

单击【移动】工具栏上的【智能移动】按钮，弹出【智能移动】对话框，选中【自动约束创建】复选框，选择第一个组件图素，然后再选择第二个组件图素，单击【确定】按钮即可完成移动约束，如图7-41所示。

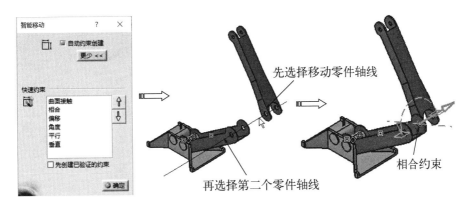

先选择移动零件轴线

再选择第二个零件轴线

相合约束

图7-41 智能移动

7.4.5 移动干涉检查

在装配设计时，可以利用【移动】工具栏上的【碰撞时停止操作】按钮来检查装配零件是否干涉，在移动组件时，可以停止正在进行的移动。

单击【移动】工具栏上的【碰撞时停止操作】按钮，利用【移动】工具栏上的【操作】按钮，弹出【操作参数】对话框，选中【遵循约束】复选框，当发生干涉时系统停止移动。在移动组件时，速度的快慢将导致最终停止距离的大小，速度越快，距离将越大，如图7-42所示。

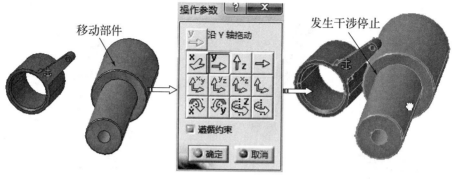

图7-42 干涉检查

💡 **技术要点**

移动零件时，可以按住Shift键的同时利用指南针移动零件，也可以进行干涉检查。

📖 **操作实例**——移动装配组件实例

操作步骤

01 在菜单中选择【文件】|【打开】命令，弹出【选择文件】对话框，选择"Assembly_01.CATProduct"，单击【打开】按钮，打开文件进入创成式外形设计工作台，如图7-43所示。

7.4视频精讲

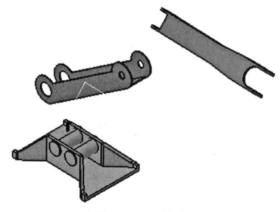

图7-43 打开文件

02 移动鼠标到【指南针操作把手】，指针变成四向箭头✛，然后拖动指南针至零件上释放，此时指南针会附着在模型上，且字母X、Y、Z变为W、U、V，如图7-44所示。

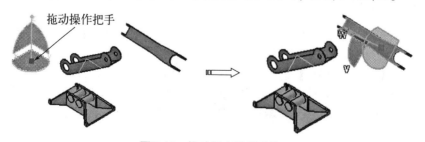

图7-44 拖动指南针到零件

03 自由旋转部件。选择指南针上的圆弧，按住鼠标左键并移动鼠标，则指南针以红色方块为顶点自由旋转，工作窗口中的模型也会随着指南针一同以工作窗口的中心为转点进行旋转，如图7-45所示。

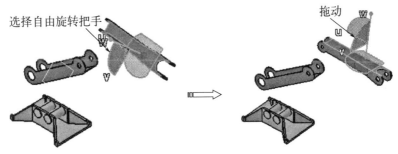

图7-45 旋转部件

04 自由旋转部件。选择指南针上的圆弧，按住鼠标左键并移动鼠标，则指南针以红色方块为顶点自由旋转，工作窗口中的模型也会随着指南针一同以工作窗口的中心为转点进行旋转，如图7-46所示。

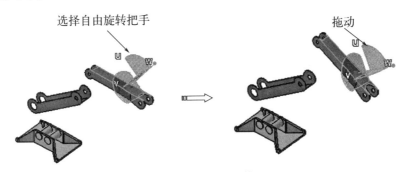

图7-46 旋转部件

05 将指南针拖动到窗口右下角绝对坐标系处，使指南针脱离模型。

06 单击【移动】工具栏上的【操作】按钮，弹出【操作参数】对话框，选择【沿Y轴拖动】按钮，利用鼠标拖动上箱体移动调整好位置，如图7-47所示。

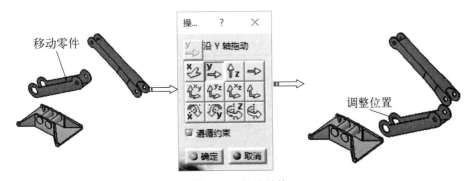

图7-47 移动零件

07 单击【移动】工具栏上的【智能移动】按钮，弹出【智能移动】对话框，选中【自动约束创建】复选框，选择第一个组件图素，然后再选择第二个组件图素，单击【确定】按钮即可完成移动约束，如图7-48所示。

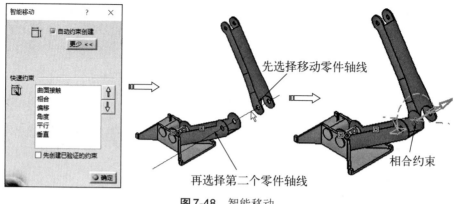

图7-48 智能移动

7.5 组件装配约束

装配约束就是在部件之间建立相互约束条件以确定它们在装配体中的相对位置，主要是通过约束部件之间的自由度来实现的。通过约束将所有零件组成一个产品，装配约束相关命令集中在【约束】工具栏上，下面分别加以介绍。

7.5.1 装配约束概述

对于一个装配体来说，组成装配体的所有零部件之间的位置不是任意的，而是按照一定关系组合起来的。因此，零部件之间必须要进行定位，移动和旋转零部件并不能精确地定位装配体中的零件，还必须通过建立零件之间的配合关系来达到设计要求。

设置约束必须在激活部件的两个子部件之间进行，在图形区显示约束几何符号，特征树中标记约束符号，如表7-1所示。

表7-1 约束类型

约束类型	约束符号	约束类型	约束符号	约束类型	约束符号
相合		垂直		角度	
接触		偏移		固定	
平行		固联		快速约束	

> 🔆 **技术要点**
>
> 只有通过装配约束建立了装配中组件与组件之间的相互位置关系，才可以称得上是真正的装配模型。由于这种装配约束关系之间具有相关性，一旦装配组件的模型发生变化，装配部件之间可自动更新，并保持装配约束不变。

7.5.2 装配约束类型

7.5.2.1 相合约束

【相合约束】是通过设置两个部件中的点、线、面等几何元素重合来获得同心、同轴和共面等几何关系。当两个几何元素的最短距离小于0.001mm时，系统认为它们是相合的。

单击【约束】工具栏上的【相合约束】按钮 ，选择第一个零部件约束表面，然后选择第二个零部件约束表面，如果是两个平面约束，弹出【约束属性】对话框，如图7-49所示。

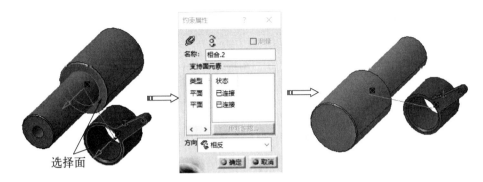

图7-49 【约束属性】对话框

【约束属性】对话框各选项参数含义如下：

● 名称：用于输入约束名称，在特征树中显示，可以进行更改。

● 方向：用于选择约束方向，分别是方向相同、方向相反、未定义等。

● 状态：用于显示所选约束表面的连接状态。单击【支持面图元】选项组的【状态】列表框的"已连接"，然后单击【重新连接】按钮，在弹出的窗口中可重新选择连接支持面，如图7-50所示。

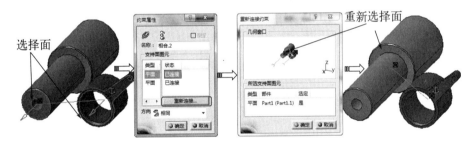

图7-50 重新连接

7.5.2.2 接触约束

【接触约束】是对选定的两个面或平面进行约束，使它们处于点、线或者面接触状态。

单击【约束】工具栏上的【接触约束】按钮 ，依次选择两个部件的约束表面，系统自动完成接触约束，如图7-51所示。

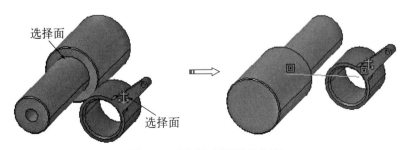

图7-51 平面与平面接触约束

7.5.2.3　偏移约束

【偏移约束】用于设置两个部件上的点、线、面等几何元素之间的距离关系。

单击【约束】工具栏上的【偏移约束】按钮 ，依次选择两个部件的约束表面，弹出【约束属性】对话框，在【名称】框可改变约束名称，在【方向】下拉列表中选择约束方向，在【偏移】框中输入距离值，单击【确定】按钮，如图7-52所示。

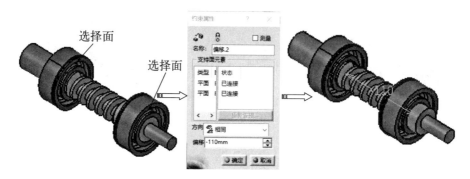

图7-52　偏移约束

7.5.2.4　角度约束

【角度约束】是指通过设定两个部件几何元素的角度关系来约束两个部件之间的相对几何关系，包括垂直、平行、角度。

单击【约束】工具栏上的【角度约束】按钮 ，依次选择两个部件的约束表面，弹出【约束属性】对话框，选择约束类型为【角度】，在【名称】框可改变约束名称，在【角度】框中输入角度值，单击【确定】按钮，系统自动完成角度约束，如图7-53所示。

图7-53　角度约束

7.5.2.5　固定约束

【固定约束】是将一个组件固定在设计环境中，一种是将组件固定于空间固定处，称为绝对固定；另外一种是将其他组件与固定组件的相对位置关系固定，当移动时，其他组件相对固定组件会移动。

单击【约束】工具栏上的【固定约束】按钮 ，选择要固定的部件，系统自动创建固定约束。选择用指南针移动固定部件时，单击【全部更新】按钮 ，已经被固定的组件重新恢复到原始的空间位置，如图7-54所示。

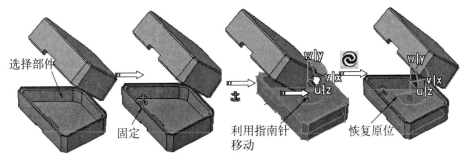

图7-54　固定

7.5.2.6　固联约束

【固联约束】用于将多个部件按照当前位置固定成一个整体，移动其中一个部件，其他部件也将被移动。

单击【约束】工具栏上的【固联约束】按钮◢，弹出【固联】对话框，选择多个要固联部件，单击【确定】按钮，系统自动创建约束，如图7-55所示。

图7-55　固联约束

7.5.2.7　更改约束

【更改约束】是指在一个已经完成的约束上，更改一个约束类型。

在特征树上选择需要更改的约束，单击【约束】工具栏上的【更改约束】按钮◔，弹出【可能的约束】对话框，选择要更改的约束类型，单击【确定】按钮，系统完成约束更改，如图7-56所示。

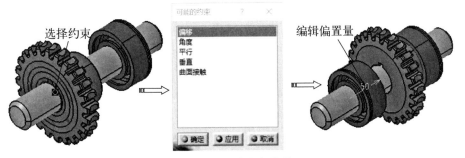

图7-56　更改约束类型

> 💡 技术要点
>
> 通过更改约束可改变约束类型，接着可以在特征树中双击更改过的约束来进行约束参数编辑。

📖 **操作实例——组件装配约束实例**

操作步骤

7.5视频精讲

01 在菜单中选择【文件】|【打开】命令，弹出【选择文件】对话框，选择 "Assembly_01.CATProduct"，单击【打开】按钮，打开文件进入创成式外形 设计工作台，如图7-57所示。

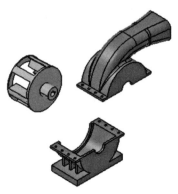

图 7-57　打开文件

02 单击【约束】工具栏上的【相合约束】按钮 🖉，依次选择风机轴线和底座孔轴线，即可完成 约束，如图7-58所示。

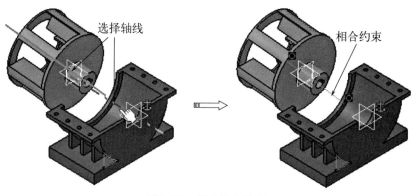

图 7-58　创建相合约束

03 单击【约束】工具栏上的【偏移约束】按钮 🗔，分别选择风机端面和机座端面，弹出【约 束属性】对话框，在【偏移】框中输入距离值–8mm，单击【确定】按钮，如图7-59所示。

图 7-59　创建偏移约束

04 单击【约束】工具栏上的【相合约束】按钮 ◢，依次选择风机轴线和上箱体孔轴线，即可完成约束，如图7-60所示。

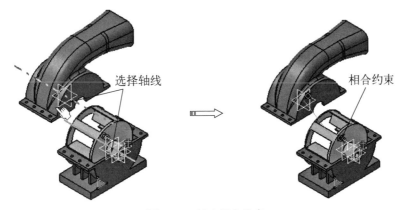

图7-60　创建相合约束

05 单击【约束】工具栏上的【相合约束】按钮 ◢，依次选择上箱体侧面和下座端面，即可完成约束，如图7-61所示。

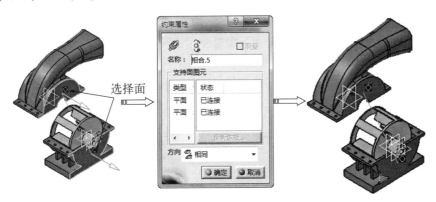

图7-61　创建相合约束

06 单击【约束】工具栏上的【接触约束】按钮 ▦，依次选择上箱体和下座端面，系统自动完成接触约束，如图7-62所示。

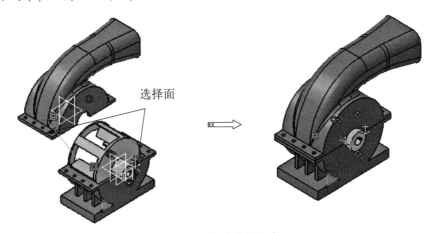

图7-62　创建接触约束

7.6 装配爆炸图

爆炸图是为了了解零部件之间的位置关系，将当前已经完成约束的装配设计进行自动的爆炸操作，并有利于生成二维图纸。下面介绍通过场景创建装配体爆炸图。

7.6.1 创建和退出增强型场景

7.6.1.1 创建增强型场景

单击【场景】工具栏上的【增强型场景】按钮，弹出【增强型场景】对话框，如图7-63所示。

【增强型场景】对话框相关选项参数含义如下：

（1）名称

用于定义场景的名称，如果需要自定义，则需要取消【自动命名】复选框。

图7-63 【增强型场景】对话框

（2）过载模式

用于定义场景创建载入的两种模式：

● 部分：将载入与场景中直接相关的产品的属性及对场景有作用的各种编辑修改。在实际中，所做的修改直接作用于相应的产品。这样可以避免载入过多的属性，以致放慢了载入速度。

● 全部：将与场景相关的全部属性载入场景中，这样生成的场景是相对独立的，所做的修改仅仅适用于场景内容。

单击【确定】按钮，完成场景创建，背景颜色根据选项中的设置发生改变，弹出【增强型场景】工具栏，如图7-64所示。

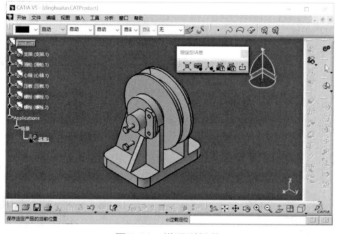

图7-64 增强型场景

7.6.1.2 退出增强型场景

单击【增强型场景】工具栏上的【退出场景】按钮，退出场景，可在设计树中找到它的位置，通过双击即可激活相应的场景。

7.6.2 场景中创建爆炸图

单击【增强型场景】工具栏上的【分解】按钮，弹出【分解】对话框，如图7-65所示。

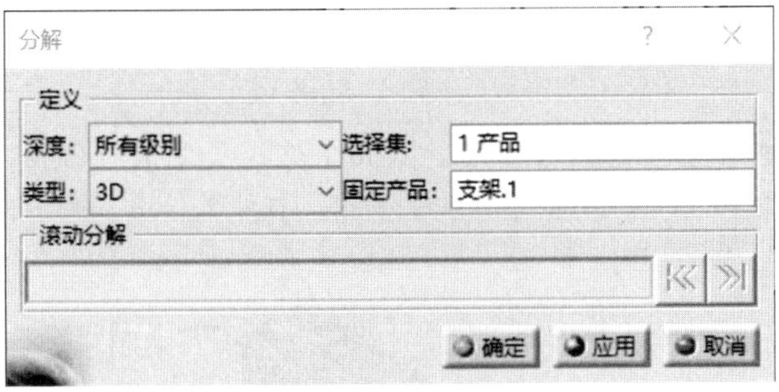

图7-65 【分解】对话框

【分解】对话框相关选项参数含义如下：

（1）深度

用于设置分解的层次，包括以下选项：

● 第一级别：只将装配体下第一层炸开，若其中有子装配，在分解时作为一个部件处理。

● 所有级别：将装配体完全分解，变成最基本的部件等级。

（2）选择集

用于选择将要分解的装配体。

（3）类型

用于设置分解类型，包括以下选项：

● 3D：将装配体在三维空间中分解。

● 2D：装配体分解后投影到XY平面上。

● 受约束：将装配体按照约束条件进行分解。

（4）固定产品

用于选择分解时固定不动的零部件。

7.6.3 装配环境应用场景

在场景中，可将场景中的位置信息应用到装配设计环境中，也可将装配设计环境中的位置信息应用到场景中。

在装配环境中，选择应用到装配场景，单击鼠标右键，选择【场景.×对象】|【在装配上应用场景】|【应用整个场景】命令，可将场景中视图应用到装配环境之中，如图7-66所示。

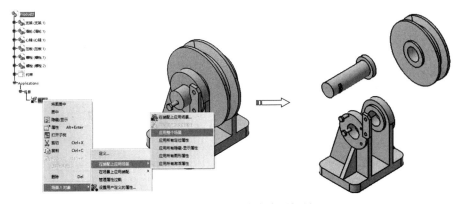

图7-66 装配环境中应用场景

📖 **操作实例——装配爆炸图实例**

7.6视频精讲

操作步骤

01 在菜单中选择【文件】|【打开】命令，弹出【选择文件】对话框，选择
"Assembly_01.CATProduct"，单击【打开】按钮，打开文件进入创成式外形
设计工作台，如图7-67所示。

图7-67　打开文件

02 单击【场景】工具栏上的【增强型场景】按钮，弹出【增强型场景】对话框，【名称】为
"场景1"，【过载模式】为"全部"，单击【确定】按钮进入场景环境，如图7-68所示。

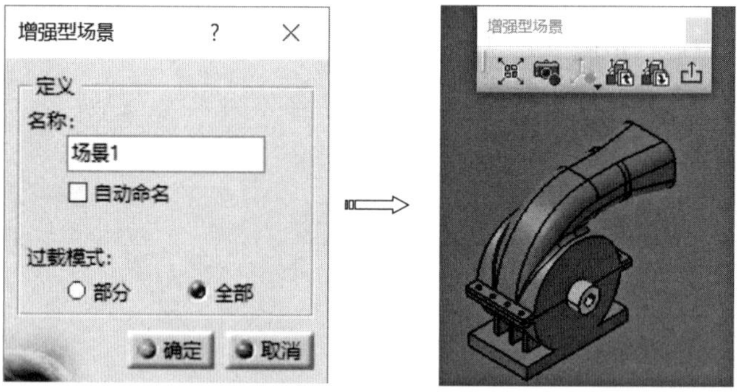

图7-68　进入场景环境

03 单击【增强型场景】工具栏上的【分解】按钮，弹出【分解】对话框，在【深度】框中
选择"所有级别"，激活【选择集】编辑框，在特征树中选择装配根节点（即选择所有的装
配组件）作为要分解的装配组件，在【类型】下拉列表中选择"3D"，如图7-69所示；激活
【固定产品】编辑框，选择如图7-70所示的零件为固定零件。

图7-69　【分解】对话框

固定零件

图7-70　选择固定零件

04 单击【应用】按钮，出现【信息框】对话框，如图7-71所示，提示可用3D指南针在分解视
图内移动产品，并在视图中显示分解预览效果，如图7-72所示。单击【确定】按钮完成关
闭对话框。

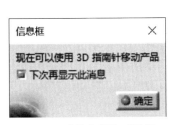

图 7-71　【信息框】对话框

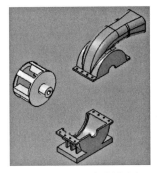

图 7-72　创建的爆炸图

05　单击【增强型场景】工具栏上的【在装配上应用场景】按钮 ，弹出【应用场景 1 在装配上】对话框，如图 7-73 所示。

图 7-73　【应用场景 1 在装配上】对话框 1

06　在【产品选择】框中依次选择各个产品，然后在【属性管理】选项中选择"位置"，单击【确定】按钮完成，如图 7-74 所示。

图 7-74　【应用场景 1 在装配上】对话框 2

07　再次单击【增强型场景】工具栏上的【退出场景】按钮 ，返回装配体环境，如图 7-75 所示。

> ☀ **技术要点**
>
> 　　如果想将分解图恢复到装配状态，可单击【工具】工具栏上的【全部更新】按钮 。

7.7　本章小结

　　本章介绍了 CATIA 装配体基本知识，主要内容有装配方法、加载零件、移动零部件、装配约束和

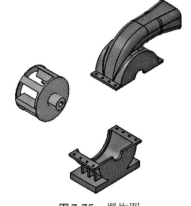

图 7-75　爆炸图

装配分解，希望大家按照讲解方法进行实例练习，掌握装配体设计的方法和流程。

7.8 上机习题（视频）

1. 习题1

如图所示创建一个公制的装配文件，应用加载组件、移动组件、装配约束等命令来完成定滑轮装配。

习题1视频精讲

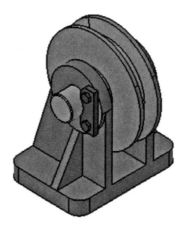

习题1 装配1

2. 习题2

如图所示创建一个公制的装配文件，应用加载组件、移动组件、装配约束等命令来完成滑动轴承座装配。

习题2视频精讲

习题2 装配2

第 **8** 章

工程图设计

使用CATIA工程图模块可方便、高效地创建三维零件的二维图纸，且生成的工程图与模型相关，当模型修改时工程图自动更新。工程图是设计人员与生产人员交流的工具，因此掌握工程图是设计的必然要求。希望通过本章的学习，使读者轻松掌握零件工程图的基本应用。

本章内容

- 工程图概述
- 设置工程图环境
- 创建图纸页
- 设置图框和标题栏
- 创建工程视图
- 创建修饰特征
- 标注尺寸
- 标注粗糙度
- 基准特征和形位公差
- 标注文本

8.1 工程图概述

CATIA 提供了两种制图方法：交互式制图和创成式制图。交互式制图类似于 AutoCAD 设计制图，通过人与计算机之间的交互操作完成；创成式制图从 3D 零件和装配中直接生成相互关联的 2D 图样。无论哪种方式，都需要进入工程制图工作台。

8.1.1 工程图工作台用户界面

在利用CATIA创建工程图时，需要先完成零件或装配设计，然后由三维实体创建二维工程图，这样才能保持相关性，所以在进入CATIA工程图时要求先打开产品或零件模型，然后再转入工程制图工作台，如图8-1所示。

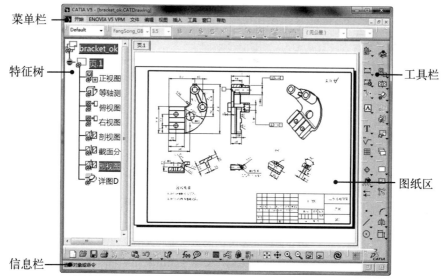

图8-1 工程图工作台界面

CATIA工程图工作台中增加了图纸设计相关命令和操作，其中与工程图有关的菜单有【插入】，与工程图有关的工具栏有【视图】、【工程图】、【标注】、【尺寸标注】、【修饰】等。

（1）工程图设计菜单

进入CATIA工程图设计工作台后，整个设计平台的菜单与其他模式下的菜单有了较大区别，其中【插入】下拉菜单是工程图设计工作台的主要菜单，如图8-2所示。该菜单集中了所有工程图设计命令，当在工具栏中没有相关命令时，可选择该菜单中的命令。

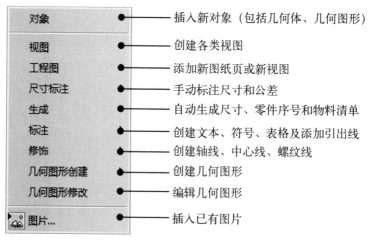

图8-2 【插入】下拉菜单

（2）工程图设计工具栏

利用工程制图工作台中的工具栏命令按钮是启动工程图绘制命令最简便的方法。CATIA的工程制图工作台主要由【工程图】工具栏、【视图】工具栏、【尺寸标注】工具栏、【标注】工具栏、【修饰】工具栏等组成。工具栏显示了常用的工具按钮，单击工具栏右侧的黑色三角，可展开下一级工具栏。

①【工程图】工具栏　【工程图】工具栏命令用于添加新图纸页、创建新视图、实例化2D部件，如图8-3所示。

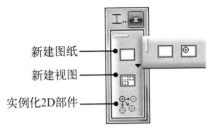

图8-3　【工程图】工具栏

②【视图】工具栏　【视图】工具栏命令提供了多种视图生成方式，可以方便地从三维模型生成各种二维视图，如图8-4所示。

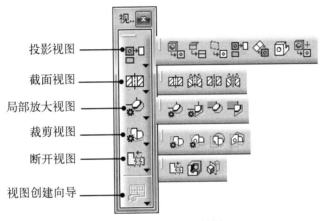

图8-4　【视图】工具栏

③【尺寸标注】工具栏　【尺寸标注】工具栏可以方便地标注几何尺寸和公差、形位公差，如图8-5所示。

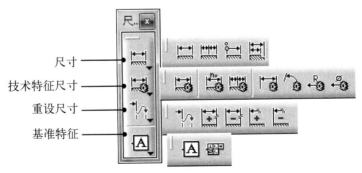

图8-5　【尺寸标注】工具栏

④【标注】工具栏　【标注】工具栏用于文字注释、粗糙度标注、焊接符号标注，如图8-6所示。

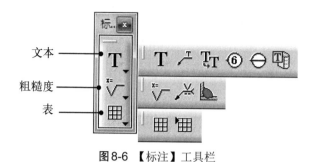

图8-6　【标注】工具栏

⑤【修饰】工具栏　【修饰】工具栏用于中心线、轴线、螺纹线和剖面线的生成，如图8-7所示。

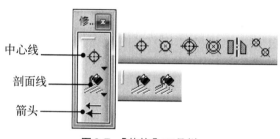

图8-7　【修饰】工具栏

8.1.2　CATIA工程图设计流程

（1）设置工程图环境

CATIA系统自带的制图标准只包含了ISO等几种制图标准，这些制图标准与我国制图标准并不完全一致，因此在使用CATIA生成工程图前需要读者自行建立一个符合我国制图国标的配置文件。

（2）创建图纸页

进入工程图环境后，首先要创建空白的图纸页，相当于机械制图中的白图纸。创建图纸用于创建新的制图文件，并生成第一张图纸。

（3）调用图框和标题栏

完整的工程图要有图框和标题栏，CATIA最简单的方式是直接调用已有的图框和标题栏。

（4）创建工程视图

在工程图中，视图一般使用二维图形表示零件形状信息，而且它也是尺寸标注、符号标注的载体，由不同方向投影得到的多个视图可以清晰完整地表示零件信息。

（5）标注尺寸

尺寸标注是工程图的一个重要组成部分，CATIA提供了方便的尺寸标注功能。

（6）标注符号

CATIA提供了完整的工程图标注功能，包括粗糙度标注、基准特征和形位公差标注等。

8.2　设置工程图环境

在创建工程图之前要设置绘图环境，使其符合国标的基本要求。本书素材文件中GB.xml文件提供了符合我国制图标准的相关配置文件，读者只需按照以下操作复制到指定目录即可完成工程图环境设置。

操作实例——设置工程图环境实例

操作步骤

01 首先将素材文件中的GB.xml文件复制到安装目录…\Dassault Systemes\B27\ win_b64\resources\standard\drafting文件夹中，如图8-8所示。

8.2视频精讲

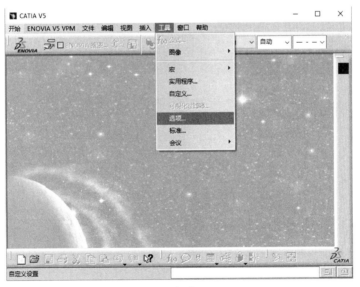

图8-8 复制标准配置文件

02 启动CATIA后首先出现欢迎界面，然后进入CATIA操作界面，如图8-9所示。

图8-9 启动CATIA

03 选择下拉菜单【工具】|【选项】命令，弹出【选项】对话框，在左侧选择【兼容性】选项，单击右侧【IGES】选项卡，在【工程制图】下拉列表中选择"GB"作为工程图标注，如图8-10所示。

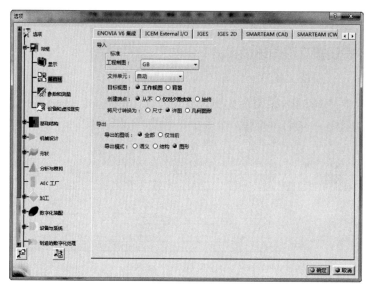

图8-10 制图标准设置

04 在【选项】对话框中选择【机械设计】|【工程制图】选项，单击右侧【布局】选项卡，选中【视图框架】复选框，如图8-11所示。

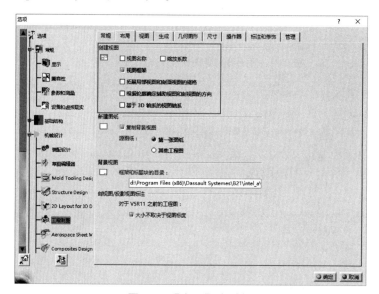

图8-11 【布局】选项卡

💡 **技术要点**

我国的制图标准中视图不需要显示视图名称和视图比例，故取消视图名称和缩放系数复选框。

05 在【选项】对话框中选择【机械设计】|【工程制图】选项，单击右侧【视图】选项卡，选中【生成轴】、【生成螺纹】、【生成中心线】、【生成圆角】复选框，单击圆角后的【配置】按钮，在弹出的【生成圆角】对话框中选中【投影的原始边线】单选按钮，如图8-12所示。依次单击【确定】按钮完成设置。

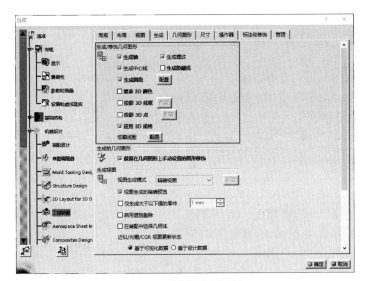

图8-12 【视图】选项卡

06 在【选项】对话框中选择【机械设计】|【工程制图】选项，单击右侧【操作器】选项卡，选中【尺寸操作器】后修改，如图8-13所示。依次单击【确定】按钮完成设置。

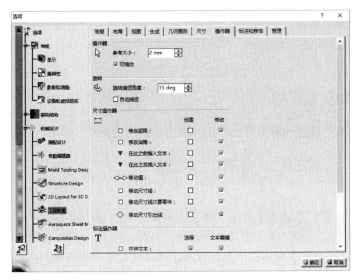

图8-13 【视图】选项卡

8.3 创建图纸页与图框标题栏

进入工程图环境后，首先要创建空白的图纸页，相当于机械制图中的白图纸。创建图纸用于创建新的制图文件，并生成第一张图纸。

8.3.1 创建图纸页

选择菜单栏【文件】|【新建】命令，弹出【新建】对话框，在【类型列表】中选择【Drawing】选项，单击【确定】按钮，在弹出的【新建工程图】对话框中选择标准、图纸样式

等，如图8-14所示。

【新建工程图】对话框相关选项参数含义如下：

（1）标准

选择相应的制图标准，如ISO国际标准、ANSI美国标准、JIS日本标准，由于我国GB多采用国际标准，所以选择GB即可（该GB配置文件需要读者自己安装，CATIA默认没有该选项，具体操作方法见下文"工程图环境设置"）。

（2）图样样式

选择所需的图纸幅面代号。如选择ISO，则对应有A0 ISO、A1 ISO、A2 ISO、A3 ISO、A4 ISO等。

- A0_ISO：国际标准中的A0号图纸，纸张大小为841mm×1189mm。

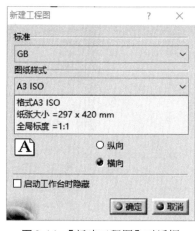

图8-14　【新建工程图】对话框

- A1_ISO：国际标准中的A1号图纸，纸张大小为594mm×841mm。
- A2_ISO：国际标准中的A2号图纸，纸张大小为420mm×594mm。
- A3_ISO：国际标准中的A3号图纸，纸张大小为297mm×420mm。
- A4_ISO：国际标准中的A4号图纸，纸张大小为210mm×297mm。

（3）图纸方向

选择"纵向"和"横向"图纸。

- 纵向：纵向放置图纸。
- 横向：横向放置图纸。

8.3.2　设置图框和标题栏

完整的工程图要有图框和标题栏，CATIA最简单的方式是直接调用已有的图框和标题栏。

📖 **操作实例——创建图纸页与图框标题栏实例**

操作步骤

01 选择菜单栏【文件】|【新建】命令，弹出【新建】对话框，在【类型列表】中选择【Drawing】选项，单击【确定】按钮，如图8-15所示。

02 在弹出的【新建工程图】对话框中选择标准、图纸样式等，如图8-16所示。

8.3视频精讲

图8-15　【新建】对话框

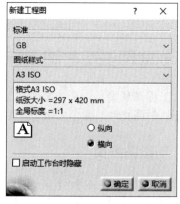

图8-16　【新建工程图】对话框

03 单击【确定】按钮，进入工程制图工作台，选择菜单栏【文件】|【页面设置】命令，系统弹出【页面设置】对话框，如图8-17所示。

04 单击【Insert Background View】按钮，弹出【将元素插入图纸】对话框，单击【浏览】按钮，选择"A3_heng.CATDrawing"的图样样板文件，单击【插入】按钮返回【页面设置】对话框，如图8-18所示。

图8-17 【页面设置】对话框

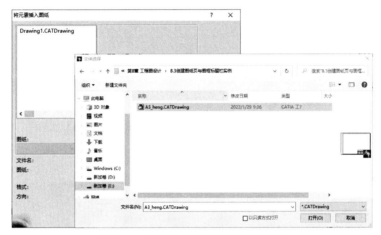

图8-18 【将元素插入图纸】对话框

05 单击【确定】按钮，引入已有的图框和标题栏，如图8-19所示。

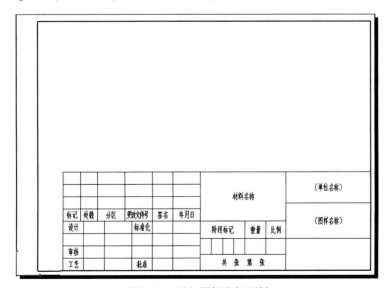

图8-19 引入图框和标题栏

8.4 创建工程视图

在工程图中，视图一般使用二维图形表示零件形状信息，而且它也是尺寸标注、符号标注的载体，由不同方向投影得到的多个视图可以清晰完整地表示零件信息。

8.4.1 创建基本视图

用正投影方法绘制视图称为投影视图。单击【视图】工具栏中【正视图】按钮 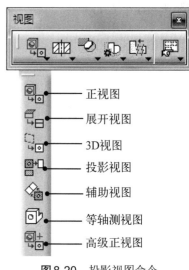 右下角的小三角形，弹出有关视图命令按钮，如图8-20所示。

图8-20 投影视图命令

8.4.1.1 创建正视图

正视图是添加到图纸的第一个视图，最能表达零件整体外观特征，是CATIA工程视图创建的第一步，有了它之后才能创建其他视图、剖视图和断面图等。

单击【视图】工具栏上的【正视图】按钮 ，系统提示：将当前窗口切换到3D模型窗口，切换到零件模型窗口，此时返回三维模型窗口，同时出现如图8-21所示的提示。

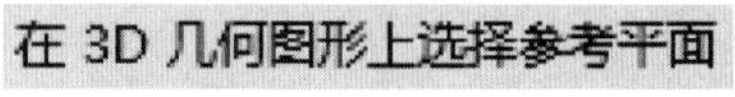

在 3D 几何图形上选择参考平面

图8-21 窗口提示

（1）选择投影平面

选择投影平面用于设置正视图的投影方向，用户可采用以下几种方式：

① 选择平面 选择一个平面作为投影平面，在3D窗口中显示定向预览，转换到视图窗口放置视图，如图8-22所示。

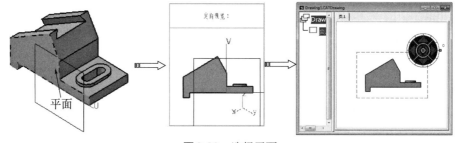

图8-22 选择平面

> 💡 **技术要点**
> 在选择平面上显示U和V方向，系统默认的是图形X和Y方向。

② 选择点和直线 选择一点和一直线作为投影平面，如图8-23所示。

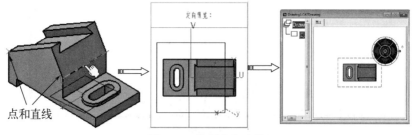

图8-23 选择点和直线

技术要点

三点确定一个平面，U方向指向点方向。

③ 两条直线　两条不平行的直线作为投影平面，如图8-24所示。

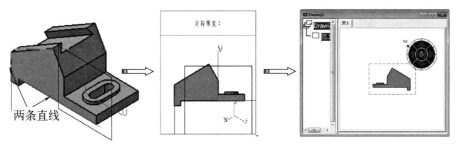

图8-24　选择两条直线

技术要点

第一直线确定为U方向。

④ 三点　三个不共线的点作为投影平面，如图8-25所示。

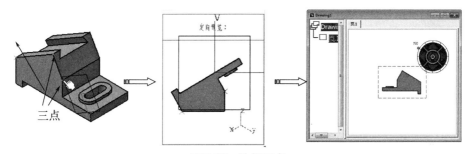

图8-25　选择三点

技术要点

第一点和第二点确定为U方向。

（2）放置视图

放置视图常用以下方法：

① 单击方向控制器中心按钮　调整好视图角度后，单击方向控制器中心按钮或图纸页空白处，即自动创建出实体模型对应的主视图，如图8-26所示。

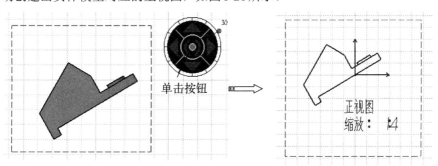

图8-26　单击方向控制器中心按钮放置视图

② 单击图纸页空白处　调整好视图角度后，单击图纸页空白处，即自动创建出实体模型对应的主视图，如图8-27所示。

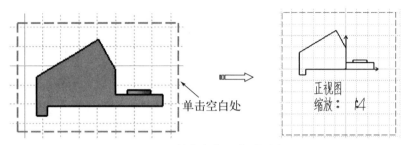

单击空白处

正视图
缩放： 1:1

图8-27　单击空白处放置视图

8.4.1.2　创建投影视图

【投影视图】是从一个已经存在的父视图（通常为正视图）按照投影原理得到的新视图，而且投影视图与父视图存在相关性。投影视图与父视图自动对齐，并且与父视图具有相同的比例。

双击激活投影视图的父视图，单击【视图】工具栏上的【投影视图】按钮🔲，在窗口中出现投影视图预览，移动鼠标至所需视图位置，单击鼠标左键，即生成所需的投影视图，如图8-28所示。

视图预览

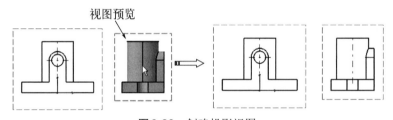

图8-28　创建投影视图

8.4.1.3　创建辅助视图

【辅助视图】用于物体向不平行于基本投影面的平面投影所得的视图，用于表达机件倾斜部分外部表面形状。辅助视图与其父视图的比例相同且保持对齐。

单击【视图】工具栏上的【辅助视图】按钮🔩，选择一条直线作为投影参考边线，移动鼠标单击一点结束视图方向定位，沿投影方向移动鼠标出现预览，移动鼠标到视图所需位置，单击鼠标左键，即生成所需的视图，如图8-29所示。

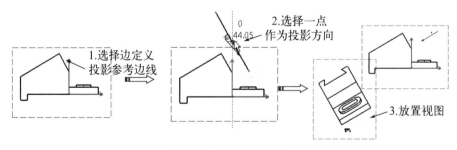

1.选择边定义
投影参考边线

2.选择一点
作为投影方向

3.放置视图

图8-29　创建辅助视图

8.4.1.4　创建等轴测视图

【等轴测视图】是轴测投影方向与轴测投影面垂直时所投影得到的轴测图，为了便于读图，通常作为最后视图添加到图纸上。

单击【视图】工具栏上的【等轴测视图】按钮，在零件窗口中单击模型任意位置，系统返回工程图窗口，利用方向控制器调整视图方位后，单击圆盘中心按钮或图纸页空白处，即创建轴测图，如图8-30所示。

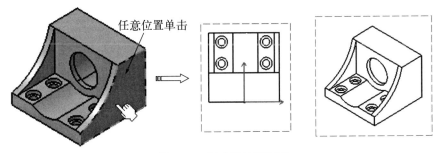

图8-30　创建等轴测视图

> 💡 **技术要点**
>
> 要创建的轴测图满足位置要求，可将模型在零件设计工作台中摆放到合适的视图角度，然后在工程图中再创建轴测图，以满足任意方位轴测图的创建。

8.4.2　创建剖视图

截面视图是用假想剖切平面剖开部件，将处在观察者和剖切平面之间的部分移去，而将其余部分向投影面投影得到图形，包括全剖、半剖、阶梯剖、局部剖等。

单击【视图】工具栏中【偏移剖视图】按钮右下角的小三角形，弹出有关截面视图命令按钮，如图8-31所示。

图8-31　截面视图命令

8.4.2.1　创建偏移剖视图

偏移截面分割即剖面图，只表达形体截面形状，即只显示被剖切平面剖切到的部分。剖面图和剖视图的主要区别在于剖面图只表达形体截面的形状，不显示物体的外轮廓。

（1）全剖视图

【全剖视图】是以一个剖切平面将部件完全分开，移去前半部分，向正交投影面作投影所得的视图。

单击【视图】工具栏上的【偏移剖视图】按钮，选择剖切线第一点，显示【工具控制板】对话框，系统默认为"平行"，然后单击一点作为剖切线第二点，双击鼠标左键，可以结束剖切线的绘制，如图8-32所示。

（2）半剖视图

如果零件的内外形状都需要表示，同时该零件又左右对称时，可以以现有的视图为父视图，建立半剖视图，即一半为剖视图，一般为模型视图。

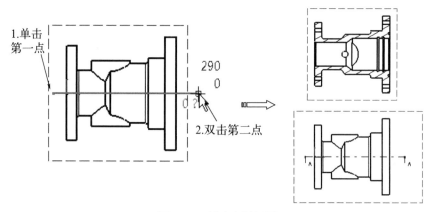

图8-32　创建全剖视图

单击【视图】工具栏上的【偏移剖视图】按钮▣2，选择剖切线第一点，显示【工具控制板】对话框，系统默认为"平行"；单击一点作为剖切线第二点；单击一点作为剖切线第三点；单击一点作为剖切线第四点；双击鼠标左键，可以结束剖切线的绘制，移动鼠标到视图所需位置，单击鼠标左键，即生成所需的半剖视图，如图8-33所示。

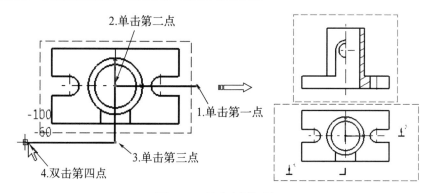

图8-33　创建半剖视图

（3）阶梯剖视图

阶梯剖视图是用几个相互平行的剖切平面剖切机件。

单击【视图】工具栏上的【偏移剖视图】按钮▣2，依次单击4点来定义各剖切平面，在拾取第四点时双击鼠标结束拾取，移动鼠标到视图所需位置，单击鼠标左键，即生成所需的半剖视图，如图8-34所示。

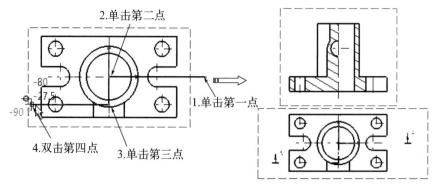

图8-34　创建阶梯剖视图

8.4.2.2　旋转剖视图（对齐剖视图）

【旋转剖视图】主要用于旋转体投影剖视图，当模型特征无法用直角剖切面来表达时，可通过创建围绕轴旋转的剖视图来表示。

单击【视图】工具栏上的【对齐剖视图】按钮，依次单击4点来定义各剖切平面，在拾取第四点时双击鼠标结束拾取，移动鼠标到视图所需位置，单击鼠标左键，即生成所需的旋转剖视图，如图8-35所示。

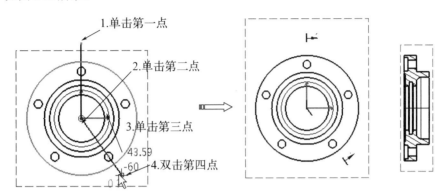

图8-35　创建旋转剖视图

8.4.2.3　剖面图（偏移截面分割）

【剖面图】只表达形体截面形状，即只显示被剖切平面剖切到的部分。

单击【视图】工具栏上的【偏移截面分割】按钮，依次单击两点来定义各剖切平面，在拾取第二点时双击鼠标结束拾取，移动鼠标到视图所需位置，单击鼠标左键，即生成所需的剖面图，如图8-36所示。

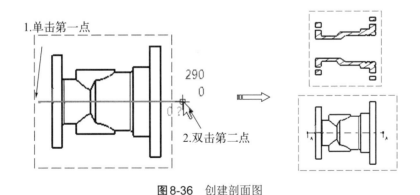

图8-36　创建剖面图

8.4.2.4　旋转剖面图（对齐截面分割）

【旋转剖面图】又称为旋转截面视图，主要表达剖截面的形状，即只显示被剖切平面剖切的部分。

单击【视图】工具栏上的【对齐截面分割】按钮，依次单击4点来定义各剖切平面，在拾取第四点时双击鼠标结束拾取，移动鼠标到视图所需位置，单击鼠标左键，即生成所需的旋转剖面图，如图8-37所示。

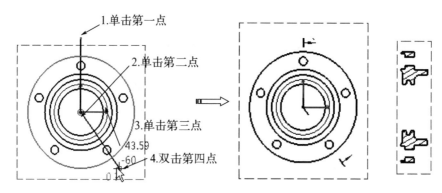

图8-37　创建旋转剖面图

8.4.3　创建断开视图

单击【视图】工具栏中【局部视图】按钮，右下角的小三角形，弹出有关断开视图命令按钮，如图8-38所示。

8.4.3.1　创建局部剖视图

【局部剖视图】是在原来视图基础上对机件进行局部剖切以表达该部件内部结构形状的一种视图。下面通过案例来讲解局部剖视图创建方法和过程。

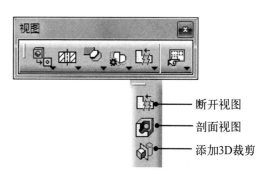

图8-38　断开视图命令

单击【视图】工具栏上的【剖面视图】按钮，连续选取多个点，在最后点处双击封闭形成多边形，如图8-39所示。系统弹出【3D查看器】对话框，选中【动画】复选框，如图8-40所示。

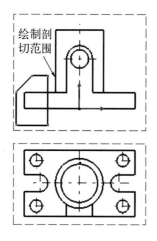

图8-39　绘制剖切范围

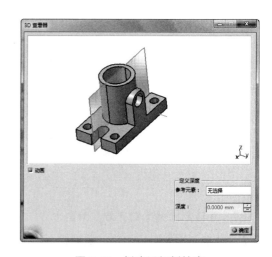

图8-40　创建局部剖轮廓

系统提示：移动平面或使用元素选择平面的位置，激活【3D查看器】对话框中的【参考元素】编辑框，选择工程图窗口中的圆心为剖切位置，单击【确定】按钮，即生成剖面视图，如图8-41所示。

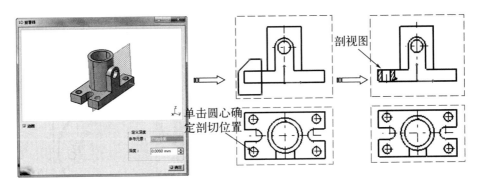

图8-41　创建剖视图

8.4.3.2　创建断开视图

对于较长且沿长度方向形状一致或按一定规律变化的机件，如轴、型材、连杆等，通常采用将视图中间一部分截断并删除，余下两部分靠近绘制，即断开视图。

单击【视图】工具栏上的【局部视图】按钮，选取一点作为第一条断开线位置点，移动鼠标单击确定剖断方向为水平或垂直，并确定第一条断开线；然后单击左键确定第二条断开线位置，在图纸任意位置单击左键，即生成断开视图，如图8-42所示。

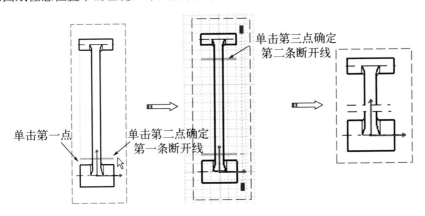

图8-42　创建断开视图

8.4.4　创建局部放大视图

局部放大视图适合把机件视图上某些表达不清楚或不便于标注尺寸细节用放大比例画出时使用。单击【视图】工具栏中【详细视图】按钮右下角的小三角形，弹出有关局部放大视图命令按钮，如图8-43所示。

8.4.4.1　详细视图和快速详细视图

单击【视图】工具栏上的【详细视图】按钮，选择圆心位置，然后再次单击一点确定圆半径，移动鼠标到视图所需位置，单击鼠标，即生成所需的视图，如图8-44所示。

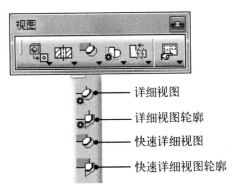

图8-43　局部放大视图命令

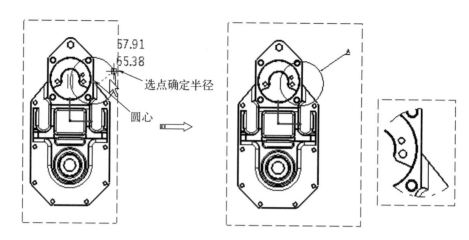

图8-44 创建详细视图

> 💡 **技术要点**
>
> 　　快速详细视图由二维视图直接计算生成，而普通详细视图由三维零件计算生成，因此快速生成局部放大视图比局部放大视图生成速度快。

8.4.4.2　草绘的详图轮廓和草绘的快速详图轮廓

　　草绘的详图轮廓和草绘的快速详图轮廓是将视图中的多边形区域局部放大生成视图。

　　单击【视图】工具栏上的【详细视图轮廓】按钮 🔗，绘制任意的多边形轮廓，双击鼠标左键可使轮廓自动封闭，移动鼠标到视图所需位置，单击鼠标，即生成所需的视图，如图8-45所示。

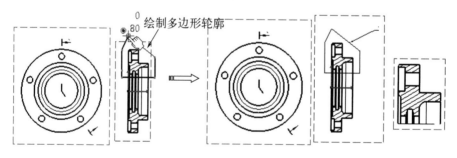

图8-45 创建草绘的详图轮廓

> 💡 **技术要点**
>
> 　　草绘的详图轮廓是对三维视图进行布尔运算后的结果，草绘的快速详图轮廓是由二维视图直接计算生成的视图。

8.4.5　裁剪视图

　　裁剪视图用于通过圆或多边形来裁剪现有视图使其只显示需要的部分。

　　单击【视图】工具栏中【裁剪视图】按钮 🔗 右下角的小三角形，弹出有关裁剪视图命令按钮，如图8-46所示。

8.4.5.1 裁剪视图和快速裁剪视图

裁剪视图和快速裁剪视图是采用圆形区域剪切
视图生成新的视图。

> **技术要点**
>
> 裁剪视图是对三维视图进行布尔运算后的结
> 果，而快速裁剪视图是由二维视图直接计算生成
> 的视图。

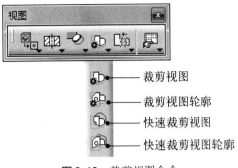

图8-46 裁剪视图命令

单击【视图】工具栏上的【裁剪视图】按钮，选择圆心位置，然后再次单击一点确定圆
半径，即生成所需的视图，如图8-47所示。

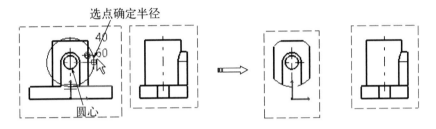

图8-47 创建裁剪视图

8.4.5.2 草绘的裁剪视图轮廓和草绘的快速裁剪视图轮廓

草绘的裁剪视图轮廓和草绘的快速裁剪视图轮廓是使用多边形区域裁剪视图。

> **技术要点**
>
> 草绘的裁剪视图轮廓是对三维视图进行布尔运算后的结果，快速裁剪视图轮廓是由二
> 维视图直接计算生成的视图。

单击【视图】工具栏上的【裁剪视图轮廓】按钮，绘制任意的多边形轮廓，双击鼠标左
键可使轮廓自动封闭，即生成所需的视图，如图8-48所示。

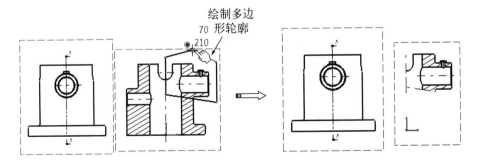

图8-48 创建裁剪视图轮廓

操作实例——创建工程视图实例

操作步骤

1.打开文件

01 选择菜单【文件】|【打开】命令，在弹出【打开】对话框中选择
"gongchengshitu.CATPart"，如图8-49所示。

8.4视频精讲

2.创建正视图

02 单击【视图】工具栏上的【正视图】按钮 ，
系统提示：将当前窗口切换到3D模型窗口，
选择下拉菜单【窗口】|【gongchengshitu.
CATPart】命令，切换到零件模型窗口。

03 选择投影平面。在图形区或特征树上选择如
图8-49所示平面作为投影平面。

04 选择一个平面作为正视图投影平面后，系统
自动返回工程图工作台，拖动绿色旋转按钮
顺时针旋转90°，单击图纸页空白处，即自
动创建出实体模型对应的主视图，如图8-50
所示。

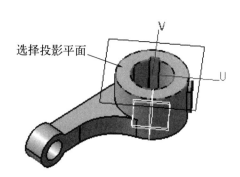

图8-49 选择投影平面

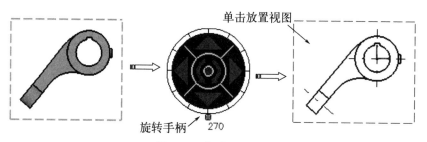

图8-50 创建正视图

3.投影视图和裁剪视图

05 单击【视图】工具栏上的【投影视图】按钮 ，在窗口中出现投影视图预览，移动鼠标至
所需视图位置，单击鼠标左键，即生成所需的投影视图，如图8-51所示。

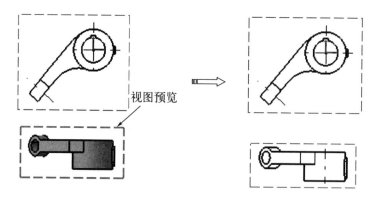

图8-51 创建投影视图

06 双击激活投影视图，单击【视图】工具栏上的【裁剪视图】按钮 ，选择圆心位置，然后

再次单击一点确定圆半径，即生成所需的视图，如图8-52所示。

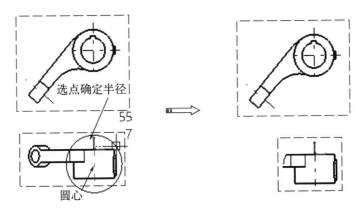

图8-52　创建裁剪视图

4.向视图和裁剪视图

07 单击【视图】工具栏上的【辅助视图】按钮，单击一点来定义线性方向，选择一条直线，系统自动生成一条与选定直线平行的投影线，移动鼠标单击一点结束视图方向定位，移动鼠标到视图所需位置，单击鼠标左键，即生成所需的视图，如图8-53所示。

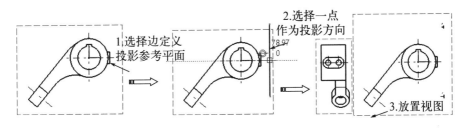

图8-53　创建辅助视图

08 双击激活投影视图，单击【视图】工具栏上的【裁剪视图】按钮，选择圆心位置，然后再次单击一点确定圆半径，即生成所需的视图，如图8-54所示。

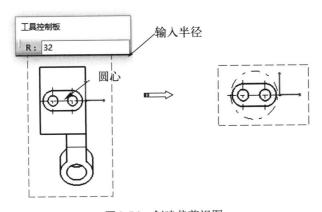

图8-54　创建裁剪视图

5.向视图和裁剪视图

09 单击【视图】工具栏上的【辅助视图】按钮，单击一点来定义线性方向，选择一条直线，系统自动生成一条与选定直线平行的投影线，移动鼠标单击一点结束视图方向定位，沿投影方向移动鼠标，出现预览，如图8-55所示。

10 移动鼠标到视图所需位置，单击鼠标左键生成所需视图，如图8-55所示。

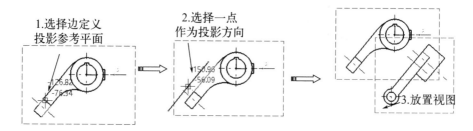

图8-55　创建辅助视图

11 双击激活投影视图，单击【视图】工具栏上的【裁剪视图】按钮 ，选择圆心位置，然后再次单击一点确定圆半径，即生成所需的视图，如图8-56所示。

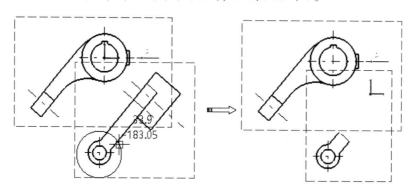

图8-56　创建裁剪视图

8.5　创建修饰特征

为了能够更加清楚地区分轴、孔、螺纹孔等部件，往往需要对其添加中心线或轴线，这些就是所谓的修饰元素。被修饰后的元素只能在工程绘图窗口中看见，而不会影响实体的构型。

8.5.1　创建中心线和轴线

用于生成中心线、螺纹线、轴线等。单击【标注】工具栏中【中心线】按钮 右下角的小三角形，弹出有关生成中心线命令按钮，如图8-57所示。

8.5.1.1　无参考的中心线

用于生成圆中心线。

单击【修饰】工具栏上的【中心线】按钮 ，选择圆系统自动生成中心线。单击中心线的控制点，将其拖动到合适位置，在视图空白处单击完成绘制，如图8-58所示。

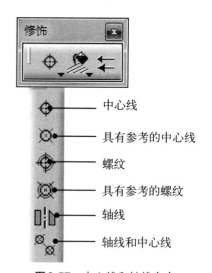

图8-57　中心线和轴线命令

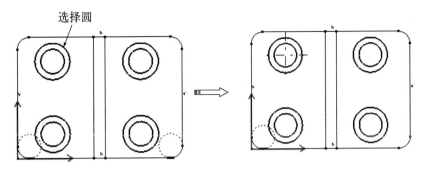

图 8-58 创建中心线

💡 **技术要点**

创建中心线后，单击中心线，在中心线的端点处将出现4个操作符号，可以拖动这些符号使中心线延伸或缩短，如只需要调整一个端点的位置，可以在拖动时按住Ctrl键。

8.5.1.2 具有参考的中心线

用于参考其他元素生成中心线，常用于标注呈环形分布的孔。

单击【修饰】工具栏上的【具有参考的中心线】按钮 ⊠，选中圆，选中参考的元素，中心线自动生成，如图8-59所示。

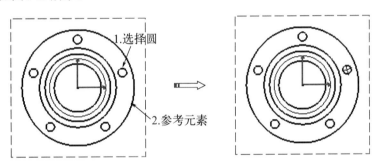

图 8-59 创建具有参考的中心线

8.5.1.3 无参考的螺纹

用于生成螺纹线。

单击【修饰】工具栏上的【螺纹】按钮 ⊕，弹出【工具控制板】工具栏，选择内螺纹或外螺纹，选择圆，系统自动创建螺纹线，如图8-60所示。

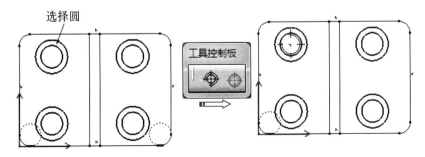

图 8-60 创建螺纹线

8.5.1.4 具有参考的螺纹

用于参考其他元素生成螺纹线，常用于标注呈环形分布的螺纹孔。

单击【修饰】工具栏上的【具有参考的螺纹】按钮 ▧，弹出【工具控制板】工具栏，选择内螺纹或外螺纹，选中圆，选中参考的元素，螺纹线自动生成，如图8-61所示。

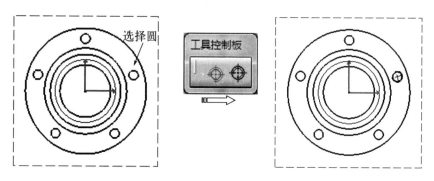

图8-61 创建具有参考的螺纹

8.5.1.5 轴线

用于生成轴线。

单击【修饰】工具栏上的【轴线】按钮 ▥，选中两条直线，轴线自动生成，如图8-62所示。

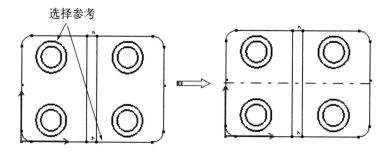

图8-62 创建轴线

8.5.1.6 轴线和中心线

用于生成轴线和中心线。

单击【修饰】工具栏上的【轴线和中心线】按钮 ▨，选中两个圆，则自动生成两圆之间的轴线和中心线，如图8-63所示。

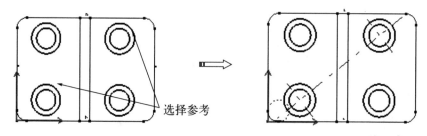

图8-63 创建轴线和中心线

8.5.2 创建填充剖面线

用于生成剖面线等。单击【标注】工具栏中【创建区域填充】按钮 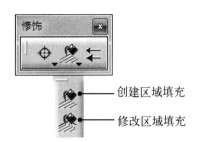 右下角的小三角形，弹出有关生成剖面线命令按钮，如图8-64所示。

图8-64 填充剖面线命令

8.5.2.1 创建区域填充

用于生成剖面线。

单击【修饰】工具栏上的【创建区域填充】按钮 ，弹出【工具控制板】工具栏，按下【自动检测】按钮 ，选择填充区域，系统自动填充剖面线，如图8-65所示。

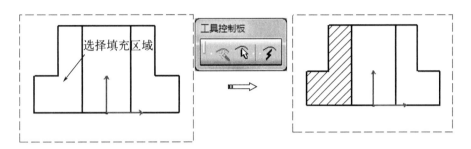

图8-65 创建区域填充

8.5.2.2 修改区域填充

【修改区域填充】用于切换剖面线填充区域，即如果对填充的剖面线不满意或填充区域选择错误，可使用该命令，在不删除原来剖面线的前提下来重新填充。

单击【修饰】工具栏上的【修改区域填充】按钮 ，选择已填充区域，系统弹出【工具控制板】工具栏，按下【自动检测】按钮 ，选择要填充的区域，系统自动将剖面线切换到新区域，如图8-66所示。

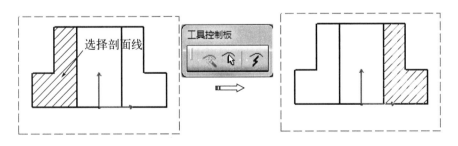

图8-66 修改区域填充

8.5.3 标注箭头

用于增加箭头符号。

单击【修饰】工具栏上的【箭头】按钮 ，选择一个点作为起点，单击另外一点作为终点，系统自动增加箭头符号，如图8-67所示。

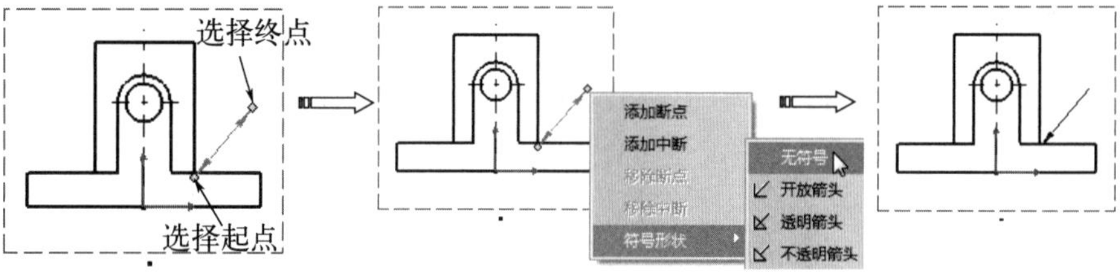

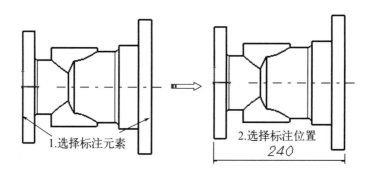

图 8-67　标注箭头

8.6　标注尺寸

尺寸标注是工程图的一个重要组成部分，直接影响到实际的生产和加工。CATIA 提供了方便的尺寸标注功能。

8.6.1　标注工程图尺寸

CATIA 提供了多种尺寸标注方式，集中在【尺寸标注】工具栏中。

8.6.1.1　尺寸

【尺寸】命令是一种推导式尺寸标注，可根据用户选择的标注元素自动生成相应尺寸标注，可以产生长度、角度、直径、半径等尺寸标注。

单击【尺寸标注】工具栏上的【尺寸】按钮 ⊞，弹出【工具控制板】工具栏，选择需要标注的元素，移动鼠标使尺寸移到合适位置，单击鼠标左键，系统自动完成尺寸标注，如图 8-68 所示。

图 8-68　创建尺寸标注

8.6.1.2　链式尺寸

【链式尺寸】用于创建链式尺寸标注，如果要删除一个尺寸，所有的尺寸都被删除，移动一个尺寸，所有尺寸全部移动。

单击【尺寸标注】工具栏上的【链式尺寸】按钮 ▦，弹出【工具控制板】工具栏，选中第一个点或线，选中其他的点或线，移动鼠标使尺寸移到合适位置，单击鼠标左键，系统自动完成尺寸标注，如图 8-69 所示。

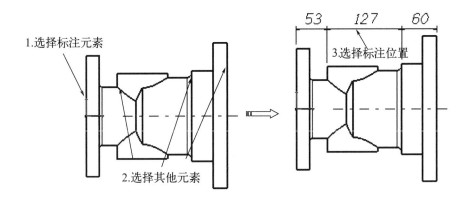

图 8-69　创建链式尺寸标注

8.6.1.3　堆叠式尺寸

【堆叠式尺寸】用于以一个点或线为基准创建阶梯式尺寸标注。

单击【尺寸标注】工具栏上的【堆叠式尺寸】按钮 ，弹出【工具控制板】工具栏，选中第一个点或线，选中其他的点或线，移动鼠标使尺寸移到合适位置，单击鼠标左键，系统自动完成尺寸标注，如图 8-70 所示。

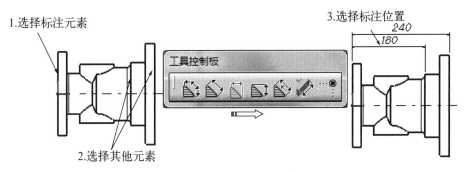

图 8-70　创建堆叠式尺寸标注

8.6.1.4　长度/距离尺寸

【长度/距离尺寸】用于标注长度和距离。

单击【尺寸标注】工具栏上的【长度/距离尺寸】按钮 ，弹出【工具控制板】工具栏，选中所需元素，移动鼠标使尺寸移到合适位置，单击鼠标左键，系统自动完成尺寸标注，如图 8-71 所示。

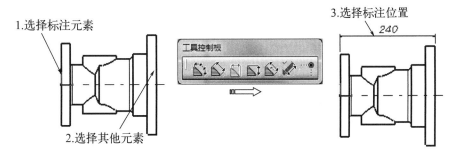

图 8-71　创建长度/距离尺寸标注

8.6.1.5 角度尺寸

【角度尺寸】用于标注角度。

单击【尺寸标注】工具栏上的【角度尺寸】按钮 ，弹出【工具控制板】工具栏，选中所需元素，移动鼠标使尺寸移到合适位置，单击鼠标左键，系统自动完成尺寸标注，如图8-72所示。

图8-72   创建角度尺寸标注

8.6.1.6 半径尺寸

【半径尺寸】用于标注半径。单击【尺寸标注】工具栏上的【半径尺寸】按钮 ，弹出【工具控制板】工具栏，选中所需元素，移动鼠标使尺寸移到合适位置，单击鼠标左键，系统自动完成尺寸标注，如图8-73所示。

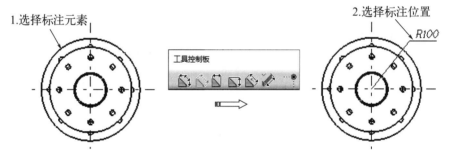

图8-73   创建角度尺寸标注

8.6.1.7 直径尺寸

【直径尺寸】用于标注直径。单击【尺寸标注】工具栏上的【直径尺寸】按钮 ，弹出【工具控制板】工具栏，选中所需元素，移动鼠标使尺寸移到合适位置，单击鼠标左键，系统自动完成尺寸标注，如图8-74所示。

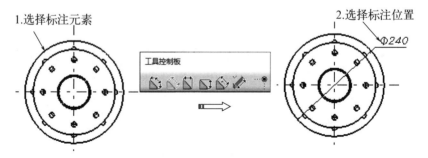

图8-74   创建直径尺寸标注

8.6.1.8 倒角尺寸

【倒角尺寸】用于标注倒角尺寸。单击【尺寸标注】工具栏上的【倒角尺寸】按钮，弹出【工具控制板】工具栏，选择角度类型，然后选中欲标注的线，选择参考线或面，移动鼠标使尺寸移到合适位置，单击鼠标左键，系统自动完成尺寸标注，如图8-75所示。

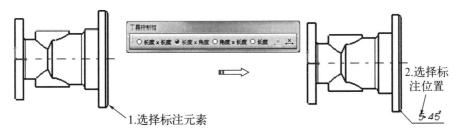

图8-75 创建倒角尺寸标注

8.6.1.9 螺纹尺寸

【螺纹尺寸】用于标注关联螺纹尺寸。单击【尺寸标注】工具栏上的【螺纹尺寸】按钮，弹出【工具控制板】工具栏，选中螺纹线，系统自动完成尺寸标注，如图8-76所示。

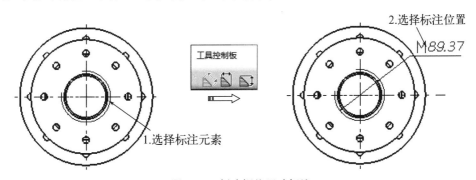

图8-76 创建螺纹尺寸标注

8.6.2 使用文本标注尺寸

在工程图中有时可采用文本方式注释图形的尺寸，例如标注中心孔尺寸参数。

单击【标注】工具栏上的【带引线的文本】按钮，选中引出线箭头所指位置，选中欲标注文字的位置，弹出【文本编辑器】对话框，输入文字（可以通过选择字体输入汉字），单击【确定】按钮，完成文字添加，如图8-77所示。

图8-77 带引线的文本

📖 **操作实例**——标注尺寸实例

操作步骤

01 选择菜单【文件】|【打开】命令，在弹出的【打开】对话框中选择 "biaozhuchicun.CATDrawing"，进入工程制图工作台，如图8-78所示。

02 单击【尺寸标注】工具栏上的【尺寸】按钮 🖳，弹出【工具控制板】工具栏，选择需要标注的元素，移动鼠标使尺寸移到合适位置，单击鼠标左键，系统自动完成尺寸标注，如图8-79所示。

8.6视频精讲

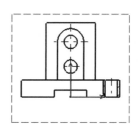

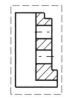

图8-78 打开制图文件

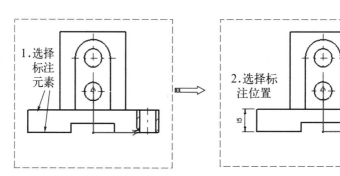

图8-79 标注长度尺寸

03 重复上述尺寸标注过程，标注其他尺寸，如图8-80所示。

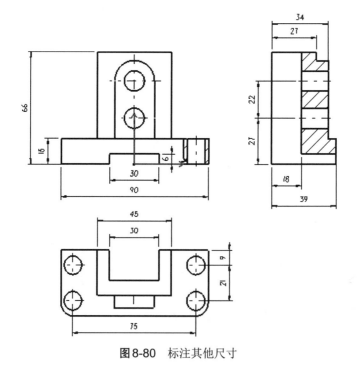

图8-80 标注其他尺寸

04 选择22尺寸，激活【尺寸属性】工具栏，选择尺寸文字标注样式，选择公差样式【TOL_0.7】，在【偏差】框中输入"+0.02/–0.03"，按Enter键确定，如图8-81所示。

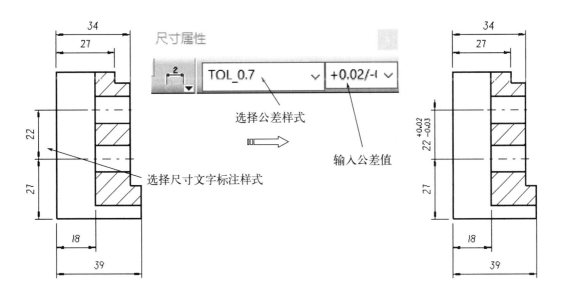

图8-81　设置尺寸公差

05 单击【尺寸标注】工具栏上的【直径尺寸】按钮，弹出【工具控制板】工具栏，选中所需元素，移动鼠标使尺寸移到合适位置，单击鼠标左键，单击标注文本前操作器，弹出【之前插入文本】对话框，输入"2-"，单击【确定】按钮系统自动完成尺寸标注，如图8-82所示。

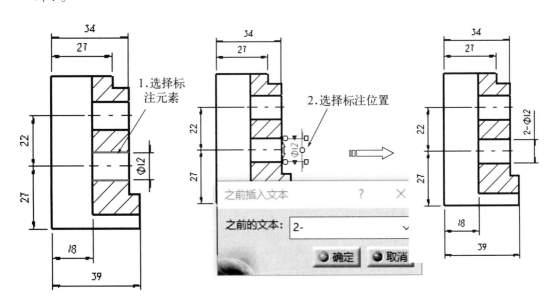

图8-82　创建直径尺寸标注

06 重复上述尺寸标注过程，标注其他尺寸，如图8-83所示。

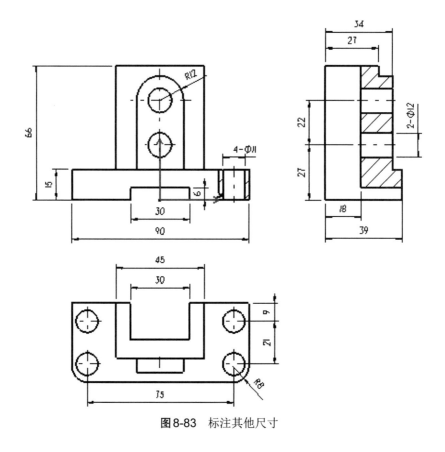

图 8-83   标注其他尺寸

8.7   标注粗糙度

零件表面粗糙度对零件的使用性能和使用寿命影响很大。因此，在保证零件的尺寸、形状和位置精度的同时，不能忽视表面粗糙度的影响。

单击【标注】工具栏上的【粗糙度符号】按钮 ，选择粗糙度符号所在位置，在弹出的【粗糙度符号】对话框中输入粗糙度的值、选择粗糙度类型，单击【确定】按钮即可完成粗糙度符号标注，如图 8-84 所示。

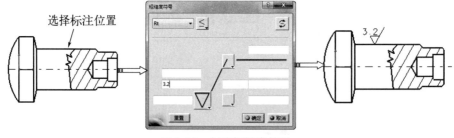

图 8-84   创建粗糙度符号

8.8   基准特征和形位公差

零件在加工后形成的各种误差是客观存在的，除了尺寸误差外，还存在着形状误差和位置误差。工程图标注完尺寸之后，就要为其标注形状和位置公差。

CATIA V5R21中提供的公差功能主要包括基准特征和形位公差等。单击【尺寸标注】工具栏中【基准特征】按钮 A 右下角的小三角形，弹出有关标注公差命令按钮，如图8-85所示。

基准特征 —— A
形位公差 ——

图8-85 标注公差命令

8.8.1 标注基准特征符号

【基准特征】用于在工程图上标注基准，基准特征符号用加粗的短画线表示，由基准符号、圆圈（方框）、连线和字母组成。

单击【尺寸标注】工具栏上的【基准特征】按钮 A ，再单击图上要标注基准的直线或尺寸线，出现【创建基准特征】对话框，在对话框中输入基准代号，单击【确定】按钮，则标注出基准特征，如图8-86所示。

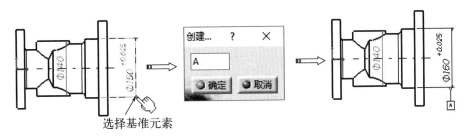

图8-86 创建基准特征

8.8.2 创建形位公差

【形位公差】用于在工程图上标注形位公差。形位公差代号包括形位公差特征项目符号、形位公差框格和指引线、形位公差数值、基准符号等。

单击【尺寸标注】工具栏上的【形位公差】按钮 ，再单击图上要标注公差的直线或尺寸线，出现【形位公差】对话框，设置形位公差参数，单击【确定】按钮，完成形位公差标注，如图8-87所示。

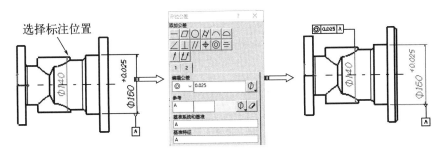

图8-87 标注形位公差

💡 **技术要点**

如果箭头与选择对象表面垂直，在选择对象时同时按住Shift键，另外调整公差框位置时可按住Shift键和鼠标左键进行微调。

8.9　文本

标注文本是指在工程图中添加文字信息说明。

8.9.1　标注文本

单行文本主要用于制作不要使用多种字体的剪断内容，如规格说明、标签等。

单击【标注】工具栏上的【文本】按钮 T ，选择欲标注文字的位置，弹出【文本编辑器】对话框，输入文字（可以通过选择字体输入汉字），单击【确定】按钮，完成文字添加，如图8-88所示。

图8-88　创建文本

> 💡 **技术要点**
> 如果要输入多行文本，可按Shift键+Enter键进行换行。

8.9.2　带引线的文本

【带引线的文本】用于标注带引出线的文字。

单击【标注】工具栏上的【带引线的文本】按钮 ，选中引出线箭头所指位置，选中欲标注文字的位置，弹出【文本编辑器】对话框，输入文字（可以通过选择字体输入汉字），单击【确定】按钮，完成文字添加，如图8-89所示。

图8-89　带引线的文本

8.10　本章小结

本章介绍了CATIA工程图绘制方法和过程，主要内容有设置工程图环境、创建图纸页、创建工程视图、修饰特征、标注尺寸、标注粗糙度等。通过本章的学习可以熟悉CATIA工程图绘制的方法和流程，希望大家按照讲解方法进行实例练习。

8.11 上机习题（视频）

1. 习题1

应用工程图相关命令创建习题1所示的转子轴。

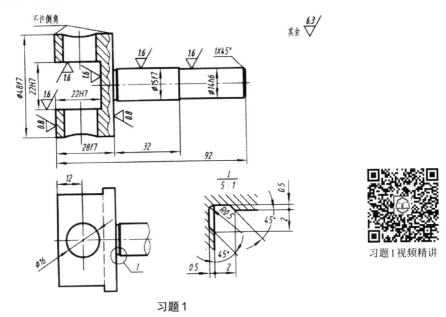

习题1视频精讲

习题1

2. 习题2

应用工程图相关命令创建习题2所示的端盖。

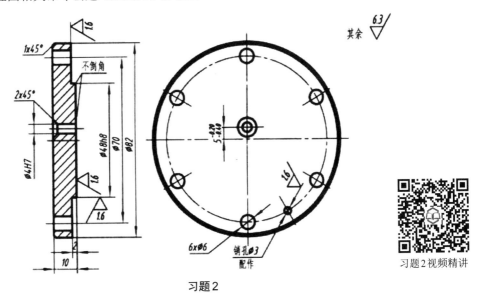

习题2视频精讲

习题2

第 **9** 章

DMU 运动仿真技术

CATIA运动仿真是数字样机（Digital Mock-Up，DMU）功能之一，运动仿真是数字化技术全面应用于产品开发过程的方案论证、功能展示、设计定型和结构优化阶段的必要技术环节。

本章将介绍DMU运动仿真模块相关知识，包括创建机械装置、创建运动接合、速度和加速度、运动仿真模拟与动画等。

本章内容

- ◉ DMU 运动仿真简介
- ◉ 创建机械装置
- ◉ 创建运动接合
- ◉ 速度和加速度
- ◉ 运动仿真模拟与动画

9.1　DMU 运动仿真模块概述

CATIA V5运动仿真是数字样机（Digital Mock-Up，DMU）功能之一，DMU运动仿真就是利用计算机呈现的、可替代物理样机功能的虚拟现实。通过运动仿真可模拟机构的运动，并分析其运动相关性能参数。

9.1.1　DMU 运动仿真工作台

要进行运动仿真和分析，首先要进入DMU运动仿真工作台环境中，常用进入运动仿真工作台方法如下：

（1）系统没有开启任何文件

选择【开始】|【数字化装配】|【DMU运动机构】命令，如图9-1

所示，进入DMU运动仿真工作台，如图9-2所示。

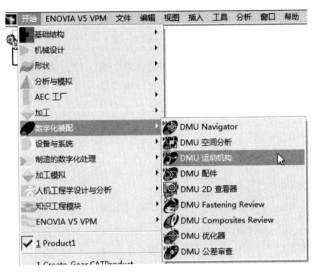

图9-1　【开始】菜单命令

（2）当开启文件在其他工作台

当开启文件在其他工作台，执行【开始】|【形状】|【FreeStyle】命令，系统将零件切换到自由曲面设计工作台。

9.1.2　DMU运动仿真工作台用户界面

CATIA运动仿真工作台中增加了机构运动的相关命令和操作，其中与运动仿真有关的菜单有【插入】菜单，与运动仿真有关的工具栏有【DMU运动机构】、【运动机构更新】、【DMU空间分析】、【DMU一般动画】等，如图9-2所示。

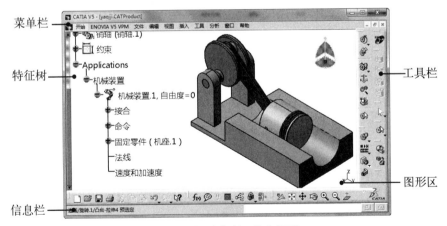

图9-2　运动仿真工作台界面

9.1.2.1　DMU运动仿真菜单

进入CATIA运动仿真工作台后，整个设计平台的菜单与其他模式下的菜单有了较大区别，其中【插入】下拉菜单是运动仿真工作台的主要菜单，如图9-3所示。该菜单集中了所有运动仿真命令，当在工具栏中没有相关命令时，可选择该菜单中的命令。

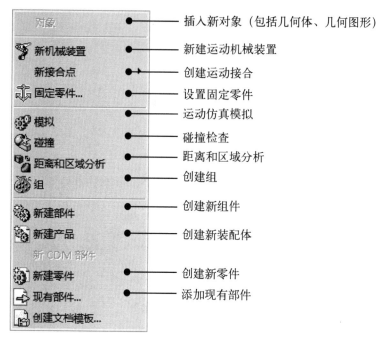

图9-3 【插入】下拉菜单

9.1.2.2 DMU运动仿真工具栏

利用运动仿真工作台中的工具栏命令按钮是启动工程图绘制命令最简便的方法。CATIA的运动仿真工作台主要由【DMU运动机构】工具栏、【运动机构更新】工具栏、【DMU空间分析】工具栏、【DMU一般动画】工具栏等组成。工具栏显示了常用的工具按钮，单击工具右侧的黑色三角，可展开下一级工具栏。

（1）【DMU运动机构】工具栏

【DMU运动机构】工具栏命令用于创建各种运动接合以及固定零件，并进行机构模拟，如图9-4所示。

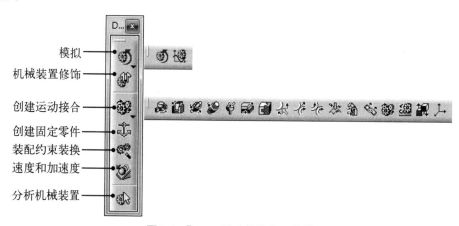

图9-4 【DMU运动机构】工具栏

（2）【运动机构更新】工具栏

【运动机构更新】工具栏用于运动约束改变后的位置更新、子机械装置导入和动态仿真后的机械装置初始位置重置等，如图9-5所示。

（3）【DMU空间分析】工具栏

【DMU空间分析】工具栏用于空间距离、干涉及运动范围分析，如图9-6所示。

图9-5 【运动机构更新】工具栏

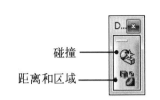

图9-6 【DMU空间分析】工具栏

（4）【DMU一般动画】工具栏

【DMU一般动画】工具栏用于运动仿真的动画制作、管理以及部分运动分析功能，如图9-7所示。

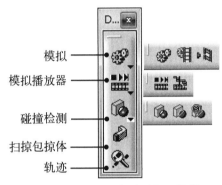

图9-7 【DMU一般动画】工具栏

9.1.2.3 运动仿真特征树

在运动仿真分析中，产品的特征树在【Applications】节点下出现了运动仿真专用子节点，如图9-8所示。

（1）机械装置

机械装置节点用于记录机械仿真，其中"机械装置.1"为第一个运动机构，一个机械装置可以具有多个运动机构。

（2）自由度

自由度显示仿真机构可动零部件的全部自由度。如果显示"自由度=0"，表示固定件完成，接合设置完毕，可以进行运动模拟。

（3）接合

接合显示仿真机构已经创建的所有运动副。

（4）命令

命令记录机构仿真的驱动命令数量和驱动位置。

（5）固定零件

固定零件显示记录被设计者固定的零部件。固定零件是仿真机构必需的，一个运动机构只能有一个固定的零部件，其他要求固定的零件可采用与已固定件刚性连

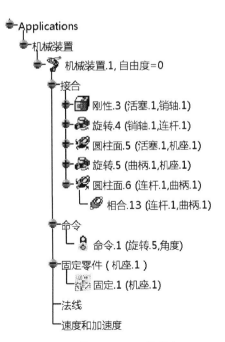

图9-8 【Applications】节点

接的方式进行处理。

（6）法线

法线用以记录由设计者固定的、以公式或程序形式存在的、规定机构运动方式的函数或指令集。指定运动函数或动作程序是运动机构仿真过程中一些运动参数（如速度、加速度、运动轨迹）测量与分析的基础。

（7）速度和加速度

速度和加速度是显示仿真机构中被放置了用于测量某一零部件或某点速度与加速度的传感器，该传感器在运动分析时可激活，采集的信息可以图形或数据形式供设计人员查看。

9.1.3　DMU运动仿真分析流程

将仿真零件按照技术要求进行装配。需要注意的是，在能满足合理装配的前提下，尽量减少约束条件以免造成约束之间互相干涉，影响运动仿真效果。通常需要以下步骤：

（1）创建机械装置

进入运动仿真工作台后，在进行DMU运动仿真之前需要建立运动仿真机械装置。

（2）创建运动接合

创建运动接合是进行DMU运动机构分析的重要步骤，包括固定零件、旋转接合、棱形接合、圆柱接合等。

（3）运动仿真模拟

在DMU运动机构中提供了2种模拟方式：使用命令进行模拟和使用法则曲线进行模拟。

（4）运动仿真动画

在DMU运动机构中，可实现运动仿真的动画制作、管理。

9.2　创建机械装置

在进行DMU运动仿真之前，需要建立运动仿真机械装置。

选择下拉菜单【插入】|【新机械装置】命令，系统自动在特征树的【Applications】节点下生成"机械装置"节点，如图9-9所示。

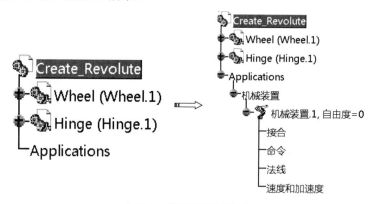

图9-9　创建新机械装置

9.3　创建运动接合

创建运动接合是进行DMU运动机构分析的重要步骤，CATIA提供强大的接合方式，运动接合相关命令集中在【DMU运动机构】工具栏中的命令按钮下，下面分别加以介绍。

9.3.1　固定零件

在每个机构中，固定零件是不可缺少的参考组件。机构运动是相对于固定零件进行的，因此正确地指定机构的固定零件才能够达到正确的运动结果。

单击【DMU运动机构】工具栏上的【固定零件】按钮，弹出【新固定零件】对话框，在图形区选择需要固定的零件，对话框自动消失，在特征树【固定零件】节点下增加固定选项，如图9-10所示。

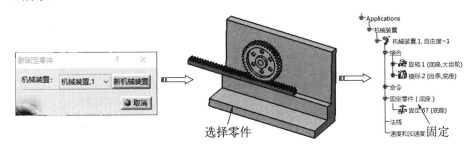

图9-10　固定零件

9.3.2　旋转接合

【旋转接合】是指两个构件之间的相对运动为转动的运动副，也称为铰链。创建时需要指定两条相合轴线及两个轴向限制。

单击【DMU运动机构】工具栏中的【旋转接合】按钮，弹出【创建接合：旋转】对话框，在图形区分别选中几何模型的轴线1和轴线2，并选择两个平面作为轴向限制面，如图9-11所示。

【创建接合：旋转】对话框相关选项参数含义如下：

（1）直线1和直线2

用于选择旋转轴线，如图9-12所示。

图9-11　【创建接合：旋转】对话框

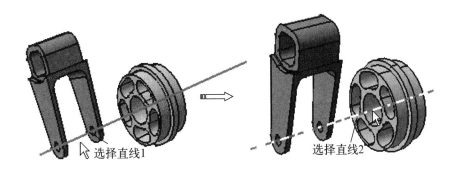

图9-12　选择直线

（2）平面1和平面2

限制平面用于限制零件在轴线方向上的位置，通常要求限制平面垂直所选择轴线，如图9-13所示。

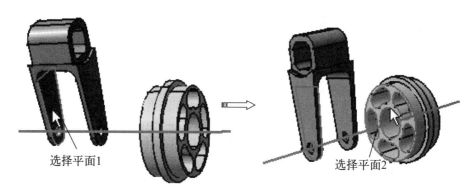

图9-13 选择平面

9.3.3 棱形接合

【棱形接合】是指两个构件之间的相对运动为沿某一条公共直线滑动的运动副，也称为铰链。创建时需要指定两条相合直线以及与直线平行或重合的两个相合平面。

单击【DMU运动机构】工具栏中的【棱形接合】按钮，弹出【创建接合：棱形】对话框，如图9-14所示。

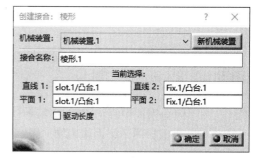

图9-14 【创建接合：棱形】对话框

棱形运动接合需要选择两条直线和两个平面：

（1）直线1和直线2

用于选择直线运动轴线，如图9-15所示。

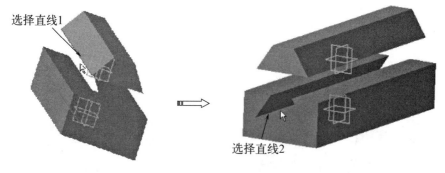

图9-15 选择直线

（2）平面1和平面2

限制平面用于限制零件在移动方向上的位置，通常要求限制平面平行于所选择轴线，如图9-16所示。

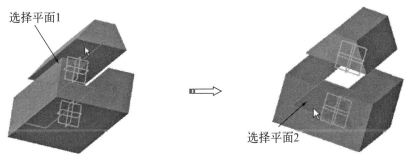

图9-16　选择平面

9.3.4　圆柱接合

【圆柱接合】是指两个构件之间沿公共轴线转
动又能像棱形副一样沿着该轴线滑动的运动副，如
钻床摇臂运动。

单击【DMU运动机构】工具栏中的【圆柱接
合】按钮，弹出【创建接合：圆柱面】对话框，
如图9-17所示。

【创建接合：圆柱面】对话框中创建圆柱面结
合时需要指定两条相合直线，如图9-18所示。

图9-17　【创建接合：圆柱面】对话框

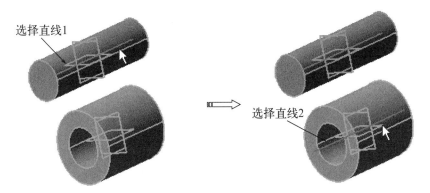

图9-18　选择直线

9.3.5　螺钉接合

【螺钉接合】是指两个构件之间沿公共轴线转
动以及沿该轴线以螺距为步距移动的联动运动副，
如机床上丝杠螺母运动。

单击【DMU运动机构】工具栏中的【圆柱接
合】按钮，弹出【创建接合：螺钉】对话框，
如图9-19所示。

【创建接合：螺钉】对话框相关选项参数含义
如下：

（1）直线1和直线2

图9-19　【创建接合：螺钉】对话框

用于指定两条相合轴线，如图9-20所示。

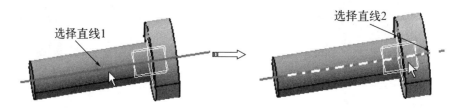

图9-20　选择直线

（2）螺距

用于设置沿着相合轴线旋转一周的距离。

9.3.6　球面接合

【球面接合】是指两个构件之间仅被一个公共点或一个公共球面约束的多自由度运动副，可实现多方向的摆动与转动，又称为球铰，如球形万向节。

单击【DMU运动机构】工具栏中的【球面接合】按钮，弹出【创建接合：球面】对话框，如图9-21所示。

创建时需要指定两条相合的点，对于高仿真模型来讲即两零部件上相互配合的球孔与球头的球心，如图9-22所示。

图9-21　【创建接合：球面】对话框

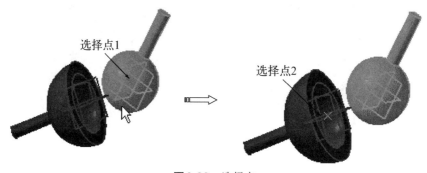

图9-22　选择点

9.3.7　平面接合

【平面接合】是指两个构件之间以公共的平面为约束，具有除沿平面法向移动及绕平面坐标轴转动之外的3个自由度。

单击【DMU运动机构】工具栏中的【平面接合】按钮，弹出【创建接合：平面】对话框，如图9-23所示。

在【创建接合：平面】对话框中创建时需要指定两个相合平面，如图9-24所示。

图9-23　【创建接合：平面】对话框

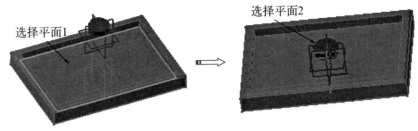

图9-24　选择平面

9.3.8　刚性接合

【刚性接合】是指两个构件之间在初始位置不变的情况下实现所有自由度的完全约束，使其具有一个零部件属性。创建时需要指定两个零部件。

单击【DMU运动机构】工具栏中的【刚性接合】按钮 ，弹出【创建接合：刚性】对话框，如图9-25所示。

9.3.9　点曲线接合

【点曲线接合】是指两个构件之间通过点与曲线的相合创建运动副。

单击【DMU运动机构】工具栏中的【点曲线接合】按钮 ，弹出【创建接合：点曲线】对话框，如图9-26所示。

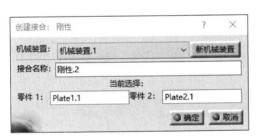

图9-25　【创建接合：刚性】对话框

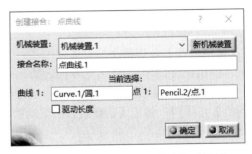

图9-26　【创建接合：点曲线】对话框

在【创建接合：点曲线】对话框中创建时需要指定一条线（直线、曲线、草图）和另外一个相合的点，如图9-27所示。

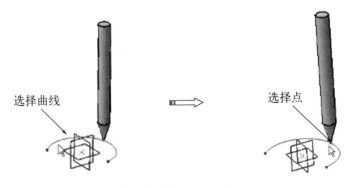

图9-27　选择线与点

9.3.10　滑动曲线接合

【滑动曲线】是指两个构件之间通过一组相切曲线实现相互约束、切点速度不为零的运动。

单击【DMU运动机构】工具栏中的【滑动曲线接合】按钮，弹出【创建接合：滑动曲线】对话框，如图9-28所示。

在【创建接合：滑动曲线】对话框中创建时需要指定是分属于不同零部件上的相切的两曲线或直线或者直线和曲线，如图9-29所示。

图9-28　【创建接合：滑动曲线】对话框

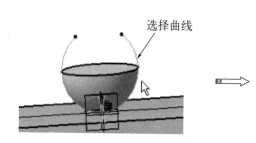

选择曲线

选择曲线

图9-29　选择线

9.3.11　滚动曲线接合

【滚动曲线】是指两个构件之间通过一组相切曲线实现相互约束、切点速度为零的运动。

单击【DMU运动机构】工具栏中的【滚动曲线接合】按钮，弹出【创建接合：滚动曲线】对话框，如图9-30所示。

在【创建接合：滚动曲线】对话框创建时需要指定是分属于不同零部件上的相切的两曲线或直线或者直线和曲线，如图9-31所示。

图9-30　【创建接合：滚动曲线】对话框

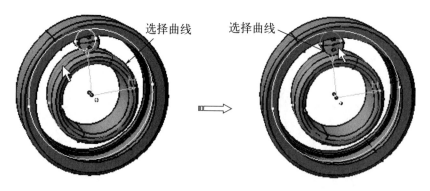

选择曲线

选择曲线

图9-31　选择线

9.3.12 点曲面接合

【点曲面接合】是指两个构件之间通过点与曲面的相合创建运动副。

单击【DMU运动机构】工具栏中的【点曲面接合】按钮，弹出【创建接合：点曲面】对话框，如图9-32所示。

在【创建接合：点曲面】对话框中创建时需要指定一个曲面和另外一个相合的点，如图9-33所示。

图9-32 【创建接合：点曲面】对话框

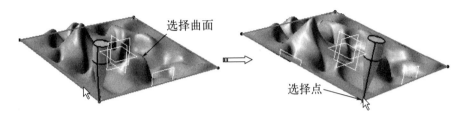

图9-33 选择面和点

9.3.13 通用接合

【通用接合】是用于同步关联两条轴线相交的旋转，用于不以传动过程为重点的运动机构创建过程中简化结构并减少操作过程。

单击【DMU运动机构】工具栏中的【通用接合】按钮，弹出【创建接合：U形接合】对话框，如图9-34所示。

在【创建接合：U形接合】对话框中创建时需要指定不同零件上的两条相交轴线或者已建成的两个轴线相交的旋转接合，如图9-35所示。

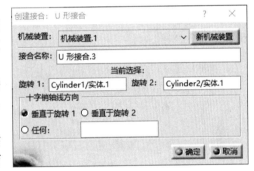

图9-34 【创建接合：U形接合】对话框

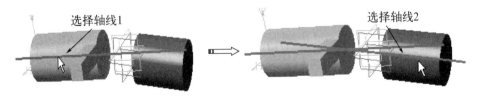

图9-35 选择轴线

9.3.14 CV接合

【CV接合】是用于通过中间轴同步关联两条轴线相交的旋转运动副，用于不以传动过程为重点的运动机构创建过程中简化结构并减少操作过程。

单击【DMU运动机构】工具栏中的【CV接合】按钮，弹出【创建接合：CV接合】对话框，如图9-36所示。

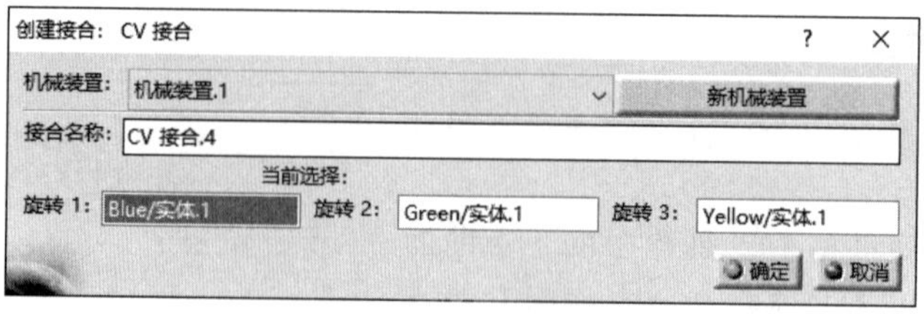

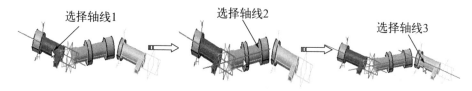

图9-36 【创建接合：CV接合】对话框

创建时需要指定不同零件上的三条相交轴线或者已建成的三个轴线相交的旋转接合，如图9-37所示。

选择轴线1　　　　选择轴线2　　　　选择轴线3

图9-37 选择轴线

9.3.15 齿轮接合

【齿轮接合】是用于以一定比率关联两个旋转运动副，可创建平行轴、交叉轴和相交轴的各种齿轮运动机构，以正比率关联还可以模拟带传动和链传动。

单击【DMU运动机构】工具栏中的【齿轮接合】按钮🔩，弹出【创建接合：齿轮】对话框，如图9-38所示。

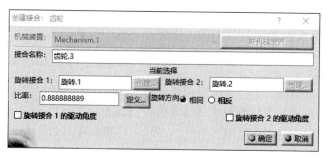

图9-38 【创建接合：齿轮】对话框

在【创建接合：齿轮】对话框中创建时需要指定两个旋转运动副，如图9-39所示。

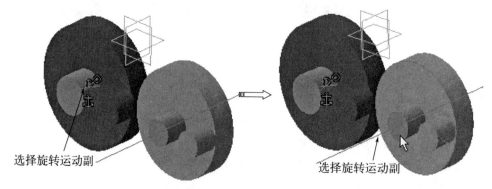

选择旋转运动副　　　　　　选择旋转运动副

图9-39 选择旋转运动副

9.3.16　架子接合

【架子接合】是用于以一定比率关联一个旋转副和一个棱形运动副，常用于旋转和直线运动相互转换的场合，如齿轮齿条。

单击【DMU运动机构】工具栏中的【架子接合】按钮，弹出【创建接合：架子】对话框，如图9-40所示。

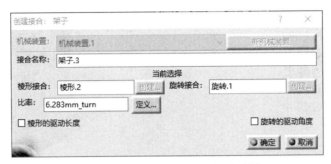

图9-40　【创建接合：架子】对话框

在【创建接合：架子】对话框中创建时需要指定一个旋转运动副和棱形运动副，如图9-41所示。

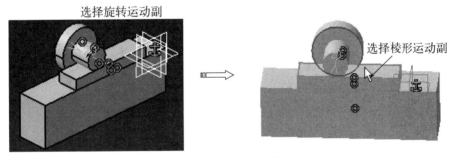

图9-41　选择旋转运动副和棱形运动副

9.3.17　电缆接合

【电缆接合】是用于以一定比率关联两个棱形运动副，来实现具有一定配合关系的两个直线运动。

单击【DMU运动机构】工具栏中的【电缆接合】按钮，弹出【创建接合：电缆】对话框，如图9-42所示。创建时需要指定两个棱形运动副。

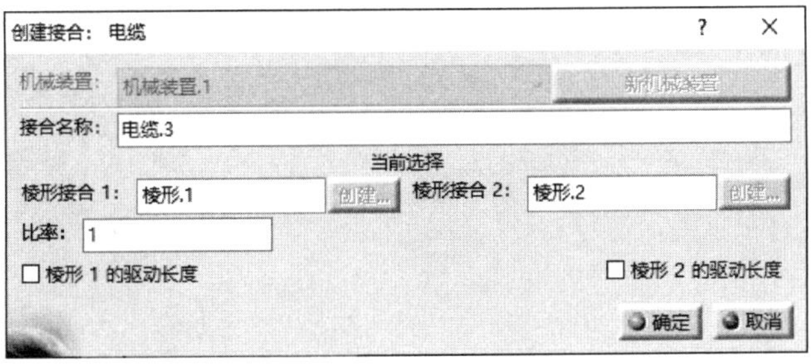

图9-42　【创建接合：电缆】对话框

操作实例——创建运动接合实例

如图9-43所示为一个凸轮机构，创建固定零件、旋转接合、棱形接合和滚动曲线接合。

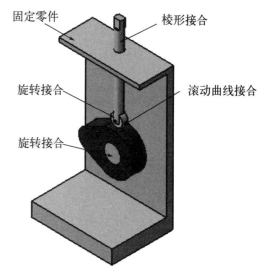

9.3视频精讲

图9-43　凸轮机构

操作步骤

1.打开文件

01 在【标准】工具栏中单击【打开】按钮，在弹出【选择文件】对话框中选择"gundongtulun.CATProduct"文件。单击【打开】按钮打开模型文件。选择【开始】|【数字化装配】|【DMU运动机构】，进入运动仿真设计工作台，如图9-44所示。

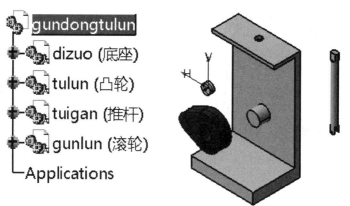

图9-44　打开文件

2.创建固定零件

02 单击【DMU运动机构】工具栏中的【固定零件】按钮，弹出【新固定零件】对话框，在图形区或特征树上选择如图9-45所示的零件为固定件。

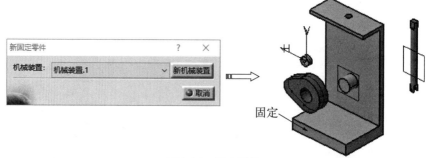

图9-45　固定零件

3.创建棱形接合

03 单击【DMU运动机构】工具栏中的【棱形接合】按钮，弹出【创建接合：棱形】对话框，如图9-46所示。

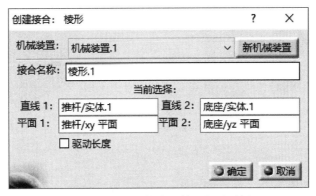

图9-46　【创建接合：棱形】对话框

04 在图形区分别选中如图9-47所示几何模型的直线1和直线2，并选择两个平面作为相合限制面，单击【确定】按钮，完成旋转接合创建，如图9-47所示。

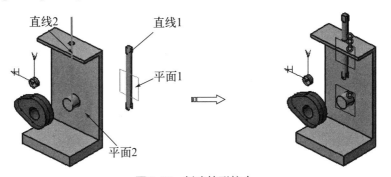

图9-47　创建棱形接合

4.创建旋转接合

05 单击【DMU运动机构】工具栏中的【旋转接合】按钮，弹出【创建接合：旋转】对话框，如图9-48所示。

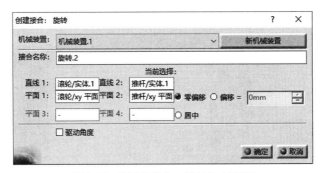

图9-48　【创建接合：旋转】对话框

06 在图形区分别选中如图9-49所示几何模型的轴线1和轴线2，并选择两个平面作为轴向限制面，单击【确定】按钮，完成旋转接合创建，如图9-49所示。

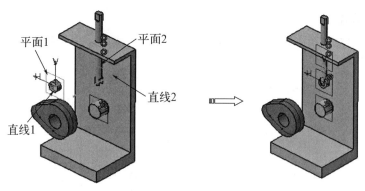

图9-49　创建旋转接合

💡 **技术要点**

　　限制平面用于限制零件在轴线方向上的位置，通常要求限制平面垂直所选择的轴线。此外，为了方便选择，可综合运用放大、缩小、移动、旋转、隐藏等方式调整几何模型。

07 单击【DMU运动机构】工具栏中的【旋转接合】按钮🪰，弹出【创建接合：旋转】对话框，如图9-50所示。

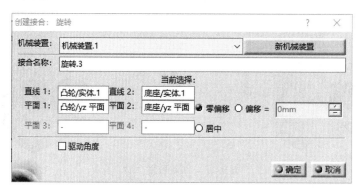

图9-50　【创建接合：旋转】对话框

08 在图形区分别选中如图9-51所示几何模型的轴线1和轴线2，并选择两个平面作为轴向限制面，单击【确定】按钮，完成旋转接合创建，如图9-51所示。

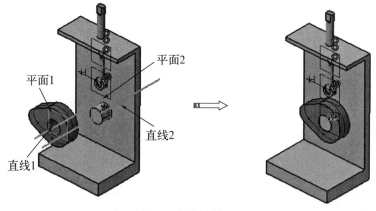

图9-51　创建旋转接合

5. 创建滚动曲线接合

09 单击【DMU运动机构】工具栏中的【滚动曲线接合】按钮 ，弹出【创建接合：滚动曲线】对话框，如图9-52所示。

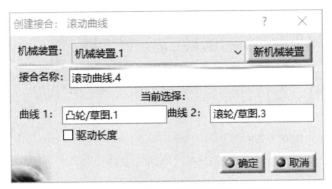

图9-52 【创建接合：滚动曲线】对话框

10 在图形区分别选中如图9-53所示几何模型的曲线1和曲线2。单击【确定】按钮，完成滚动曲线接合创建，在【接合】节点下增加"滚动曲线.1"，如图9-53所示。

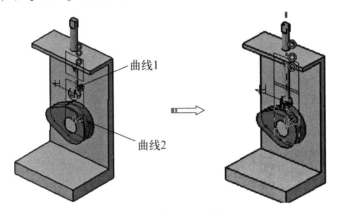

图9-53 创建滚动曲线接合

> 💡 **技术要点**
>
> 凸轮和滚轮轴线距离39mm，可先用装配约束调整好位置再创建曲线接合。

9.4 速度和加速度

【速度和加速度】是用于测量物体上某一点相对于参考件的速度和加速度。下面通过一个实例来介绍速度和加速度具体应用。

📖 **操作实例——创建速度和加速度实例**

操作步骤

01 在【标准】工具栏中单击【打开】按钮，在弹出【选择文件】对话框中选择"GearV5_Result.CATProduct"文件。单击【打开】按钮打开模型文件。选择

9.4视频精讲

【开始】|【数字化装配】|【DMU运动机构】，进入运动仿真设计工作台，如图9-54所示。

图9-54　打开模型文件

02 单击【DMU运动机构】工具栏上的【速度和加速度】按钮，弹出【速度和加速度】对话框，如图9-55所示。

03 激活【参考产品】编辑框，在特征树上或图形区选择如图9-56所示结构，激活【点选择】编辑框，选择如图9-56所示的点，单击【确定】按钮完成，在特征树【速度和加速度】节点下增加"速度和加速度.1"。

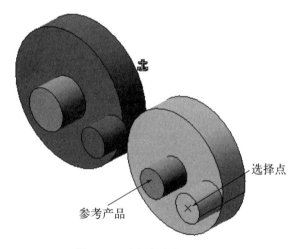

图9-56　选择参考产品和点

图9-55　【速度和加速度】对话框

04 单击【DMU运动机构】工具栏上的【使用法则曲线进行模拟】按钮，弹出【运动模拟】对话框，选中【激活传感器】复选框，如图9-57所示。

图9-57　【运动模拟】对话框

05 系统弹出【传感器】对话框，在【选择集】中选中"速度和加速度.1\X_线性速度""速度和加速度.1\Y_线性速度""速度和加速度.1\Z_线性速度"，如图9-58所示。

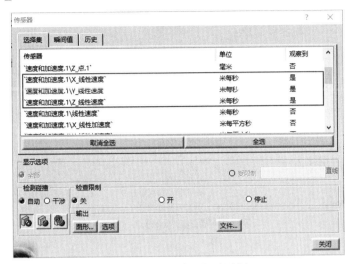

图9-58 【传感器】对话框

06 单击【运动模拟】对话框中的【向前播放】按钮▶，然后在【传感器】对话框中单击【图形】按钮，弹出【传感器图形显示】对话框，显示以时间为横坐标的选中点的运动规律曲线，如图9-59所示。单击【关闭】按钮完成。

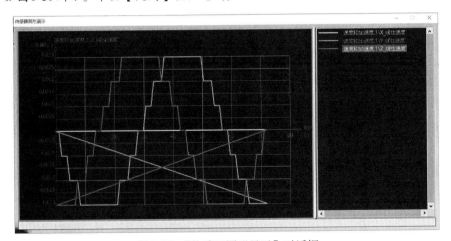

图9-59 【传感器图形显示】对话框

9.5 运动仿真模拟

在DMU运动机构中，提供了2种模拟方式：使用命令进行模拟和使用法则曲线进行模拟。DMU运动模拟相关命令集中在【DMU运动机构】工具栏上，下面分别加以介绍。

9.5.1 使用命令进行模拟

【使用命令进行模拟】是指仅单纯进行机构几何操作，不考虑时间问题，没有速度和加速度等分析，使用方式比较简单。

单击【DMU运动机构】工具栏中的【使用命令进行模拟】按钮 ，弹出【运动模拟-机械装置.1】对话框，在【机械装置】下拉列表中选择"机械装置.1"作为要模拟的机械装置，如图9-60所示。用鼠标拖动滚动条，可观察产品的运动，单击【重置】按钮，机构回到本次模拟之前的位置，单击【关闭】按钮完成。

图9-60　【运动模拟】对话框

9.5.2　使用法则曲线进行模拟

【使用法则曲线进行模拟】可以指定机构运动的时间，查看并记录此时间内机构的物理量，如速度、加速度、角速度、角加速度等。

📖 **操作实例**——使用法则曲线进行模拟实例

操作步骤

01 在【标准】工具栏中单击【打开】按钮，在弹出【选择文件】对话框中选择"jack.CATProduct"文件。单击【打开】按钮打开模型文件。选择【开始】|【数字化装配】|【DMU运动机构】，进入运动仿真设计工作台，如图9-61所示。

9.5视频精讲

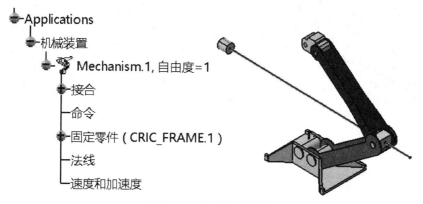

图9-61　打开模型文件

02 单击【知识工程】工具栏上的【公式】按钮 $f_{(x)}$，弹出【公式】对话框，在【参数】列表中选择"Mechanism.1\命令\命令.1\长度"，如图9-62所示。

03 单击【添加公式】按钮 添加公式，弹出【公式编辑器】对话框，在【参数的成员】中选择"时间"，在【时间的成员】中选择Mechanism.1\KINTime，并在编辑栏中输入Mechanism.1\KINTime/1s*10mm，表示1s前进10mm，如图9-63所示。

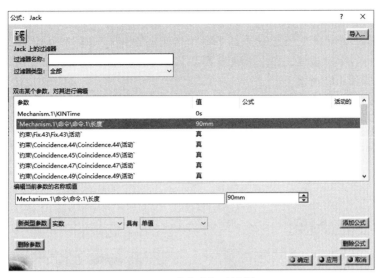

图9-62 【公式】对话框

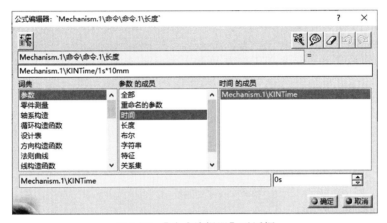

图9-63 【公式编辑器】对话框

04 依次单击【确定】按钮后,在特征树中【法线】节点下插入相应的运动函数,如图9-64 所示。

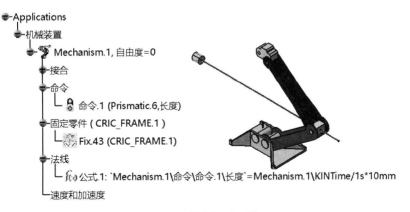

图9-64 插入运动函数

05 单击【DMU运动机构】工具栏中的【使用法则曲线进行模拟】按钮，弹出【运动模拟-Mechanism.1】对话框，在【机械装置】下拉列表中选择"Mechanism.1"作为要模拟的机械装置，如图9-65所示。

06 单击 … 按钮，弹出【模拟持续时间】对话框，设置【最长时限】为10s，如图9-66所示。单击【确定】按钮返回。

图9-65 【运动模拟】对话框

图9-66 【模拟持续时间】对话框

07 单击【运动模拟】对话框中的【向前播放】按钮▶和【向后播放】按钮◀可进行正反模拟。

> 💡 **技术要点**
> 在使用播放器播放机构运动的过程中，可通过鼠标操作数字样机移动、旋转和缩放，从而可从不同角度观察机构的运动情况。

9.6 运动仿真动画

在DMU运动机构中，可实现运动仿真的动画制作、管理。DMU运动动画相关命令集中在【DMU一般动画】工具栏上，下面介绍主要命令。

9.6.1 综合模拟

【综合模拟】可分别单独实现使用命令进行模拟和使用法则曲线进行模拟。下面通过实例介绍。

📖 **操作实例——综合模拟实例**

操作步骤

01 在【标准】工具栏中单击【打开】按钮，在弹出【选择文件】对话框中选择"GearV5_Result.CATProduct"文件，单击【打开】按钮打开模型文件。选择【开始】|【数字化装配】|【DMU运动机构】，进入运动仿真设计工作台，如图9-67所示。

9.6.1视频精讲

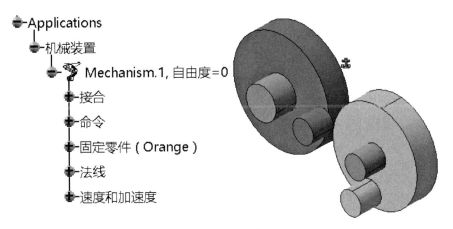

图9-67　打开模型文件

02 单击【DMU一般动画】工具栏中的【模拟】按钮 ![按钮], 弹出【选择】对话框, 选择
"Mechanism.1" 作为要模拟的机械装置, 如图9-68所示。

03 单击【确定】按钮, 弹出【运动模拟-Mechanism.1】对话框和【编辑模拟】对话框, 如图
9-69、图9-70所示。

图9-68　【选择】对话框

图9-69　【运动模拟-Mechanism.1】对话框

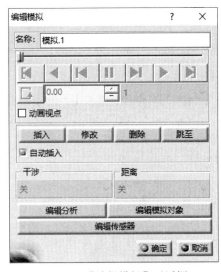

图9-70　【编辑模拟】对话框

04 在【编辑模拟】对话框中选中【自动插入】复选框, 即在模拟过程中将自动记录运动图片。

05 在【运动模拟-Mechanism.1】对话框选择【使用法则曲线】选项卡, 单击【向前播放】按钮
▶和【向后播放】按钮◀可进行正反模拟, 单击【确定】按钮, 关闭对话框, 完成综合模
拟, 在【Applications】节点下生成 "模拟" 子节点, 如图9-71所示。

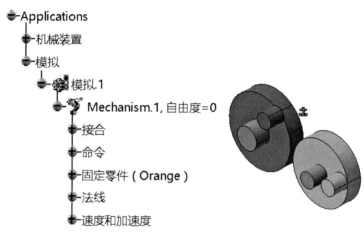

图9-71 生成【模拟】节点

9.6.2 编辑模拟

【编辑模拟】是将已有的模拟在CATIA环境下转换为视频段的形式记录在特征树上，并可生成单独的视频文件。

> 💡 **技术要点**
>
> 编辑模拟与模拟的区别在于可简化程序，提高运动速度，并可单独生成独立的视频文件。

📖 **操作实例——编辑模拟实例**

操作步骤

01 在【标准】工具栏中单击【打开】按钮，在弹出【选择文件】对话框中选择"GearV5_Result.CATProduct"文件，单击【打开】按钮打开模型文件。选择【开始】|【数字化装配】|【DMU运动机构】，进入运动仿真设计工作台，如图9-72所示。

9.6.2视频精讲

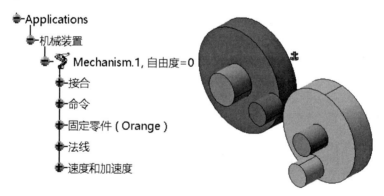

图9-72 打开模型文件

02 单击【DMU一般动画】工具栏中的【编辑模拟】按钮，弹出【编辑模拟】对话框，选择【生成重放】复选框，单击【确定】按钮，对话框下部可显示生成进度条，生成后特征树中增加【重放】节点，如图9-73所示。

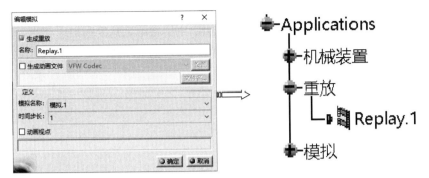

图9-73　生成重放

03 单击【DMU一般动画】工具栏中的【编辑模拟】按钮，弹出【编辑模拟】对话框，选择【生成动画文件】复选框，在【文件名】中输入合适的文件名，单击【确定】按钮，对话框下部可显示生成进度条，动画文件生成后对话框自动关闭，如图9-74所示。

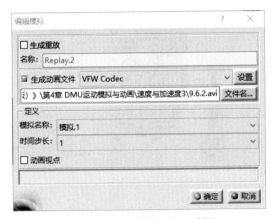

图9-74　【编辑模拟】对话框

04 可用播放器软件单独打开动画文件，如图9-75所示。

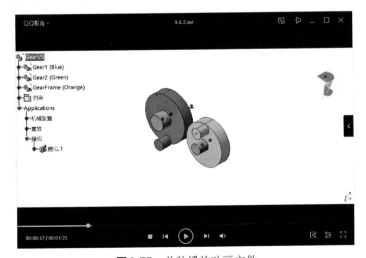

图9-75　单独播放动画文件

9.7　本章小结

本章介绍了CATIA运动仿真的基本功能和创建运动仿真的常用知识点，并通过典型案例对结构仿真步骤进行详细讲解，包括创建机械装置、创建接合、速度和加速度、运动仿真模拟与动画等。希望读者通过本章的学习，能完全掌握DMU运动仿真的基础知识和操作方法，为DMU的实际应用奠定基础。

9.8　上机习题（视频）

1.习题1

如习题1所示的曲柄活塞机构，试用创建运动结合、使用法则曲线进行模拟等知识在曲轴旋转速度为60°/s的情况进行运动仿真。

习题1视频精讲

习题1　曲柄活塞机构

2.习题2

如习题2所示的四杆机构，试用创建运动结合、使用法则曲线进行模拟等知识在旋杆旋转速度为6°/s的情况下进行运动仿真。

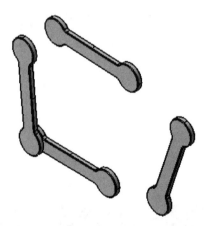

习题2视频精讲

习题2　四杆机构

第10章

结构分析技术

CATIA作为高端三维软件将设计与有限元分析融为一体，可在设计之初就能完成零件结构的各种应力分析，从而创建出高质量的产品。本章将介绍结构分析模块的相关知识，包括结构分析工作台、定义材料属性、网格划分、施加约束和载荷、后处理等。

项目分解

- 基本结构分析工作台简介
- 定义材料属性
- 网格划分
- 定义约束条件
- 定义载荷条件
- 计算
- 后处理

10.1 结构分析工作台简介

CATIA有限元分析包括静态分析和动态分析。动态分析又分为限制状态固有频率分析和自由状态固有频率分析，前者在物体上施加一定约束，后者的物体没有任何约束，即完全自由。CATIA中有限元相关命令集中在【Generative Structural Analysis】工作台下，下面介绍基本结构分析工作台的相关知识。

10.1.1 启动结构分析工作台

在零件设计工作台中打开模型文件（CATPart），执行【开始】|【分析与模拟】|【Generative Structural Analysis】命令，如图10-1

所示。

　　系统弹出【New Analysis Case】对话框，如图10-2所示。单击【确定】按钮进入基本结构分析工作台截面。

图10-1　启动【Generative Structural Analysis】命令　　　**图10-2**　【New Analysis Case】对话框

- Static Analysis：用于定义结构静力学分析。
- Frequency Analysis：用于定义有约束条件下的动力学分析。
- Free Frequency Analysis：用于定义无约束条件下的结构动力学分析。

10.1.2　结构分析工作台界面

　　基本结构分析工作台界面主要包括菜单栏、特征树、图形区、指南针、工具栏、信息栏，如图10-3所示。

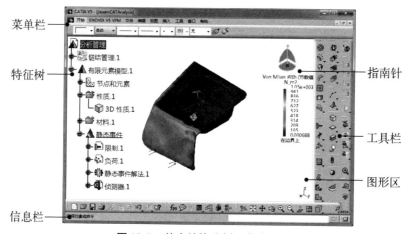

图10-3　基本结构分析工作台界面

（1）结构分析中的特征树

　　特征树上列出了所有分析要素，并且自动以子树关系表示分析之间的父子关系。

- 链结管理：用于说明和分析相关几何模型的连接管理器。
- 有限元素模型：为有限元分析模型，以流程形式列出分析过程，通常按照从上到下的顺序进行管理和执行。

（2）基本结构分析工作台中的工具栏

　　利用基本结构分析工作台中的工具栏命令按钮是启动命令最方便的方法。CATIA V5基本结构设计工作台常用的工具栏有5个：【模型管理者】工具栏、【抑制】工具栏、【负载】工具栏、【计算】工具栏和【影像】工具栏。工具栏显示了常用的工具按钮，单击工具右侧的黑色三角，可展开下一级工具栏。

　　①【模型管理者】工具栏　【模型管理者】工具栏命令设置网格划分、材料性质以及检查模

型质量，如图10-4所示。

②【抑制】工具栏 【抑制】工具栏用于限制物体沿坐标轴的平动和转动，如图10-5所示。

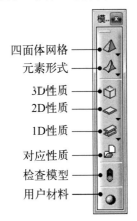

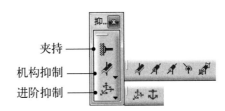

图10-4 【模型管理者】工具栏　　　　　　　　**图10-5** 【抑制】工具栏

③【负载】工具栏 【负载】工具栏用于定义载荷，如图10-6所示。

④【计算】工具栏 【计算】工具栏用于对设置结果进行运算得到分析结果，如图10-7所示。

⑤【影像】工具栏 【影像】工具栏用于显示后处理分析结果，如图10-8所示。

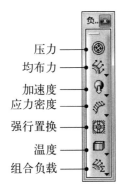

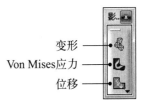

图10-6 【负载】工具栏　　　　**图10-7** 【计算】工具栏　　　　**图10-8** 【影像】工具栏

10.1.3 结构仿真分析流程

（1）启动结构分析工作台

完成分析模型的三维实体建模后，执行【开始】|【分析与模拟】|【Generative Structural Analysis】命令进入结构仿真工作台。

（2）定义材料属性

定义材料的力学性能属性。

（3）网格划分

CATIA软件网格划分是自动进行的，只要转到有限元模块，程序就已经自动确定划分方案，可以双击模型树对网格参数进行修正。

（4）施加载荷与约束

在模型上施加约束和载荷。

（5）计算

用于对设置结果进行运算得到分析结果。

（6）后处理

分析计算结果，包括单元网格、应力或变形显示。

10.2　定义材料属性

在有限元分析之前要首先定义材料的力学性能，下面介绍2种材料属性定义方法。

10.2.1　在CAD模型中定义材料

CATIA分析时一般在CATPart文档中定义材料属性，下面通过实例来讲解材料属性定义过程。

10.2.1视频精讲

📖 **操作实例**——在CAD模型中定义材料实例

操作步骤

01 在【标准】工具栏中单击【打开】按钮，在弹出【选择文件】对话框中选择"yizi.CATPart"文件。单击【打开】按钮打开模型文件，如图10-9所示。

02 在零件工作台中单击【应用材料】工具栏上的【应用材料】按钮💠，系统弹出【库（只读）】对话框，如图10-10所示。

图10-9　打开文件

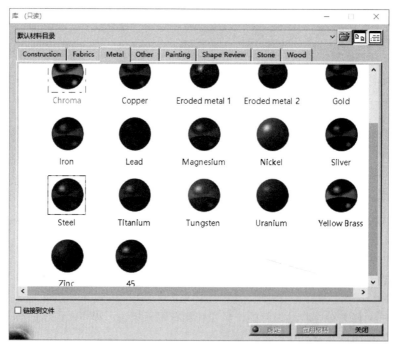

图10-10　【库（只读）】对话框

03 在【库（只读）】对话框中选中【Metal（金属）】选项卡，选择材料Steel，按住左键不放并将其拖动到模型上，然后单击【确定】按钮关闭对话框，如图10-11所示。

图10-11 设置材料属性

04 选择下拉菜单【视图】|【渲染样式】|【含材料着色】
命令，将模型切换到材料显示模式，此时模型表面
颜色将变暗，如图10-12所示。

> 💡 **技术要点**
>
> 一般一个零部件只推荐定义一种材料。选择时注
> 意Steel钢与Iron铁的不同，铁指的是铸铁，其弹性模
> 量和强度都要比钢小很多。

图10-12 材料着色

10.2.2 在CATIA分析中定义材料

如果没有在CATPart文档中定义材料，也可以在分析文档中定义用户所需的材料。

📖 **操作实例——在CATIA分析中定义材料实例**

操作步骤

01 在【标准】工具栏中单击【打开】按钮，在弹出【选择文件】对话框中选择
"cailiao.CATAnalysis"文件。单击【打开】按钮打开模型文件，如图10-13
所示。

10.2.2视频精讲

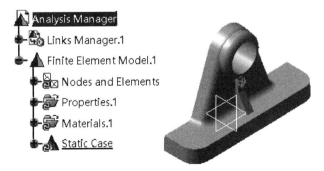

图10-13 打开文件

02 单击【模型管理者】工具栏上的【用户材料】按钮 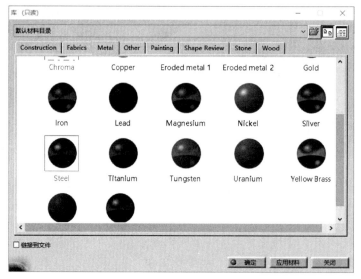，系统弹出【库（只读）】对话框，选中【Metal（金属）】选项卡中的材料Steel，单击【确定】按钮关闭对话框，如图10-14所示。

图 10-14　选择材料属性

03 在特征树中【材料】节点下显示出定义的材料【User Material.1】，如图10-15所示。

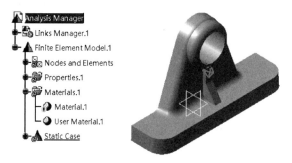

图 10-15　显示使用者定义材料

04 在特征树中双击【Properties.1】|【3D Properties.1】节点，弹出【3D Property】对话框，选中【User-defined material（使用者定义材料）】复选框，激活【Material（材料）】选择框，在特征树中单击【User Material.1（使用者材料）】节点，然后单击【确定】按钮完成材料定义，如图10-16所示。

图 10-16　设置材料

10.3 网格划分

网格划分是有限元分析中必不可少的一部分，通过网格划分将几何模型生成包括节点和单元的有限元模型。

> 💡 **技术要点**
>
> CATIA软件网格划分是自动进行的，只要转到有限元模块，程序就已经自动确定划分方案，只有复杂的模型才需要手动对局部网格进行划分，也可以双击模型树对网格参数进行修正。

10.3.1 线网格划分（Beam网格）

Beam网格是对几何线框架进行网格划分的工具。

单击【模型管理者】工具栏上的【Beam Mesher】按钮，从绘图区选择几何线框，系统弹出【Beam Meshing】对话框，如图10-17所示。

【Beam Meshing】对话框相关选项参数含义如下：

● Element type（元素形式）：用于定义划分网格的形式，包括没有中间点的方式划分几何线框元素、增加中间点使用抛物线方式划分几何线框元素。

● Element size（元素大小）：用于定义全局网格大小。

● Minimal mesh（最小网格）：选择该复选框，使用最小的几何网格所选择的几何线框。

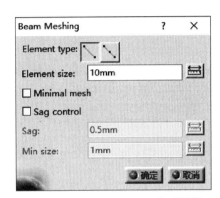

图10-17 【Beam Meshing】对话框

● Sag control（弧差控制）：选择该复选框，在【弧差值】和【最小尺寸】文本框中定义弧差值和弧差的最小尺寸。

10.3.2 面网格划分（三角面网格）

三角面网格用于使用三角面来网格化曲面。

单击【模型管理者】工具栏上的【OCTREE Triangle Mesher】按钮，从绘图区选择曲面，系统弹出【OCTREE Triangle Mesh】对话框，该对话框相关选项参数含义如下：

（1）【Global（全面）】选项卡

用于定义三角形网格化的全局参数，如图10-18所示。包括以下选项：

● Size（大小）：用于定义网格单元大小。

● Absolute sag（绝对弧差值）：用于定义网格几何的弧差值。

● Proportional sag（比例弧差值）：用于定义曲面与边线的弧差之比。

● Element type（元素形式）：用于定义网格化几何边线的形状，包括"线性""抛物线"等2种。

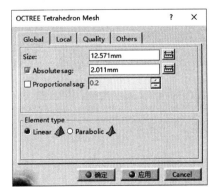

图10-18 【Global】选项卡

（2）【Local（局部）】选项卡

用于定义三角形网格的局部参数，如图10-19所示。

● Available specs（可用范围）：用于选择局部可编辑参数。

● Add（新增）：单击该按钮，弹出相应的局部编辑对话框，可定义依附几何和相应参数。

（3）【Quality（品质）】选项卡

用于定义三角形的形状，如图10-20所示。

图10-19　【Local】选项卡

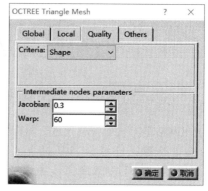

图10-20　【Quality】选项卡

● Criteria（标准）：可选择三角形的外形，分别是形状、歪斜和延伸。

● Intermediate nodes parameters（中间节点参数）：用于定义具有抛物线形状的边线的参数，包括Jacobian（雅可比行列式）和Warp（歪斜程度）。

（4）【Others】选项卡

用于定义网格的特殊参数，如图10-21所示。

● Details simplification（细部简化）：用于定义移除的最小网格参数，分别为几何尺寸限制和网格边界压制。

● Global split（全局分割）：选择该复选框，将合并通过曲面/曲线上的网格边线连接接的两个网格。

● Global interior size（总体内部尺寸）：选择该复选框，用于定义不允许生成四面体各面的尺寸。

● Min.size for sag specs（弧差设定最小尺寸）：用于定义网格化的最小弧差值。

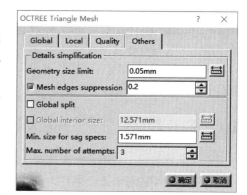

图10-21　【Others】选项卡

● Max.number of attempts（最大尝试次数）：用于定义最大尝试次数，对于复杂的曲面需要多次进行网格划分才能成功。

10.3.3　实体网格划分（四面体网格）

实体网格划分是将实体零件划分为四面体网格。

> **技术要点**
>
> 对实体零部件进行分析时，CATIA根据零部件文档给定的信息，即模型和材料信息自动设定网格参数和材料特性，因此一般可不需手动设置。

单击【模型管理者】工具栏上的【OCTREE Tetrahedron Mesh】按钮，从绘图区选择实体零件，系统弹出【OCTREE Tetrahedron Mesh】对话框，该对话框相关选项参数含义如下：

> 🔆 **技术要点**
>
> 系统一般会自动在特征树中的【有限元素模型】|【节点和元素】节点下自动生成网格，修改时可双击该节点，也可弹出【OCTREE 四面体网格】对话框。

（1）【Global（全面）】选项卡

用于定义四面体网格化的全局参数，如图10-22所示。包括以下选项：

● Size（大小）：用于定义网格单元大小。系统默认的尺寸是围住物体的最小立方体边长的1/16。

● Absolute sag（绝对弧差值）：用于定义网格几何的弧差值。该参数只在曲线部位才有效，它是离散化单元的边和曲线间的弦高，该值越小，曲线部位的网格就越密。系统默认为围住物体的最小立方体边长的1/100。

● Proportional sag（比例弧差值）：用于定义实体与四面体边线的弧差之比。

● Element type（元素形式）：用于定义网格化几何边线的形状，包括"线性""抛物线"2种。

（2）【Local（局部）】选项卡

用于定义四面体网格的局部参数，如图10-23所示。

图10-22 【Global】选项卡

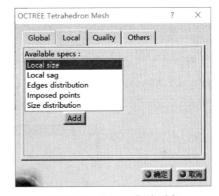

图10-23 【Local】选项卡

● Available specs（可用范围）：用于选择局部可编辑参数。

● Add（新增）：单击该按钮，弹出相应的局部编辑对话框，可定义依附几何和相应参数。

（3）【Quality（品质）】选项卡

用于定义四面体各面的形状，如图10-24所示。

图10-24 【Quality】选项卡

● Criteria（标准）：可选择四面体各面的外形，分别是形状、歪斜和延伸。

● Intermediate nodes parameters（中间节点参数）：用于定义具有抛物线形状的边线的参数，包括Jacobian（雅可比行列式）和Warp（歪斜程度）。

（4）【Others（其他的）】选项卡

用于定义网格的特殊参数，如图10-25所示。

● Details simplification（细部简化）：用于定义移除的最小网格参数，分别为几何尺寸限制和网格边界压制。

● Global split（全局分割）：选择该复选框，将合并通过曲面/曲线上的网格边线连接着的两个网格。

● Global interior size（总体内部尺寸）：选择该复选框，用于定义不允许生成四面体各面的尺寸。

● Min.size for sag specs（弧差设定最小尺寸）：用于定义网格化的最小弧差值。

● Max.number of attempts（最大尝试次数）：用于

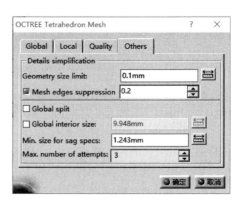

图 10-25　【Others】选项卡

定义最大尝试次数，对于复杂的曲面需要多次进行网格划分才能成功。

📖 **操作实例——网格划分实例**

操作步骤

01 在【标准】工具栏中单击【打开】按钮，在弹出【选择文件】对话框中选择 "wangge.CATAnalysis" 文件。单击【打开】按钮打开模型文件，如图10-26 所示。

10.3视频精讲

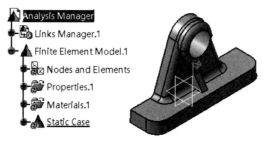

图 10-26　打开文件

02 双击特征树中的【有限元素模型】|【节点和元素】|【OCTREE四面体网格】节点，弹出 OCTREE四面体网格对话框，设置尺寸为5mm，如图10-27所示。

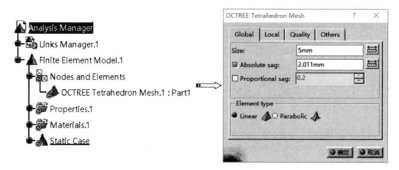

图 10-27　设置网格尺寸

03 单击【计算】工具栏上的【计算】按钮▦，计算后可显示出网格，如图10-28所示。

10.4　定义约束

抑制用于限制物体沿坐标轴的平动和转动，可将3D对象的6个自由度锁定，使物体可以有固定端，相关命令集中在【抑制】工具栏上。

图 10-28　显示网格

10.4.1　夹持

夹持就是约束点、线、面的所有自由度为零。对于实体，限制 X、Y 和 Z 方向上的移动；对于面体和线体，限制 X、Y 和 Z 方向上的移动和绕各轴的转动。

单击【抑制】工具栏上的【Clamp】按钮▰，弹出【Clamp】对话框，选择面、边、顶点等需要约束的对象，单击【确定】按钮完成夹持施加，如图10-29所示。

图 10-29　夹持

> **技术要点**
> 在被指定面、边、顶点等对象上显示夹持符号，并在特征树上显示响应的特征。

10.4.2　滑动约束

滑动约束包括滑动曲面和滑动面，用于曲面滑动接合，使物体能沿曲面滑动。

单击【抑制】工具栏上的【Surface Slider】按钮▰，弹出【Surface Slider】对话框，选择曲面，单击【确定】按钮完成施加，如图10-30所示。

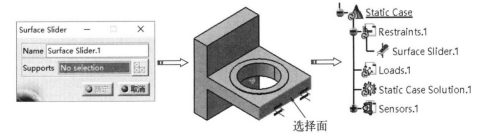

图 10-30　滑动约束

10.4.3　使用者定义限制

使用者定义限制可在任意几何形状上固定部分的自由度，原本每一个点都用于三个平动和三个转动，一旦施加其移动将限制。

单击【抑制】工具栏上的【User-defined Restraint】按钮，弹出【User-defined Restraint】对话框，选择对象对其进行坐标限制，单击【确定】按钮完成施加，如图10-31所示。

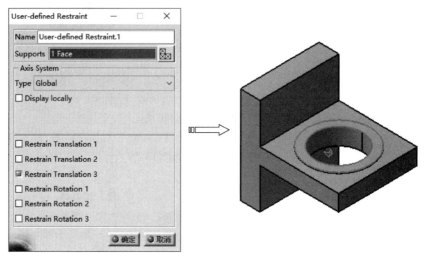

图 10-31　使用者定义限制

📖 **动手操作——定义约束实例**

操作步骤

01 在【标准】工具栏中单击【打开】按钮，在弹出【选择文件】对话框中选择
"yueshu.CATAnalysis" 文件。单击【打开】按钮打开模型文件，如图10-32
所示。

10.4视频精讲

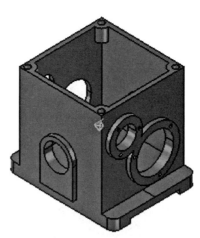

图 10-32　打开文件

02 单击【抑制】工具栏上的【Clamp】按钮，弹出【Clamp】对话框，选择底面，单击【确定】按钮完成夹持施加，如图10-33所示。

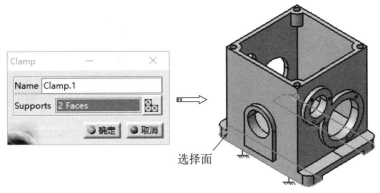

图 10-33　夹持

03 单击【抑制】工具栏上的【Surface Slider】按钮，弹出【Surface Slider】对话框，选择曲面，单击【确定】按钮完成施加，如图 10-34 所示。

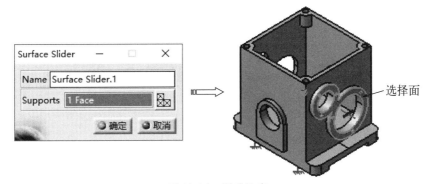

图 10-34　滑动约束

10.5　定义载荷

负载用于定义载荷条件，包括压力、均布力、本体加速度、强行置换和温度等，相关命令集中在【Load】工具栏上。

10.5.1　压力

压力是指单位面积上的力，单位为 Pa 或（N/m^2）。压力只能作用在曲面上，而且力的方向必须是与面的法线方向相重合。

单击【Load】工具栏上的【Pressure】按钮，弹出【Pressure】对话框，选择面，单击【确定】按钮完成压力施加，如图 10-35 所示。

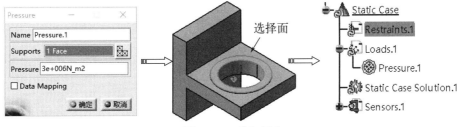

图 10-35　施加压力

10.5.2　力

力包括均布力、力矩和轴承载荷等。

10.5.2.1　均布力

均布力可施加在点、边、面上，定义在点上的均布力称为集中力。定义在边和面上时，是分布在边和面的节点上的力。需要注意的是这种分布模式不能保证一定均匀。

单击【Load】工具栏上的【Distributed Force】按钮，弹出【Distributed Force】对话框，选择面，输入力数值，单击【确定】按钮完成施加，如图10-36所示。

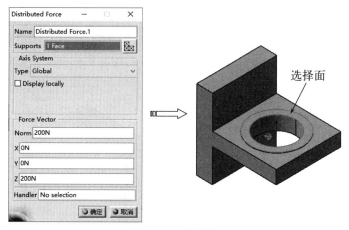

图10-36　均布力

10.5.2.2　力矩

力矩可施加在部件上或直接定义在几何形状上。系统自动地将定义的力矩转化成一个等效力偶。常被用来定义扭转作用的力矩。

单击【Load】工具栏上的【Moment】按钮，弹出【Moment】对话框，选择面，输入力矩数值，单击【确定】按钮完成施加，如图10-37所示。

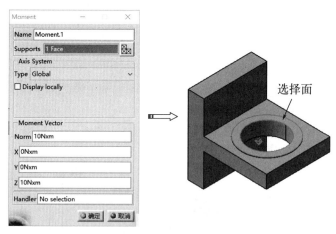

图10-37　施加力矩

10.5.2.3　轴承负荷

轴承载荷仅适用于施加在圆柱表面上的接触型载荷，载荷分布可以是正弦函数或二次抛物线分布，还可指定载荷在面上的分布范围。

单击【Load】工具栏上的【Bearing Load】按钮，弹出【Bearing Load】对话框，选择面，输入数值，单击【确定】按钮完成施加，如图10-38所示。

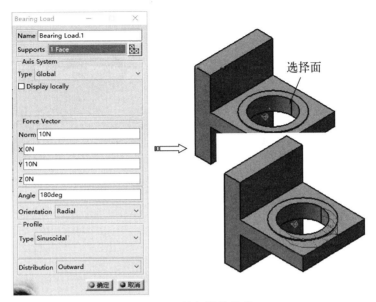

图10-38 施加轴承负荷

10.5.3 本地加速度

本地加速度包括加速度和旋转两个功能。

10.5.3.1 加速度

加速度以长度比上时间的平方为单位作用在整个模型上。由于加速度施加到系统上，惯性将阻止速度所产生的变化，加速度可通过定义分量进行施加。

单击【Load】工具栏上的【Acceleration】按钮，弹出【Acceleration】对话框，选择实体，输入加速度数值，单击【确定】按钮完成施加，如图10-39所示。

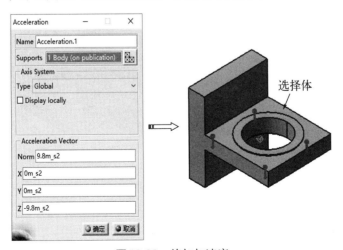

图10-39 施加加速度

10.5.3.2 旋转（离心力）

旋转是一种体积力，用于定义实体绕指定回转轴而产生的离心力。

单击【Load】工具栏上的【Rotation Force】按钮 🔧，弹出【Rotation Force】对话框，选择实体和旋转轴，输入角速度和角加速度数值，单击【确定】按钮完成施加，如图10-40所示。

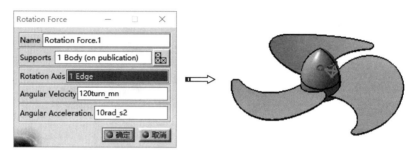

图 10-40 施加离心力

10.5.4 力密度

力密度包含线应力密度、面应力密度以及体应力密度等功能。

💡 **技术要点**

力密度可保证力在边或面上均等地分布，而力量（均布力）不能保证力在边或面上一定均等分布。

10.5.4.1 线应力密度

线应力密度只能使用在整段曲线上。

单击【Load】工具栏上的【Line Force Density】按钮 🖌，弹出【Line Force Density】对话框，选择线，并输入数值，单击【确定】按钮完成施加，如图10-41所示。

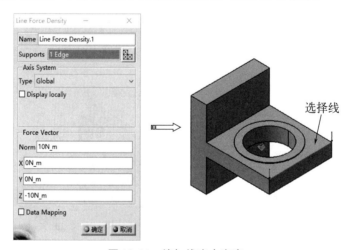

图 10-41 施加线应力密度

10.5.4.2 面应力密度

面应力密度只能使用在整个曲面上。

单击【Load】工具栏上的【Surface Force Density】按钮，弹出【Surface Force Density】对话框，选择面，并输入数值，单击【确定】按钮完成施加，如图10-42所示。

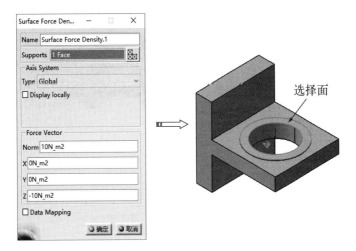

图 10-42 施加面应力密度

10.5.4.3 体应力密度

体应力密度只能使用在整个实体上。

单击【Load】工具栏上的【Volume Force Density】按钮，弹出【Volume Force Density】对话框，选择体，并输入数值，单击【确定】按钮完成施加，如图10-43所示。

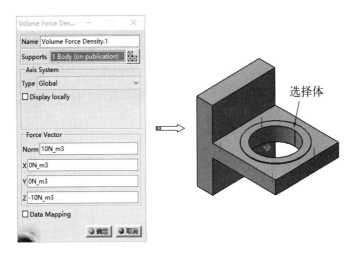

图 10-43 施加体应力密度

10.5.5 强制置换

强制置换又称为强制位移，是指物体的某一部分强制性地在一个或多个自由度方向上发生了一定的位置变化。

单击【Load】工具栏上的【Enforced Displacement】按钮，弹出【Enforced Displacement】对话框，选择约束，输入位移数值，单击【确定】按钮完成施加，如图10-44所示。

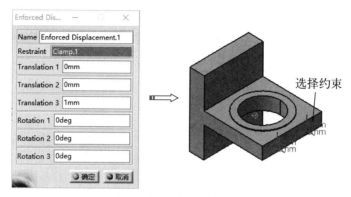

图 10-44 施加强制置换

10.5.6 温度

温度可作用于曲线、曲面或物体全部，用来指定物体的温度。

单击【Load】工具栏上的【Temperature Field】按钮■，弹出【Temperature Field】对话框，选择施加温度的对象，输入温度数值，单击【确定】按钮完成施加，如图 10-45 所示。

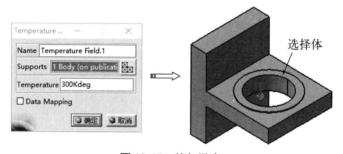

图 10-45 施加温度

📖 操作实例——定义载荷

操作步骤

01 在【标准】工具栏中单击【打开】按钮，在弹出【选择文件】对话框中选择"fuzai.CATAnalysis"文件。单击【打开】按钮打开模型文件，如图 10-46 所示。

10.5 视频精讲

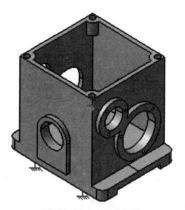

图 10-46 打开文件

02 单击【Load】工具栏上的【Moment】按钮，弹出【Moment】对话框，选择面，输入Y= –10N·m，单击【确定】按钮完成施加，如图10-47所示。

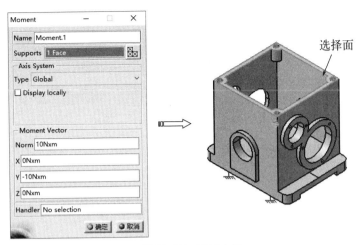

图10-47 施加力矩

03 单击【Load】工具栏上的【Bearing Load】按钮，弹出【Bearing Load】对话框，选择面，输入Y=10N，单击【确定】按钮完成施加，如图10-48所示。

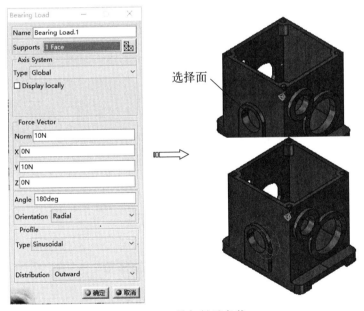

图10-48 施加轴承负载

10.6 计算

计算工具用于对设置结果进行运算得到分析结果，相关命令集中在【Compute】工具栏上。

10.6.1 求解器的算法

CATIA静应力分析算法有4种，一般情况下只需要使用默认的选择，没有必要自己设定。

如果需要设定，可双击特征树中的【Static Case Solution.1】节点，在弹出的【Static Solution Parameters】对话框中设置，如图10-49所示。

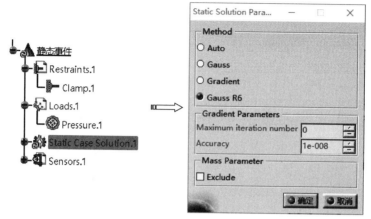

图10-49   设置求解器解法

静态参数对话框相关选项参数含义如下：

● Auto（自动）：求解器对计算模型自动选择算法进行计算。

● Gauss（高斯）：针对稀疏矩阵的直接法，具有计算速度快的特点。

● Gradient（阶数）：在同等资源（内存等）的情况下，可计算比用高斯法计算更大的模型，但需要设定如最高迭代次数、迭代精度等参数。

● Gauss R6（高斯R6）：从R6开始改良的高斯法，是默认选项。它具有高速、稳定等优点，适合大规模模型的计算。

10.6.2   计算

单击【计算】工具栏上的【Compute】按钮，弹出【Compute】对话框，选择计算选项，一般选择【All】，如图10-50所示。

如果勾选【Preview】复选框，系统会提示计算所需的CPU时间，分析文档所占的磁盘空间大小，如图10-51所示。注意该估值是不精确的，特别是存在接触定义时。

图10-50   【Compute】对话框

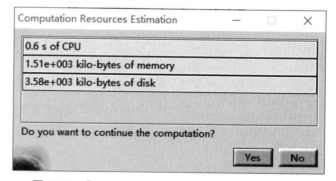

图10-51   【Computation Resources Estimation】对话框

10.7   后处理

在对零部件进行有限元求解后，检查并分析求解的结果是整个分析过程中十分重要的环节。

在后处理环节中，可以得到多种不同的结果，比如变形、应力应变分量、主应力应变等。在CATIA中计算完成后【Image】工具栏可用，用于显示后处理结果。

10.7.1　后处理显示模式设置

选择下拉菜单【视图】|【渲染样式】|【自定义视图】命令，弹出【视图模式自定义】对话框，勾选【边线和点】、【着色】、【材料】复选框，如图10-52所示。

10.7.2　变形

用于显示模型的变形状况。

单击【Image】工具栏上的【Deformation】，在图形区显示模型变形，并在特征树中添加【Deformed mesh.1】节点，如图10-53所示。

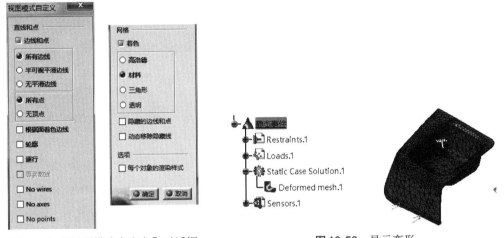

图10-52　【视图模式自定义】对话框　　　　　图10-53　显示变形

10.7.3　Von-Mises应力

等效应力也称为Von-Mises应力，可将任意三向应力表示为一个等效的正值应力，在最大等效应力失效理论中用来预测塑性材料的屈服行为。

单击【Image】工具栏上的【Von Mises stress】按钮，在图形区显示应力云图，并在特征树中添加【Von Mises stress】节点，如图10-54所示。

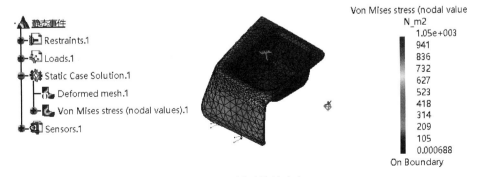

图10-54　显示等效应力

10.7.4 位移

用于显示结构位移。

单击【影像】工具栏上的【位移】 ，在图形区显示位移箭头图，并在特征树中添加【Translational displacement magnitude.1】节点，如图10-55所示。

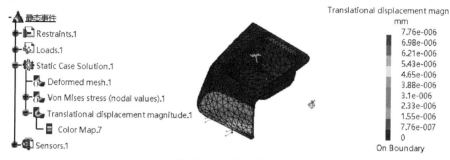

图10-55 显示位移

10.7.5 主应力

用于显示主应力。

单击【影像】工具栏上的【主应力】 ，在图形区显示主应力箭头图，并在特征树中添加【应力的主要张量符号.×】节点，如图10-56所示。

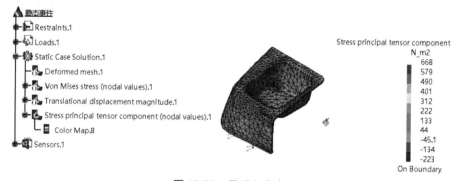

图10-56 显示主应力

10.8 本章小结

本章介绍了CATIA结构仿真的基本功能和常用知识点，包括定义材料属性、网格划分、定义约束条件、定义载荷条件、计算、后处理等。希望读者通过本章的讲解，能完全掌握及熟练应用CATIA结构仿真的基础知识和操作方法，为结构仿真的实际应用奠定基础。

10.9 上机习题（视频）

1.习题1

如习题1所示的固定支架，试分析在圆孔周边施加均匀分布载荷500N时支架变形和应力分布。

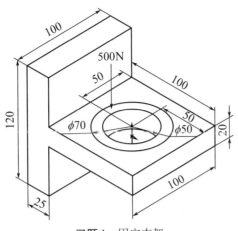

习题1视频精讲

习题1　固定支架

2.习题2

　　如习题2所示扳手，截面宽度为10mm的六方形，在手柄端部施加力为100N。材料为钢，求其变形和应力分布。

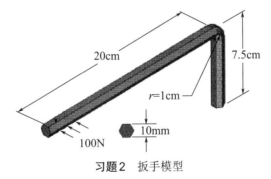

习题2视频精讲

习题2　扳手模型

第11章

模型渲染技术

创建出的产品通过渲染可非常精致地输出图片和录像，CATIA中产品渲染主要在【影像处理】工作台中进行，希望通过本章的学习，使读者轻松掌握CATIA产品渲染设计相关基础知识。

本章内容

⊙ 图片工作室工作台简介

⊙ 环境设置

⊙ 光源管理

⊙ 材质、纹理和贴图

⊙ 照片管理

11.1 图片工作室简介

图片工作室可以将渲染成功的产品模型非常精致地输出成图片或录像，具有强大的光线跟踪功能，如图11-1所示。

图 11-1 图片工作室

11.1.1 图片工作室工作台

11.1.1.1 启动图片工作室

打开装配文件（CATProduct），执行【开始】|【基础结构】|【图片工作室】命令，如图11-2所示。

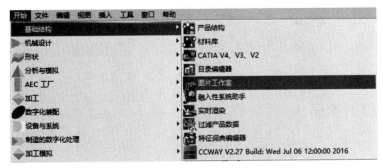

图11-2 【开始】菜单命令

11.1.1.2 图片工作室工作台界面

图片工作室工作台界面主要包括菜单栏、特征树、图形区、指南针、工具栏、信息栏，如图11-3所示。

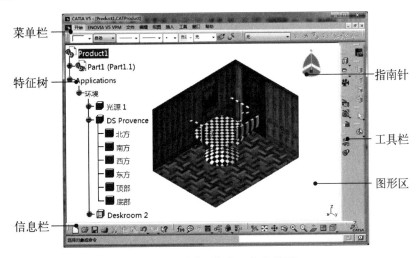

图11-3 图片工作室工作台界面

利用图片工作室工作台中的工具栏命令按钮是启动命令最简便的方法，常用的工具栏有3个：【场景编辑器】工具栏、【动画】工具栏和【渲染】工具栏。工具栏显示了常用的工具按钮，单击工具右侧的黑色三角，可展开下一级工具栏。

（1）【场景编辑器】工具栏

【场景编辑器】工具栏命令设置环境、光源和创建照相机，如图11-4所示。

（2）【动画】工具栏

用于创建渲染动画，包括创建转台和模拟，如图11-5所示。

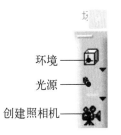

图11-4 【场景编辑器】工具栏

（3）【渲染】工具栏

用于创建照片管理，包括创建拍摄、渲染拍摄、快速渲染等，如图11-6所示。

图11-5 【动画】工具栏　　　　　　　　图11-6 【渲染】工具栏

11.1.2　渲染工作流程

渲染是有固定流程的，一般分为以下六个步骤：

（1）启动图片工作室工作台

选择下拉菜单【开始】|【基础结构】|【图片工作室】命令，进入图片工作室工作台。

（2）加载产品模型

选择下拉菜单【插入】|【现有部件】命令，加载渲染产品模型。

（3）环境设置

单击【场景编辑器】工具栏上的按钮为渲染创建合适环境。

（4）创建光源

单击【场景编辑器】工具栏上的光源相关按钮，在设计环境中添加光源。

（5）应用材质、纹理和贴图

单击【应用材料】工具栏上的【应用材料】按钮，添加材质；单击【应用材料】工具栏上的【应用贴图】按钮，添加贴图。

（6）创建图片

单击【渲染】工具栏上的【创建拍摄】按钮创建镜头；单击【渲染】工具栏上的【渲染拍摄】按钮，选择镜头创建图片。

11.2　环境设置

在渲染设计中系统有三个标准环境，分别是长方体、球形和圆柱环境，相关命令集中在【场景编辑器】工具栏上。

11.2.1　创建环境

环境即现实生活中产品的周边景色，例如在屋内时四周墙壁即为环境，在外面时上天下地即为环境。创建环境即创建一个可以粘贴图片的墙壁，包括长方体、球体和圆柱体环境等。

11.2.1.1　创建长方体环境

单击【场景编辑器】工具栏上的【创建箱环境】按钮，系统自动创建环境，在特征树显示出环境节点，如图11-7所示。

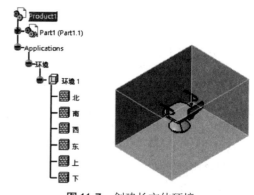

图11-7　创建长方体环境

（1）调整环境尺寸

在特征树中选中【环境1】节点，单击鼠标右键，在弹出的快捷菜单中选择【属性】命令，弹出【属性】对话框，在【尺寸】选项卡中可修改【长度】、【宽度】和【高度】文本框中的数值，单击【确定】按钮完成环境大小修改，如图11-8所示。

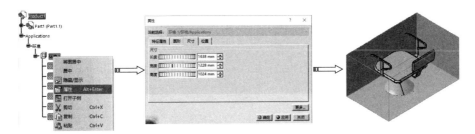

图11-8 调整环境尺寸

（2）调整环境位置

在特征树中选中【环境1】节点，单击鼠标右键，在弹出的快捷菜单中选择【属性】命令，弹出【属性】对话框，在【位置】选项卡中可修改【原点】、【轴】文本框中的数值，单击【确定】按钮完成环境位置修改，如图11-9所示。

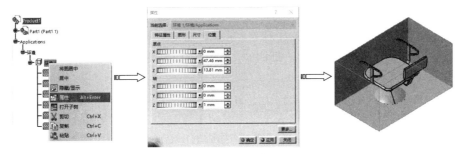

图11-9 调整环境位置

11.2.1.2 创建球体环境

单击【场景编辑器】工具栏上的【新建球体环境】按钮，系统自动创建环境，在特征树显示出环境节点，如图11-10所示。

11.2.1.3 创建圆柱体环境

单击【场景编辑器】工具栏上的【建立新圆柱环境】按钮，系统自动创建环境，在特征树显示出环境节点，如图11-11所示。

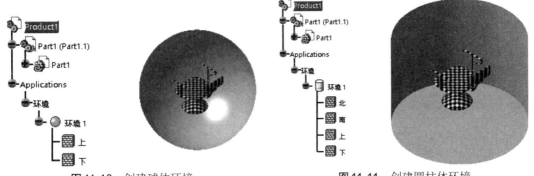

图11-10 创建球体环境　　　　　　　　　　**图11-11** 创建圆柱体环境

11.2.2 配置环境

环境添加后，需要进一步配置，即在相应的表面上添加图片并设置反射等。

（1）配置环境围墙

在特征树中展开【环境1】节点，选中其下的【北方】节点，单击鼠标右键，在弹出的快捷菜单中取消【活动墙体】选择状态，可在设计环境中隐藏墙体，如图11-12所示。

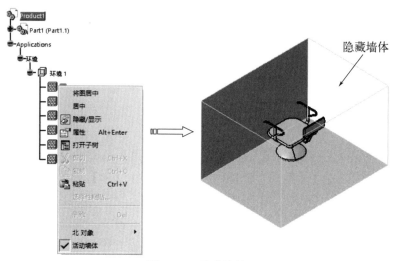

图 11-12　隐藏墙体

（2）设置墙纸

在不同的墙壁上可以生成不同的墙纸用于模拟现实的环境。

在特征树中选择【西】节点，单击【应用材料】工具栏上的【应用材料】按钮，系统弹出【库（只读）】对话框，在【库（只读）】对话框中选中【Other（金属）】选项卡，选择材料Summer sky，单击【应用结构】按钮，然后单击【确定】按钮关闭对话框，如图11-13所示。

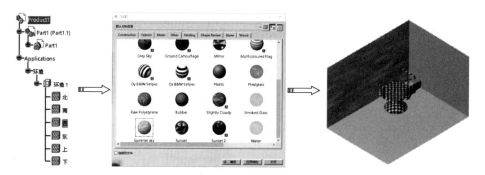

图 11-13　设置壁纸

💡 **技术要点**

可单击【视图】工具栏中的【含材料着色】按钮也可显示出墙纸。

11.2.3 引入场景库

在CATIA中已经储存了一些场景，作为一个场景库存在，直接应用已经生成的场景可加速

产品的渲染。

　　单击【目录浏览器】按钮 ，弹出【目录浏览器】对话框，双击【Environments】选项展开，即可选择相应的环境，如图11-14所示。

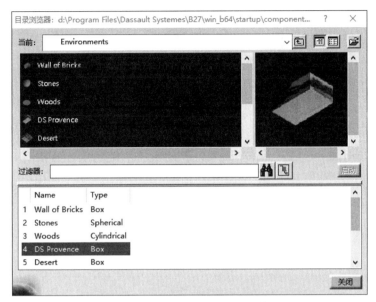

图11-14　【目录浏览器】对话框

📖 **操作实例——环境设置（引入场景库）实例**

操作步骤

01 在【标准】工具栏中单击【打开】按钮，在弹出【选择文件】对话框中选择"huanjing.CATProduct"文件。单击【打开】按钮打开模型文件，如图11-15所示。

11.2视频精讲

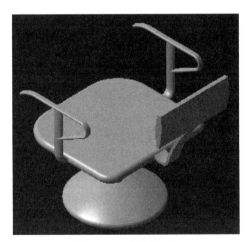

图11-15　打开文件

02 单击【目录浏览器】按钮 ，弹出【目录浏览器】对话框，双击【Environments】下的 ▢ DS Provence 应用场景，单击【关闭】对话框，如图11-16所示。

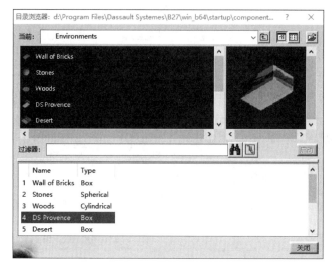

图 11-16 【目录浏览器】对话框

03 单击【渲染】工具栏上的【快速渲染】按钮 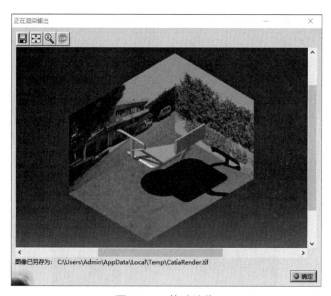，弹出【正在渲染输出】对话框，如图 11-17所示。

图 11-17 快速渲染

11.3 光源管理

现实生活中每时每刻都离不开光，没有光，一切物体都陷入黑暗之中，因此添加光源是产品渲染的重要一步，光源命令集中在【场景编辑器】工具栏上。

11.3.1 创建光源

光源的创建是光源设置的第一步，在图片工作室中能创建多种多样的光源，包括聚光源、点光源和平行光源等。下面介绍各种光源创建方法。

（1）建立聚光源

单击【场景编辑器】工具栏上的【建立聚光源】按钮，在设计环境中显示出光源的线框效果，如图11-18所示。

（2）建立点光源

单击【场景编辑器】工具栏上的【建立新点光源】按钮，在设计环境中显示出光源的线框效果，如图11-19所示。

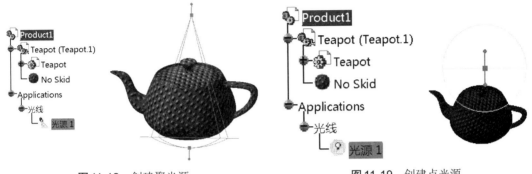

图11-18　创建聚光源　　　　　　　图11-19　创建点光源

（3）建立平行光源

单击【场景编辑器】工具栏上的【建立新平行光源】按钮，在设计环境中显示出光源的线框效果，如图11-20所示。

（4）建立矩形光源

单击【场景编辑器】工具栏上的【建立新矩形光源】按钮，在设计环境中显示出光源的线框效果，如图11-21所示。

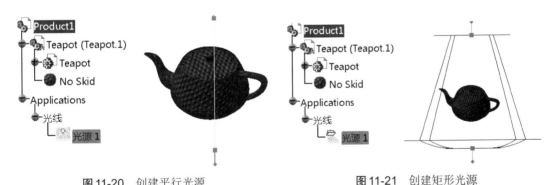

图11-20　创建平行光源　　　　　　图11-21　创建矩形光源

（5）建立盘形光源

单击【场景编辑器】工具栏上的【建立新盘形光源】按钮，在设计环境中显示出光源的线框效果，如图11-22所示。

（6）建立球形光源

单击【场景编辑器】工具栏上的【建立新球形光源】按钮，在设计环境中显示出光源的线框效果，如图11-23所示。

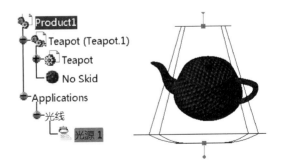

图11-22　创建盘形光源

（7）建立圆柱形光源

单击【场景编辑器】工具栏上的【建立新圆柱形光源】按钮 ▭，在设计环境中显示出光源的线框效果，如图11-24所示。

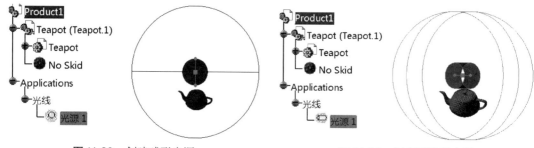

图 11-23　创建球形光源　　　　图 11-24　创建圆柱形光源

11.3.2　光源属性编辑

在特征树中选择【光源】节点，单击鼠标右键，在弹出的快捷菜单中选择【属性】命令，弹出【属性】对话框，单击【照明】选项卡，如图11-25所示。

（1）【照明】选项卡

① 光源

● 类型：用于选择光源类型，默认为聚光源。

● 角度：用于调整光源发散角度，如图11-26所示。

● 颜色：用于设置光源的颜色，单击■按钮，弹出【颜色】对话框，可选择光源的颜色，如图11-27所示。

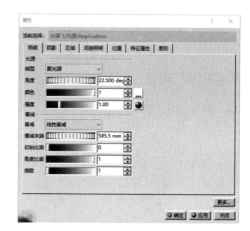

图 11-25　【属性】对话框

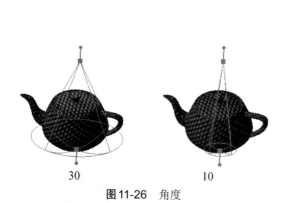

30　　　　　　10

图 11-26　角度

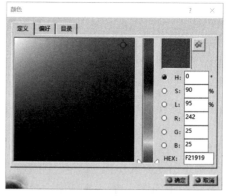

图 11-27　【颜色】对话框

● 强度：用于调整光源的环境光强度、漫反射强度和镜面反射强度，单击■按钮，弹出【亮度】对话框，如图11-28所示。该选项与颜色相匹配，用于定义颜色的最终效果。

② 衰减

● 衰减：用于定义光源强度的衰减方式。

- 衰减末端：用于定义光源发散的终点位置。
- 初始比率：用于定义在照射方向上开始衰减的位置比例。
- 角度比率：用于定义在发散角度位置上开始衰减的比例。

（2）【位置】选项卡

单击【位置】选项卡，可用于设置光源位置，如图11-29所示。

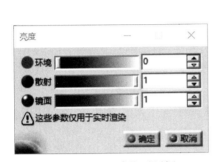

图11-28 【强度】对话框

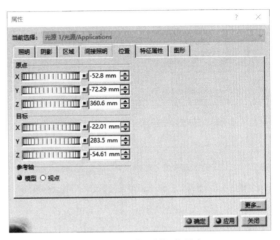

图11-29 【位置】选项卡

- 原点：用于设置光源的起点，单击■按钮可恢复默认的位置。
- 目标：用于设置光源的终点位置，单击■按钮可恢复默认的位置。
- 参考轴：模型表示光源与模型同步相关，移动设计环境，光源同步移动；视点表示将光源黏着视点之上，移动时仅仅移动模型，光源的位置不变。

📖 **操作实例——创建光源实例**

11.3视频精讲

操作步骤

01 在【标准】工具栏中单击【打开】按钮，在弹出【选择文件】对话框中选择"Light_map.CATProduct"文件。单击【打开】按钮打开模型文件，如图11-30所示。

02 单击【场景编辑器】工具栏上的【建立投射光源】按钮🔦，在设计环境中显示出光源的线框效果，如图11-31所示。

图11-30 打开文件　　　　图11-31 创建投射光源

03 在特征树中选择【光源】节点，单击鼠标右键，在弹出的快捷菜单中选择【属性】命令，弹出【属性】对话框，单击【照明】选项卡设置角度为30，如图11-32所示。

04 单击【颜色】后的■按钮，弹出【颜色】对话框，可选择光源的颜色为红色，如图11-33所示。单击【确定】按钮关闭。

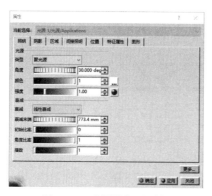

图11-32　【属性】对话框

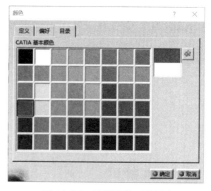

图11-33　【颜色】对话框

05 单击【阴影】选项卡，选中【在对象上】复选框，在物体上显示光源效果，如图11-34所示。

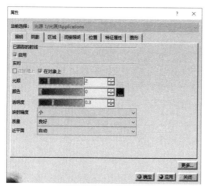

图11-34　设置阴影

06 单击【渲染】工具栏上的【快速渲染】按钮，弹出【正在渲染输出】对话框，如图11-35所示。

图11-35　快速渲染

11.4 材质、纹理和贴图

物体都有独有的视觉效果，如平时谈到的树木、不锈钢等，都是通过物体的材质来判断的，每一个物体都有其相应的材质。本节将介绍材质、纹理和贴图相关知识。

11.4.1 材质

11.4.1.1 应用材质

产品造型时并没有指定材质，通过【应用材料】工具可给不同的对象添加材质，可以应用的对象包括零件、表面、几何图形集合、产品、V4 的存储格式 *.model。

单击【应用材料】工具栏上的【应用材料】按钮 ，系统弹出【库（只读）】对话框，如图 11-36 所示。

【库（只读）】对话框相关选项参数含义如下：

（1）打开

用【打开】按钮 ，可以打开自定义的材质库文件，如图 11-37 所示。

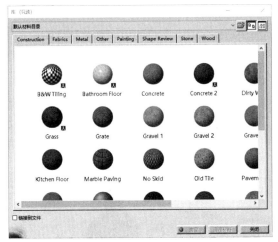
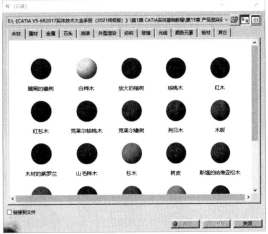

图 11-36 【库（只读）】对话框	图 11-37 自定义材质库

（2）显示

单击【显示图标】按钮 ，每个材质用一个圆形图标显示，单击【显示列表】按钮 ，用一个列表显示材质。

（3）链接到文件

用于设置是否将应用材质链接到文件，一个已经链接的材质在设计树上显示图标 ，左下角有一个小小的白色箭头；没有复制的材料独立存在，不与材料库发生联系，标识 的左下角没有白色箭头。

11.4.1.2 材质属性

对应用的材质可根据需要进行属性调整，在特征树中选中应用的材质，单击鼠标右键，在弹出的快捷菜单中选择【属性】命令，弹出【属性】对话框，单击【渲染】选项卡，如图 11-38 所示。

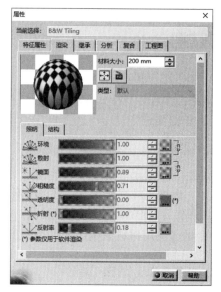

图11-38　【属性】对话框

【属性】对话框相关选项参数含义如下：

（1）材料大小

用于设置材质投影的尺寸，如图11-39所示。

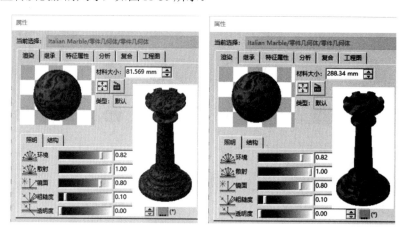

图11-39　材料大小

> 💡 **技术要点**
>
> 　在特征树中单击选择的材质，在设计环境中显示出一个平面，拖动它的边框可调整材质的大小。

（2）照明

照明用于调整光亮度的七个属性，包括"环境""散射""镜面""粗糙度""透明度""折射""发射率"等，有些选项可单击其后的 ▥ 按钮，弹出【颜色】对话框，用于调整颜色属性。

① 环境　环境光是一种用于照亮所有物体的光，即使在设计环境中没有添加光源，也需要设置一种观察物体的光源，通过调整该选项可看到设计环境中的产品表面亮度，如图11-40所示。

② 散射 调整光源照射物体的漫反射亮度。对于一个光滑的金属板，约为0，而对于一个普通的纸板可接近于1，如图11-41所示。

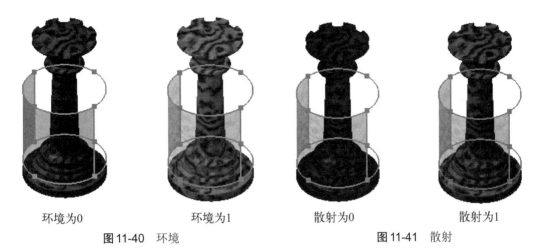

环境为0　　　　　环境为1　　　　　　散射为0　　　　　散射为1
图11-40　环境　　　　　　　　　　　　图11-41　散射

③ 镜面 用于调整特定光源照射时物体光亮区域的效果，如图11-42所示。该参数值较大时，则产生一个明确的亮点；该值较小时，则产生大面积的模糊阴暗效果。一个光滑的物体表面拥有较高的数值；而一个粗糙的表面则拥有较低的数值。

镜面为0　　　　　镜面为1
图11-42　镜面

④ 粗糙度 用于调整物体表面传播光亮的程度。对于一个光滑平面，数值较低，生成一种高亮效果；而对于一个粗糙表面，则数值较高，生成一个大面积光亮效果，如图11-43所示。

⑤ 透明度 用于调整物体透过光线的能力即显示的光线颜色。透明颜色对光线进行过滤，调整光源的投射效果，如图11-44所示。

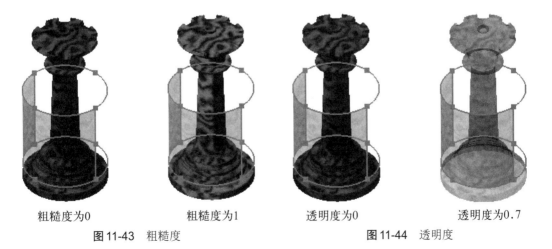

粗糙度为0　　　　　粗糙度为1　　　　　透明为0　　　　　透明度为0.7
图11-43　粗糙度　　　　　　　　　　　图11-44　透明度

⑥ 折射 用于调整光线通过物体时倾斜的角度，该值在1～2之间，水的折射率为1.2，即

光线通过水时发生轻微变形。图11-45是参数分别为1和2的效果。

⑦ 反射率　用于调整一个物体反射光线的强度。当该参数设置较大时，物体将反射周围的环境。当为材质设置了图片时，不要设置该参数大于0.2，否则将无法观察到设置的图片。图11-46为设置0和1的两种反射效果。

折射为1　　　　折射为2　　　　　　反射率为0　　　　　　反射率为1

图 11-45　透明度　　　　　　　　　　图 11-46　反射率

11.4.2　纹理

现实生活中纹理是渲染的非常重要的一步，三维纹理是指一种特殊的材质用于在三维模型的表面上投影，用于模拟雕刻效果，如同在一块岩石上进行雕刻一样，在所有的方向都呈现出同一种效果。

在特征树中选中应用的材质，单击鼠标右键，在弹出的快捷菜单中选择【属性】命令，弹出【属性】对话框，单击【渲染】选项卡中的【结构】选项卡，如图11-47所示。

（1）类型

用于设置渲染效果，系统提供纹理类型有：大理石、岩石、棋盘、汽车涂料等。

（2）映射

用于设置纹理的投影方式，如图11-48所示。

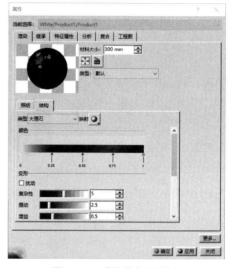

图 11-47　【结构】选项卡

(a) 平面映射　(b) 球面映射　(c) 圆柱形映射　(d) 立方体映射　(e) 适应映射

图 11-48　映射

● 平面映射◿：最简单的投影，如果同在一个墙壁上挂一幅图，可以在平面模型中应用。

● 球面映射◐：如同在一个球体上绘画，例如石头。

● 圆柱形映射▤：圆柱形映射类似于在食品罐上放置标签，可用于具有特殊方向的纹理，例如闪亮的金属或大理石。

● 立方体映射▥：立方体贴图类似于包装长方体。

● 适应映射：包括自动适应映射⊘AUTO和手动适应映射⊗，自动适应映射是指系统自动分析表面的情况进行投影，手动适应映射用于调整整合曲面时曲面的边界条件宽松程度，较小数值表示较严的标准，较大数值表示较宽松的标准。

（3）变形

用于定义物体表面噪声，也可以理解为定义物体表面平坦状况，包括以下选项：

- 扰动：用于定义第二种颜色对第一种颜色的影响。
- 复杂性：用于定义扰动次数的总和，参数为1表示仅应用1次摄动。
- 摄动：用于定义像素的轻微移动，与复杂性共同使用。
- 增益：用于定义材质表面的颗粒效果，需要与复杂性、摄动共同应用。
- 振幅：用于定义颜色的变化效果。
- 缩放：在三个轴上缩放纹理图片。
- 旋转：围绕三个轴旋转纹理图片。
- 平移：在三个轴上平移纹理图片。

11.4.3　贴图

在CATIA中进行渲染时可以通过像粘贴画一样在产品表面添加图片，从而获取真实的渲染图片。

单击【应用材料】工具栏上的【应用贴图】按钮，弹出【Sticker（贴图）】对话框，如图11-49所示。

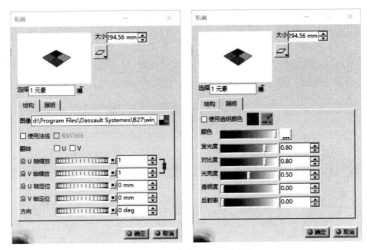

图11-49　【贴画】对话框

【贴画】对话框相关参数含义如下：

- 选择：激活该选择框，可在图形区选择要贴图的表面，可选择单个或多个对象。
- 图像：单击右侧的【添加】按钮，可以选择需要添加的贴图图片。
- 使用法线：通过平面投影应用贴图，在物体两侧均有图像。
- 沿U、V轴缩放：定义在U向和V向上的大小比例。
- 沿U、V轴定位：定义贴图在U、V两向位置。默认为中心处。
- 方向：定义贴图的旋转角度。
- 颜色：用于设置贴图显示颜色。
- 发光度：在没有光源的情况下物体自身发光的亮度。
- 对比度：在有光照时与物体相比的亮度。
- 透明度：定义贴图的透明程度。

📖 **操作实例**——材质、纹理和贴图实例

11.4 视频精讲

操作步骤

01 在【标准】工具栏中单击【打开】按钮，在弹出【选择文件】对话框中选择 "caizhitietu.CATProduct"文件。单击【打开】按钮打开模型文件，如图11-50 所示。

02 选择需要添加材质的对象，单击【应用材料】工具栏上的【应用材料】按钮🖨，系统弹出 【库（只读）】对话框，如图11-51所示。

图11-50 打开文件

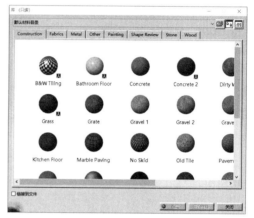

图11-51 【库（只读）】对话框

03 在【库（只读）】对话框中选中【Construction（结构）】选项卡，选择材料B&W Tiling，按 住左键不放并将其拖动到模型上，然后单击【确定】按钮关闭对话框，如图11-52所示。

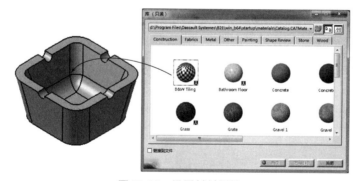

图11-52 设置材料属性

04 在特征树中单击选择的材质，在设计环境中显示出一个激活的指南针，利用指南针可调整 材质的方向，如图11-53所示。

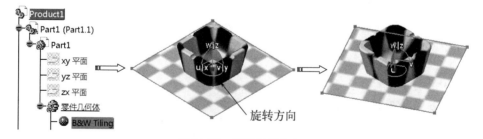

图11-53 调整材质方向

05 在特征树中单击选择的材质,在设计环境中显示出一个平面,拖动它的边框可调整材质的大小,如图 11-54 所示。

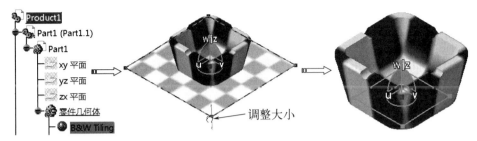

图 11-54 调整材质大小

06 单击【应用材料】工具栏上的【应用贴图】按钮，弹出【Sticker（贴图）】对话框，选择左前面,单击【确定】按钮完成,如图 11-55 所示。

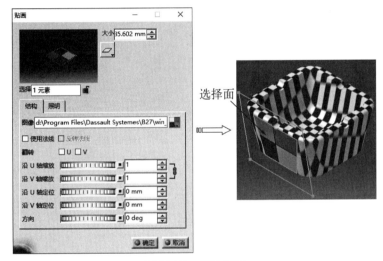

图 11-55 启动贴图

07 单击【渲染】工具栏上的【快速渲染】按钮，弹出【正在渲染输出】对话框,如图 11-56 所示。

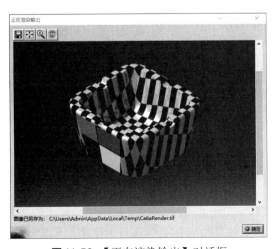

图 11-56 【正在渲染输出】对话框

11.5 照片管理

照片管理是生成最终照片，本节将介绍建立拍摄、渲染拍摄等内容，相关命令集中在【渲染】工具栏上。

11.5.1 建立拍摄

一个产品模型往往涉及多个图素、光源、视向、环境及相关的参数。在生成一张优质的渲染照片时，需要将渲染的对象和参数给出。建立拍摄就是定义所有涉及的参数，用于组成一个临时的场景。

单击【渲染】工具栏上的【创建拍摄】按钮，弹出【拍摄定义】对话框，如图11-57所示。

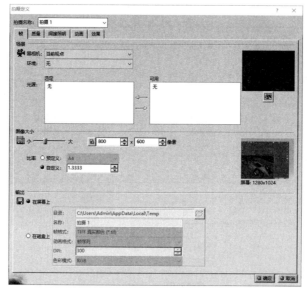

图11-57 【拍摄定义】对话框

- 照相机：用于选择视图。
- 环境：用于选择渲染环境。
- 光源：用于选择光源。
- 图像大小：用于设置图片大小，可拖动滚动条来调整。
- 输出：用于设置图片渲染的存储位置。选择"在屏幕上"将照片输出到显示屏幕上；选择"在磁盘上"则将图片存储在磁盘上，可定义图片的位置、名称、格式和运动格式。

11.5.2 渲染拍摄

当完成镜头的设置时，需要根据设置的参数进行计算生成图片并保存等。

单击【渲染】工具栏上的【渲染拍摄】按钮，弹出【渲染】对话框，可在【当前拍摄】下拉列表中选择合适的镜头，如图11-58所示。

单击【渲染】对话框下方的 按钮，弹出【正在渲染输出】对话框，如图11-59所示。单击【储存】按钮可保存渲染效果图；单击 按钮可在【正在渲染输出】对话框中显示整张图片；单击 按钮，可使图片以1：1的比例显示。

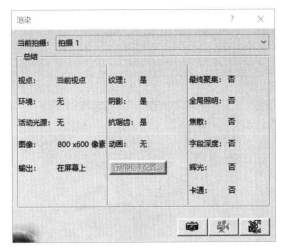

图 11-58 【渲染】对话框

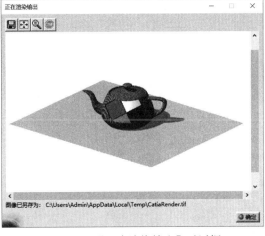

图 11-59 【正在渲染输出】对话框

11.5.3　快速渲染

单击【渲染】工具栏上的【快速渲染】按钮 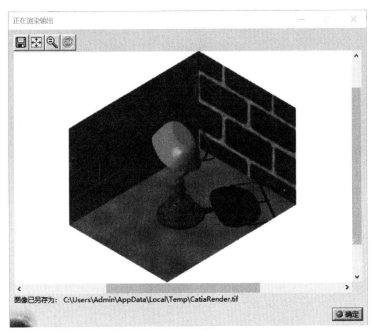，弹出【正在渲染输出】对话框，如图 11-60 所示。

图 11-60 【正在渲染输出】对话框

11.6　本章小结

本章介绍了 CATIA 模型渲染基本知识，主要内容有环境设置、光源管理、材质贴图、照片管理等，希望读者通过本章的讲解，能完全掌握及熟练应用 CATIA 模型渲染的基础知识和操作方法，为模型渲染的实际应用奠定基础。

11.7 上机习题（视频）

1.习题1

使用环境设置、材质、贴图、涂彩等指令建立习题1所示的椅子渲染。

习题1视频精讲

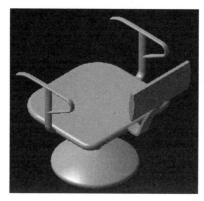

习题1 椅子

2.习题2

使用环境设置、材质、贴图、涂彩等指令建立习题2所示的茶壶渲染。

习题2视频精讲

习题2 茶壶

第12章

实体设计典型案例

实体特征造型是CATIA软件典型的造型方式，本章以2个典型实例来介绍各类实体建模的方法和步骤。希望通过本章的学习，使读者轻松掌握CATIA实体特征造型功能的基本应用。

项目分解

◉ 斜滑动轴承座组件设计

◉ 平口钳组件设计

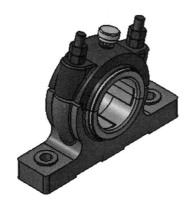

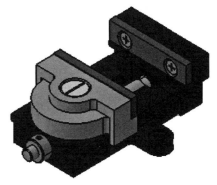

12.1 综合实例1——斜滑动轴承座造型设计

以斜滑动轴承为例来对实体特征设计相关知识进行综合性应用，斜滑动轴承结构如图12-1所示。

12.1.1 斜滑动轴承造型思路分析

斜滑动轴承是典型机械零部件。斜滑动轴承实体建模流程如下：

（1）分析零件，拟定总体建模思路

总体思路是：首先对模型结构进行分析和分解，分解为轴承座、轴承盖、上轴瓦、下轴瓦、顶盖等，如图12-2所示。

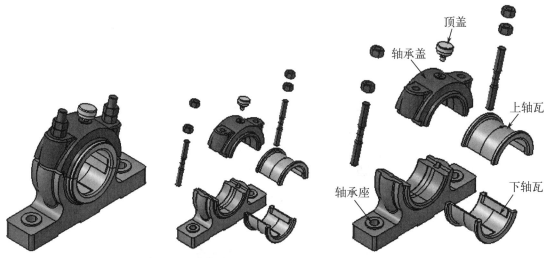

图12-1 斜滑动轴承模型　　　　图12-2 斜滑动轴承的模型分解

（2）轴承座的特征造型

采用旋转特征建立回转体外形结构，采用凸台特征建立底板结构，通过凹槽、倒圆角、凸台和孔特征进行造型，如图12-3所示。

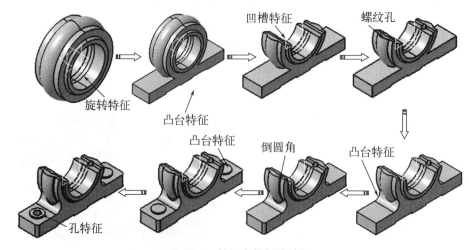

图12-3 轴承座的创建过程

（3）轴承盖的特征造型

采用旋转和凸台特征建立外形结构，采用孔特征创建安装定位孔，通过凹槽创建端面止口结构，如图12-4所示。

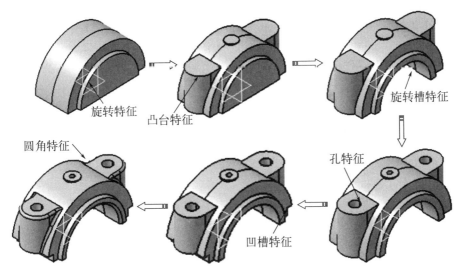

图12-4 轴承座的创建过程

（4）上下轴瓦的特征造型

采用旋转特征建立外形结构，采用旋转槽特征建立油槽结构，通过孔特征创建油道，如图12-5所示。

图12-5 上下轴瓦的创建过程

（5）顶盖的特征造型

采用旋转特征建立外形结构，采用凹槽特征建立六角结构，通过螺纹特征创建完成，如图12-6所示。

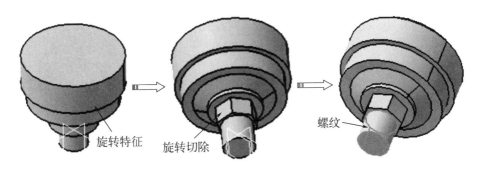

图12-6 顶盖的创建过程

12.1.2 斜滑动轴承操作过程

操作步骤

1. 轴承座设计过程

01 在【标准】工具栏中单击【新建】按钮，弹出【新建】对话框，在【类型列表】中选择"Part"，单击【确定】按钮新建一个零件文件，进入【零件设计】工作台，如图12-7所示。

12.1-1视频精讲

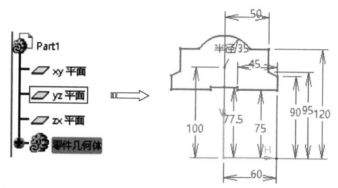

图12-7 启动零件设计工作台

02 单击【草图】按钮，选择yz平面作为草绘平面，进入草图编辑器。利用草绘工具绘制如图12-8所示的草图。单击【工作台】工具栏上的【退出工作台】按钮，完成草图绘制。

图12-8 绘制草图

03 单击【基于草图的特征】工具栏上的【旋转体】按钮，弹出【定义旋转体】对话框，选择上一步草图为旋转截面，选择Y轴为轴线，单击【确定】按钮，完成旋转，如图12-9所示。

图12-9 创建旋转体特征

04 单击【草图】按钮 ⬚，选择zx平面作为草绘平面，进入草图编辑器。利用草绘工具绘制如图12-10所示的草图。单击【工作台】工具栏上的【退出工作台】按钮 ⬚，完成草图绘制。

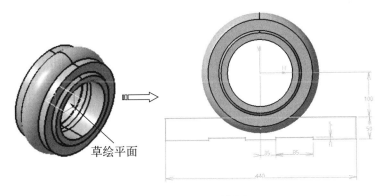

草绘平面

图12-10 绘制草图

05 单击【基于草图的特征】工具栏上的【凸台】按钮 ⬚，弹出【定义凸台】对话框，设置【类型】为"尺寸"，【长度】为50mm，选择上一步所绘制的草图，特征预览确认无误后单击【确定】按钮完成拉伸特征，如图12-11所示。

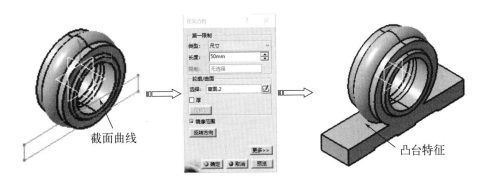

截面曲线

凸台特征

图12-11 创建凸台特征

06 单击【草图】按钮 ⬚，选择如图12-12所示的实体表面作为草绘平面，进入草图编辑器。利用草绘工具绘制如图12-12所示的草图。单击【工作台】工具栏上的【退出工作台】按钮 ⬚，完成草图绘制。

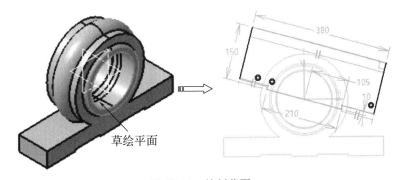

草绘平面

图12-12 绘制草图

07 单击【基于草图的特征】工具栏上的【凹槽】按钮，选择上一步草图，弹出【定义凹槽】对话框，设置【类型】为"直到最后"，单击【确定】按钮，系统自动完成凹槽特征，如图12-13所示。

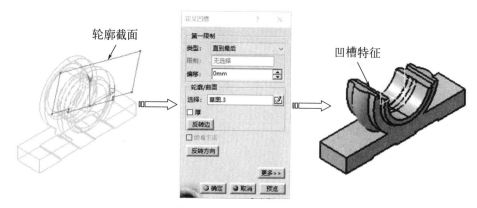

图 12-13　创建凹槽特征

08 选择如图12-14所示的打孔表面，单击【基于草图的特征】工具栏上的【孔】按钮，弹出【定义孔】对话框，【类型】为"公制粗牙螺纹"，【螺纹描述】为M24，【螺纹深度】为40mm，【孔深度】为53mm，单击【确定】按钮创建孔特征，如图12-14所示。

图 12-14　创建螺纹孔

09 选择如图12-15所示的打孔表面，单击【基于草图的特征】工具栏上的【孔】按钮，弹出【定义孔】对话框，【类型】为"公制粗牙螺纹"，【螺纹描述】为M24，【螺纹深度】为40mm，【孔深度】为53mm，单击【确定】按钮创建孔特征，如图12-15所示。

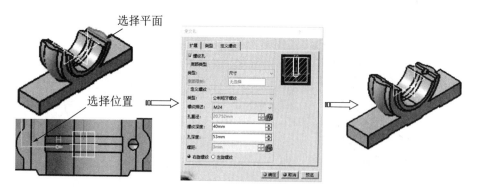

图 12-15　创建螺纹孔

10 单击【草图】按钮，选择如图12-16所示的实体表面作为草绘平面，进入草图编辑器。利用草绘工具绘制如图12-16所示的草图。单击【工作台】工具栏上的【退出工作台】按钮，完成草图绘制。

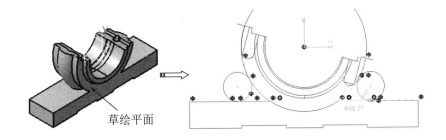

草绘平面

图12-16 绘制草图

11 单击【基于草图的特征】工具栏上的【凸台】按钮，弹出【定义凸台】对话框，设置【类型】为"尺寸"，【长度】为100mm，选择上一步所绘制的草图，特征预览确认无误后单击【确定】按钮完成拉伸特征，如图12-17所示。

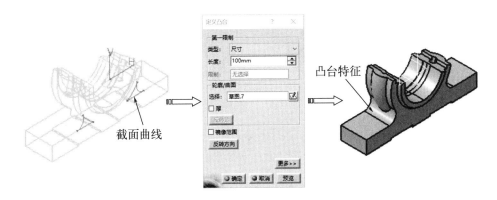

截面曲线　凸台特征

图12-17 创建凸台特征

12 单击【修饰特征】工具栏上的【倒圆角】按钮，弹出【倒圆角定义】对话框，在【要圆角化的对象】选择框中选择如图12-18所示的4个边线，【半径】为5mm，单击【确定】按钮完成圆角，如图12-18所示。

选择边

图12-18 创建倒圆角特征

13 单击【修饰特征】工具栏上的【倒圆角】按钮  ，弹出【倒圆角定义】对话框，在【要圆角化的对象】选择框中选择如图12-19所示的4个边线，【半径】为10mm，单击【确定】按钮完成圆角，如图12-19所示。

选择边

图12-19　创建倒圆角特征

14 单击【草图】按钮 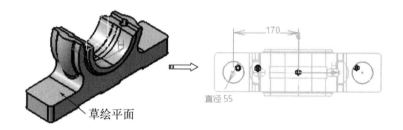，选择如图12-20所示的实体表面作为草绘平面，进入草图编辑器。利用草绘工具绘制如图12-20所示的草图。单击【工作台】工具栏上的【退出工作台】按钮，完成草图绘制。

草绘平面

170

直径55

图12-20　绘制草图

15 单击【基于草图的特征】工具栏上的【凸台】按钮 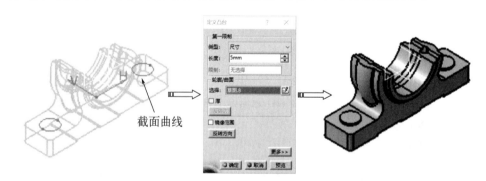，弹出【定义凸台】对话框，设置【类型】为"尺寸"，【长度】为5mm，选中【镜像范围】单选按钮，选择上一步所绘制的草图，特征预览确认无误后单击【确定】按钮完成拉伸特征，如图12-21所示。

截面曲线

图12-21　创建凸台特征

16 按住Ctrl键选择圆弧边和打孔表面，单击【基于草图的特征】工具栏上的【孔】按钮，弹出【定义孔】对话框，【直径】为30mm，【类型】为"直到最后"，单击【确定】按钮创建孔特征，如图12-22所示。

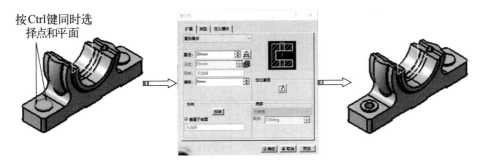

图 12-22　创建孔

17 按住 Ctrl 键选择圆弧边和打孔表面，单击【基于草图的特征】工具栏上的【孔】按钮 ，弹出【定义孔】对话框，【直径】为 30mm，【类型】为"直到最后"，单击【确定】按钮创建孔特征，如图 12-23 所示。

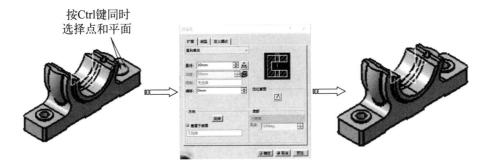

图 12-23　创建孔

18 单击【修饰特征】工具栏上的【倒角】按钮 ，弹出【定义倒角】对话框，激活【要倒角的对象】选择框，选择如图 12-24 所示的 2 条边线，在【模式】下拉列表中选择"长度 1/角度"，【长度 1】为 5mm，【传播】为"相切"，单击【确定】按钮完成倒角特征，如图 12-24所示。

图 12-24　创建倒角特征

2.轴承盖设计过程

01 在【标准】工具栏中单击【新建】按钮，弹出【新建】对话框，在【类型列表】中选择"Part"，单击【确定】按钮新建一个零件文件，进入【零件设计】工作台，如图 12-25 所示。

12.1-2视频精讲

02 单击【草图】按钮✍️，选择yz平面作为草绘平面，进入草图编辑器。利用草绘工具绘制如图12-26所示的草图。单击【工作台】工具栏上的【退出工作台】按钮↥️，完成草图绘制。

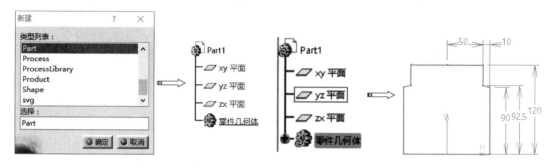

图12-25 启动零件设计工作台   图12-26 绘制草图

03 单击【基于草图的特征】工具栏上的【旋转体】按钮🔘，弹出【定义旋转体】对话框，【第一角度】为"90°"，【第二角度】为"90°"，选择上一步草图为旋转截面，选择Y轴为轴线，单击【确定】按钮，完成旋转，如图12-27所示。

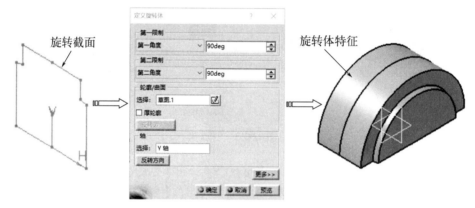

图12-27 创建旋转体特征

04 单击【草图】按钮✍️，选择xy平面作为草绘平面，进入草图编辑器。利用草绘工具绘制如图12-28所示的草图。单击【工作台】工具栏上的【退出工作台】按钮↥️，完成草图绘制。

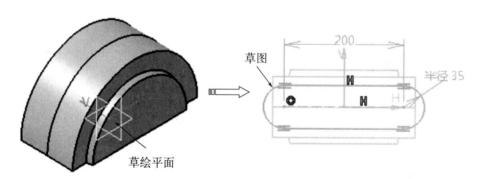

图12-28 绘制草图

05 单击【基于草图的特征】工具栏上的【凸台】按钮🔘，弹出【定义凸台】对话框，设置【类型】为"尺寸"，【长度】为100mm，选择上一步所绘制的草图，特征预览确认无误后单击【确定】按钮完成拉伸特征，如图12-29所示。

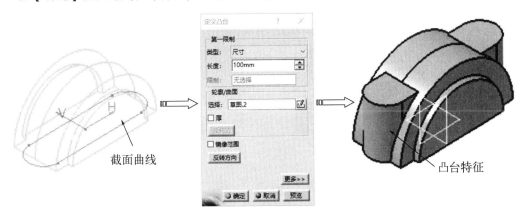

图12-29 创建凸台特征

06 单击【草图】按钮，选择xy平面作为草绘平面，进入草图编辑器。利用草绘工具绘制如图12-30所示的草图。单击【工作台】工具栏上的【退出工作台】按钮，完成草图绘制。

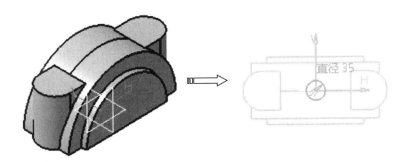

图12-30 绘制草图

07 单击【基于草图的特征】工具栏上的【凸台】按钮，弹出【定义凸台】对话框，设置【类型】为"尺寸"，【长度】为122mm，选择上一步所绘制的草图，特征预览确认无误后单击【确定】按钮完成拉伸特征，如图12-31所示。

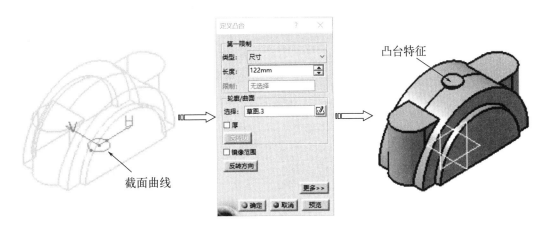

图12-31 创建凸台特征

08 单击【草图】按钮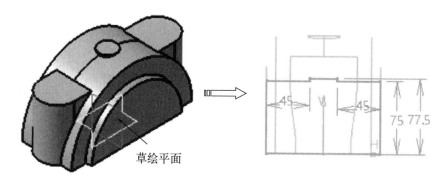，选择yz平面作为草绘平面，进入草图编辑器。利用草绘工具绘制如图12-32所示的草图。单击【工作台】工具栏上的【退出工作台】按钮，完成草图绘制。

草绘平面

图12-32   绘制草图

09 单击【基于草图的特征】工具栏上的【旋转槽】按钮，弹出【定义旋转槽】对话框，选择上一步草图为旋转截面，选择"Y轴"为轴线，单击【确定】按钮，完成旋转，如图12-33所示。

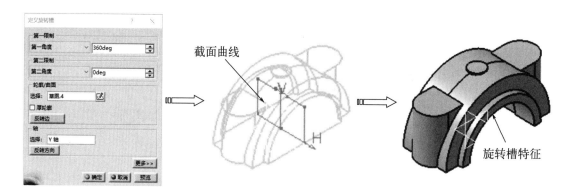

截面曲线

旋转槽特征

图12-33   创建旋转槽特征

10 选择如图12-34所示的打孔表面，单击【基于草图的特征】工具栏上的【孔】按钮，弹出【定义孔】对话框，【类型】为"公制粗牙螺纹"，【螺纹描述】为M14，【螺纹深度】为10mm，单击【确定】按钮创建孔特征，如图12-34所示。

选择平面

图12-34   创建螺纹孔

11 按住Ctrl键选择圆弧边和打孔表面，单击【基于草图的特征】工具栏上的【孔】按钮⊙，弹出【定义孔】对话框，【直径】为25mm，【类型】为"直到最后"，单击【确定】按钮创建孔特征，如图12-35所示。

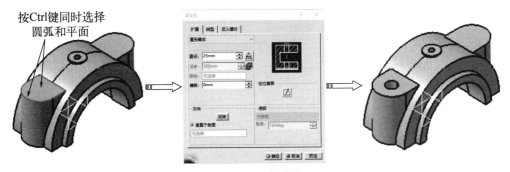

图 12-35 创建孔

12 按住Ctrl键选择圆弧边和打孔表面，单击【基于草图的特征】工具栏上的【孔】按钮⊙，弹出【定义孔】对话框，【直径】为25mm，【类型】为"直到最后"，单击【确定】按钮创建孔特征，如图12-36所示。

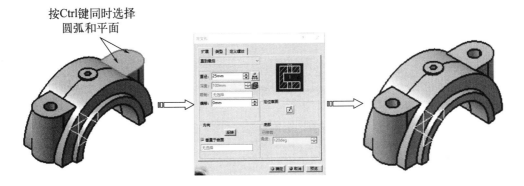

图12-36 创建孔

13 单击【草图】按钮，选择如图12-37所示的实体表面作为草绘平面，进入草图编辑器。利用草绘工具绘制如图12-37所示的草图。单击【工作台】工具栏上的【退出工作台】按钮↥，完成草图绘制。

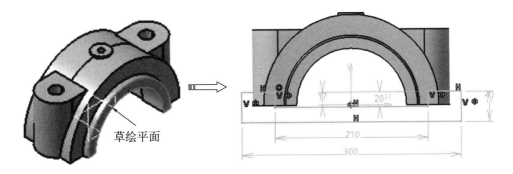

图 12-37 绘制草图

14 单击【基于草图的特征】工具栏上的【凹槽】按钮📷，选择上一步草图，弹出【定义凹槽】对话框，设置【类型】为"直到最后"，单击【确定】按钮，系统自动完成凹槽特征，如图12-38所示。

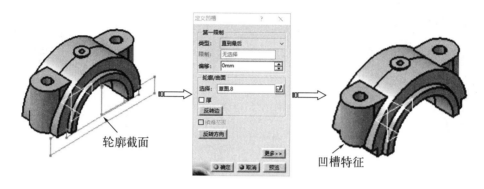

图12-38 创建凹槽特征

15 单击【修饰特征】工具栏上的【倒圆角】按钮🔩，弹出【倒圆角定义】对话框，在【要圆角化的对象】选择框中选择如图12-39所示的6个边线，【半径】为5mm，单击【确定】按钮完成圆角，如图12-39所示。

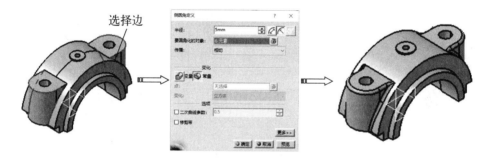

图12-39 创建倒圆角特征

16 单击【修饰特征】工具栏上的【倒角】按钮🔩，弹出【定义倒角】对话框，激活【要倒角的对象】选择框，选择如图12-40所示的2条边线，在【模式】下拉列表中选择"长度1/角度"，【长度1】为5mm，【传播】为"相切"，单击【确定】按钮完成倒角特征，如图12-40所示。

图12-40 创建倒角特征

3.轴瓦设计过程

01 在【标准】工具栏中单击【新建】按钮，弹出【新建】对话框，在【类型列表】中选择"Part"，单击【确定】按钮新建一个零件文件，进入【零件设计】工作台，如图12-41所示。

02 单击【草图】按钮，选择yz平面作为草绘平面，进入草图编辑器。利用草绘工具绘制如图12-42所示的草图。单击【工作台】工具栏上的【退出工作台】按钮，完成草图绘制。

12.1-3视频精讲

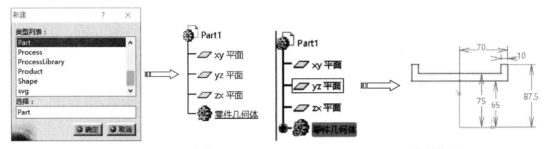

图 12-41 启动零件设计工作台　　　图 12-42 绘制草图

03 单击【基于草图的特征】工具栏上的【旋转体】按钮，弹出【定义旋转体】对话框，选择上一步草图为旋转截面，【第一角度】为"90°"，【第二角度】为"90°"，选择Y轴为轴线，单击【确定】按钮，完成旋转，如图12-43所示。

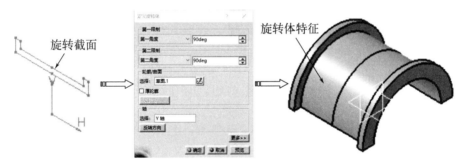

图 12-43 创建旋转体特征

04 单击【草图】按钮，选择yz平面作为草绘平面，进入草图编辑器。利用草绘工具绘制如图12-44所示的草图。单击【工作台】工具栏上的【退出工作台】按钮，完成草图绘制。

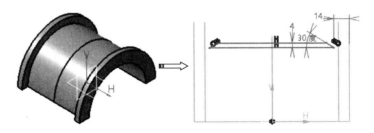

图 12-44 绘制草图

05 单击【基于草图的特征】工具栏上的【旋转槽】按钮，弹出【定义旋转槽】对话框，选择上一步草图为旋转截面，选择"Y轴"为轴线，单击【确定】按钮，完成旋转，如图12-45所示。

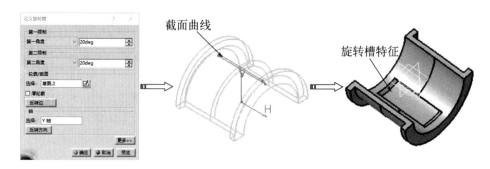

图12-45 创建旋转槽特征

06 选择如图12-46所示要阵列的凹槽特征，单击【变换特征】工具栏上的【圆形阵列】按钮
⬡，弹出【定义圆形阵列】对话框，在【轴向参考】选项卡中设置【参数】为"实例和角
度间距"，【实例】为4，【角度间距】为90°，激活【参考元素】编辑框，选择Y轴，单击
【预览】按钮显示预览，单击【确定】按钮完成圆形阵列，如图12-46所示。

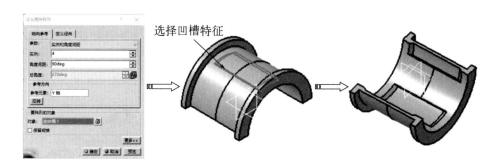

图12-46 创建圆形阵列

07 创建点。单击【线框】工具栏上的【点】按钮▪，弹出【点定义】对话框，在【点类型】
下拉列表中选择【坐标】选项，输入X、Y、Z坐标为（0，0，75），单击【确定】按钮，系
统自动完成点创建，如图12-47所示。

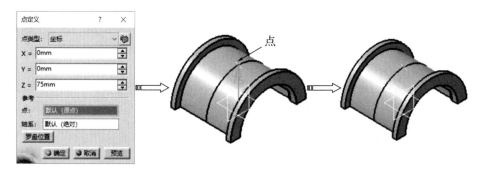

图12-47 创建坐标点

08 按住Ctrl键选择圆弧边和打孔表面，单击【基于草图的特征】工具栏上的【孔】按钮⬤，弹
出【定义孔】对话框，【类型】为"直到最后"，【直径】为10.5m，单击【确定】按钮创建
孔特征，如图12-48所示。

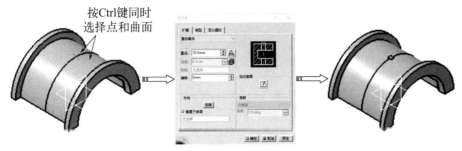

图12-48　创建孔

09 单击【修饰特征】工具栏上的【倒圆角】按钮🌰，弹出【倒圆角定义】对话框，在【要圆角化的对象】选择框中选择如图12-49所示的4个边线，【半径】为5mm，单击【确定】按钮完成圆角，如图12-49所示。

图12-49　创建倒圆角特征

10 单击【修饰特征】工具栏上的【倒角】按钮🌰，弹出【定义倒角】对话框，激活【要倒角的对象】选择框，选择如图12-50所示的2条边线，在【模式】下拉列表中选择"长度1/角度"，【长度1】为2mm，【传播】为"相切"，单击【确定】按钮完成倒角特征，如图12-50所示。

图12-50　创建倒角特征

11 同理，建立下轴瓦结构，上轴瓦与下轴瓦区别在于没有油孔，如图12-51所示。

图12-51　创建下轴瓦

4.顶盖设计过程

01 在【标准】工具栏中单击【新建】按钮，弹出【新建】对话框，在【类型列表】中选择"Part"，单击【确定】按钮新建一个零件文件，进入【零件设计】工作台，如图12-52所示。

02 单击【草图】按钮▧，选择yz平面作为草绘平面，进入草图编辑器。利用草绘工具绘制如图12-53所示的草图。单击【工作台】工具栏上的【退出工作台】按钮⬆，完成草图绘制。

12.1-4视频精讲

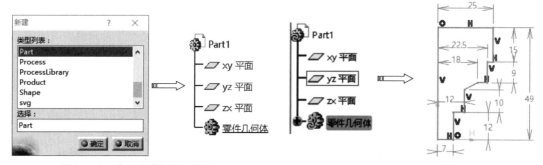

图 12-52　启动零件设计工作台　　　　　图 12-53　绘制草图

03 单击【基于草图的特征】工具栏上的【旋转体】按钮▮，弹出【定义旋转体】对话框，选择上一步草图为旋转截面，自动选择Z轴为轴线，单击【确定】按钮，完成旋转，如图12-54所示。

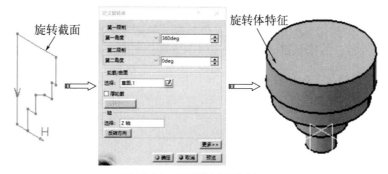

图 12-54　创建旋转体特征

04 单击【草图】按钮▧，选择yz平面作为草绘平面，进入草图编辑器。利用草绘工具绘制如图12-55所示的草图。单击【工作台】工具栏上的【退出工作台】按钮⬆，完成草图绘制。

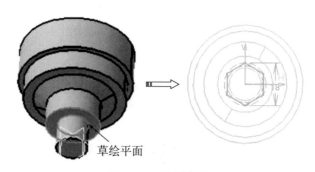

图 12-55　绘制草图

05 单击【基于草图的特征】工具栏上的【凹槽】按钮，选择上一步草图，弹出【定义凹槽】对话框，设置【类型】为"尺寸"，【深度】为"8mm"，单击【确定】按钮，系统自动完成凹槽特征，如图 12-56 所示。

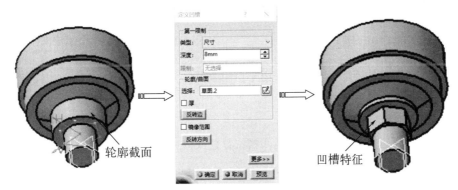

图 12-56 创建凹槽特征

06 单击【修饰特征】工具栏上的【倒角】按钮，弹出【定义倒角】对话框，激活【要倒角的对象】选择框，选择如图 12-57 所示的 1 条边线，在【模式】下拉列表中选择"长度 1/角度"，【长度 1】为 2.5mm，【传播】为"相切"，单击【确定】按钮完成倒角特征，如图 12-57 所示。

图 12-57 创建倒角特征

07 单击【修饰特征】工具栏上的【外螺纹/内螺纹】按钮，弹出【定义外螺纹/内螺纹】对话框，激活【侧面】编辑框，选择产生螺纹的零件实体表面，激活【限制面】编辑框，选择限制螺纹起始位置实体表面（必须为平面），设置【类型】为 M14，选中【右旋螺纹】单选按钮，单击【确定】按钮，系统自动完成螺纹特征，如图 12-58 所示。

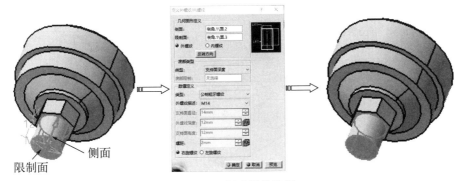

图 12-58 创建螺纹特征

12.2   综合实例2——平口钳组件造型设计

下面以平口钳为例来对实体特征设计相关知识进行综合性应用，平口钳结构如图12-59所示。

12.2.1   平口钳造型思路分析

平口钳是典型机械零部件，下面介绍平口钳主要零件的CATIA实体建模流程。

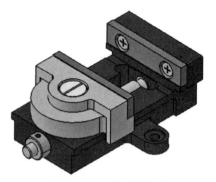

图12-59   平口钳模型

12.2.1.1   钳座的特征造型

采用凸台特征建立外形结构，采用凹槽特征建立内腔结构，通过镜像特征创建连接部，如图12-60所示。

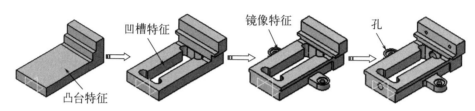

图12-60   钳座的创建过程

12.2.1.2   活动钳口的特征造型

采用凸台特征建立外形结构，通过孔特征创建安装定位孔，如图12-61所示。

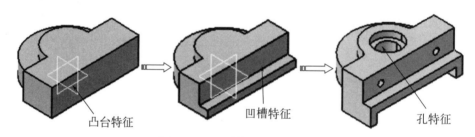

图12-61   活动钳口的创建过程

12.2.1.3   方形螺母的特征造型

采用凸台特征建立外形结构，通过孔特征创建丝杠孔，如图12-62所示。

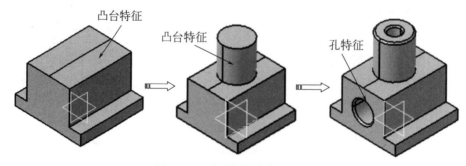

图12-62   方形螺母的创建过程

12.2.1.4　丝杠的特征造型

采用旋转特征建立外形结构，采用凹槽建立六角结构，通过倒角特征创建完成，如图12-63所示。

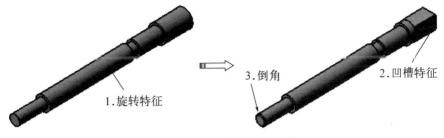

图12-63　丝杠的创建过程

12.2.2　平口钳设计操作过程

操作步骤

　1.钳座设计过程

01 在【标准】工具栏中单击【新建】按钮，弹出【新建】对话框，在【类型列表】中选择"Part"，单击【确定】按钮新建一个零件文件，进入【零件设计】工作台，如图12-64所示。

12.2-1视频精讲

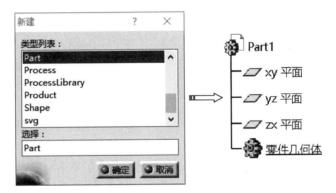

图12-64　启动零件设计工作台

02 单击【草图】按钮，选择zx平面作为草绘平面，进入草图编辑器。利用草绘工具绘制如图12-65所示的草图。单击【工作台】工具栏上的【退出工作台】按钮，完成草图绘制。

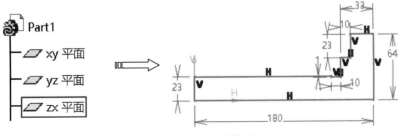

图12-65　绘制草图

03 单击【基于草图的特征】工具栏上的【凸台】按钮⚙️，弹出【定义凸台】对话框，设置拉伸深度类型为【尺寸】，【长度】为46mm，选中【镜像范围】单选按钮，选择上一步所绘制的草图，特征预览确认无误后单击【确定】按钮完成拉伸特征，如图12-66所示。

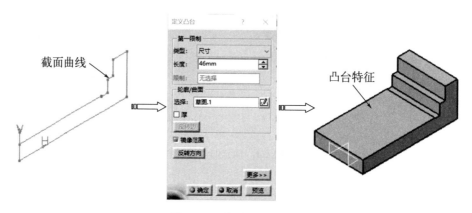

图12-66 创建凸台特征

04 单击【草图】按钮✍️，选择zx平面作为草绘平面，进入草图编辑器。利用草绘工具绘制如图12-67所示的草图。单击【工作台】工具栏上的【退出工作台】按钮⬆️，完成草图绘制。

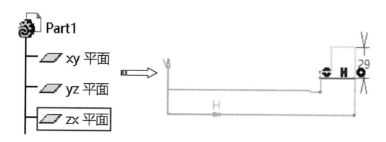

图12-67 绘制草图

05 单击【基于草图的特征】工具栏上的【凸台】按钮⚙️，弹出【定义凸台】对话框，设置【类型】为"尺寸"，【长度】为55mm，选中【镜像范围】单选按钮，选择上一步所绘制的草图，特征预览确认无误后单击【确定】按钮完成拉伸特征，如图12-68所示。

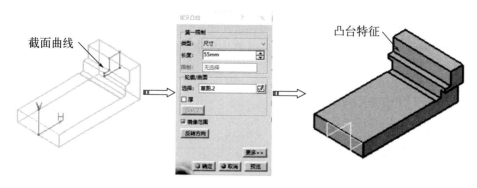

图12-68 创建凸台特征

06 单击【草图】按钮，选择如图12-70所示的实体表面作为草绘平面，进入草图编辑器。利用草绘工具绘制如图12-69所示的草图。单击【工作台】工具栏上的【退出工作台】按钮，完成草图绘制。

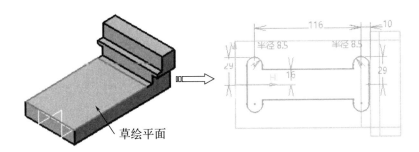

图12-69 绘制草图

07 单击【基于草图的特征】工具栏上的【凹槽】按钮，选择上一步草图，弹出【定义凹槽】对话框，设置【类型】为"直到最后"，单击【确定】按钮，系统自动完成凹槽特征，如图12-70所示。

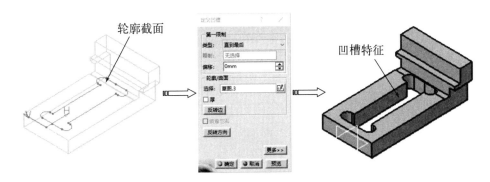

图12-70 创建凹槽特征

08 单击【草图】按钮，选择如图12-71所示的实体表面作为草绘平面，进入草图编辑器。利用草绘工具绘制如图12-71所示的草图。单击【工作台】工具栏上的【退出工作台】按钮，完成草图绘制。

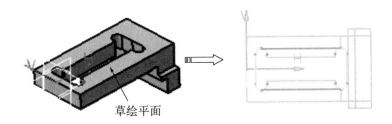

图12-71 绘制草图

09 单击【基于草图的特征】工具栏上的【凹槽】按钮，选择上一步草图，弹出【定义凹槽】对话框，设置【类型】为"尺寸"，【深度】为10mm，单击【确定】按钮，系统自动完成凹槽特征，如图12-72所示。

图 12-72　创建凹槽特征

10 单击【草图】按钮，选择如图 12-73 所示的实体表面作为草绘平面，进入草图编辑器。利用草绘工具绘制如图 12-73 所示的草图。单击【工作台】工具栏上的【退出工作台】按钮，完成草图绘制。

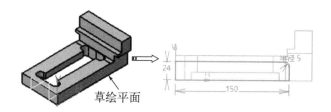

图 12-73　绘制草图

11 单击【基于草图的特征】工具栏上的【凹槽】按钮，选择上一步草图，弹出【定义凹槽】对话框，设置【类型】为"尺寸"，【深度】为 4mm，单击【确定】按钮，系统自动完成凹槽特征，如图 12-74 所示。

图 12-74　创建凹槽特征

12 选择如图 12-75 所示的凹槽特征，单击【变换特征】工具栏上的【镜像】按钮，弹出【定义镜像】对话框，激活【镜像元素】编辑框，选择 zx 平面作为镜像平面，显示镜像预览，单击【确定】按钮，系统完成镜像特征，如图 12-75 所示。

图 12-75　创建镜像

13 单击【草图】按钮，选择如图12-76所示的实体表面作为草绘平面，进入草图编辑器。利用草绘工具绘制如图12-76所示的草图。单击【工作台】工具栏上的【退出工作台】按钮，完成草图绘制。

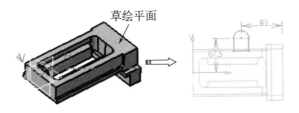

图12-76 绘制草图

14 单击【基于草图的特征】工具栏上的【凸台】按钮，弹出【定义凸台】对话框，设置【类型】为"尺寸"，【长度】为13mm，选择上一步所绘制的草图，特征预览确认无误后单击【确定】按钮完成拉伸特征，如图12-77所示。

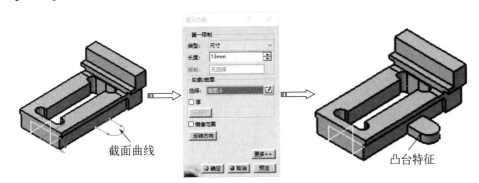

图12-77 创建凸台特征

15 按住Ctrl键选定实体表面的同时选定圆边界，单击【基于草图的特征】工具栏上的【孔】按钮，弹出【定义孔】对话框，设置【直径】为11mm，选择"直到最后"，【类型】为"沉头孔"，【直径】为22mm，【深度】为2mm，单击【确定】按钮创建孔特征，如图12-78所示。

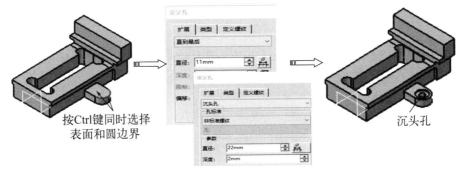

图12-78 创建孔

16 选择如图12-79所示的2个特征，单击【变换特征】工具栏上的【镜像】按钮，弹出【定义镜像】对话框，激活【镜像元素】编辑框，选择zx平面作为镜像平面，显示镜像预览，单击【确定】按钮，系统完成镜像特征，如图12-79所示。

选择2个特征

图12-79　创建镜像

17 单击【修饰特征】工具栏上的【倒圆角】按钮，弹出【倒圆角定义】对话框，在【要圆角化的对象】选择框中选择如图12-80所示的4个边线，【半径】为5mm，单击【确定】按钮完成圆角，如图12-80所示。

选择边

图12-80　创建倒圆角特征

18 创建点。单击【线框】工具栏上的【点】按钮，弹出【点定义】对话框，在【点类型】下拉列表中选择【坐标】选项，输入X、Y、Z坐标为（0，0，17），单击【确定】按钮，系统自动完成点创建，如图12-81所示。

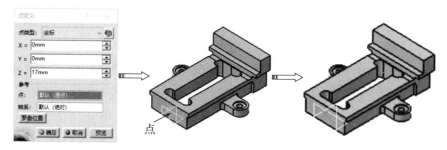

点

图12-81　创建坐标点

19 按住Ctrl键选择点和打孔表面，单击【基于草图的特征】工具栏上的【孔】按钮，弹出【定义孔】对话框，【直径】为14mm，【深度】为40mm，单击【确定】按钮创建孔特征，如图12-82所示。

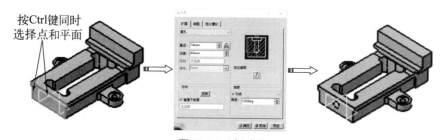

按Ctrl键同时选择点和平面

图12-82　创建孔

20 创建点。单击【线框】工具栏上的【点】按钮 ▪，弹出【点定义】对话框，在【点类型】
下拉列表中选择【坐标】选项，输入X、Y、Z坐标为（-180，0，17），单击【确定】按钮，
系统自动完成点创建，如图12-83所示。

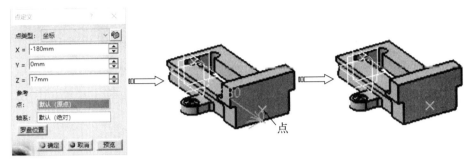

图12-83 创建坐标点

21 按住Ctrl键选择点和打孔表面，单击【基于草图的特征】工具栏上的【孔】按钮 ⊙，弹出
【定义孔】对话框，【直径】为20mm，【深度】为40mm，单击【确定】按钮创建孔特征，如
图12-84所示。

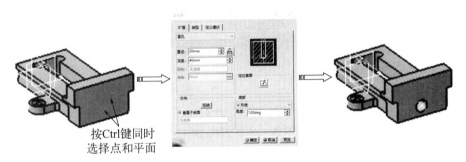

图12-84 创建孔

22 选择如图12-85所示的打孔表面，单击【基于草图的特征】工具栏上的【孔】按钮 ⊙，弹
出【定义孔】对话框，【类型】为"公制粗牙螺纹"，【螺纹描述】为M8，【螺纹深度】为
10mm，【孔深度】为15mm，单击【确定】按钮创建孔特征，如图12-85所示。

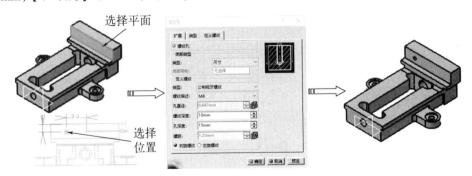

图12-85 创建螺纹孔

23 选择如图12-86所示要阵列的孔特征，单击【变换特征】工具栏上的【矩形阵列】按钮 ▦，
弹出【定义矩形阵列】对话框。激活【第一方向】选项卡中的【参考元素】编辑框，选择
Y轴为方向参考，设置【实例】为2，【间距】为66mm；单击【预览】按钮显示预览，单击
【确定】按钮完成矩形阵列，如图12-86所示。

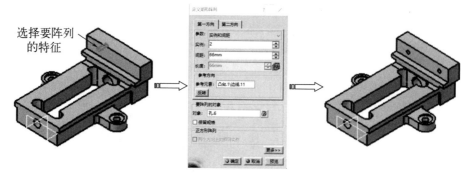

选择要阵列的特征

图12-86　创建矩形阵列

2.活动钳口设计过程

01 在【标准】工具栏中单击【新建】按钮，弹出【新建】对话框，在【类型列表】中选择"Part"，单击【确定】按钮新建一个零件文件，进入【零件设计】工作台，如图12-87所示。

12.2-2视频精讲

02 单击【草图】按钮![按钮]，选择xy平面作为草绘平面，进入草图编辑器。利用草绘工具绘制如图12-88所示的草图。单击【工作台】工具栏上的【退出工作台】按钮![按钮]，完成草图绘制。

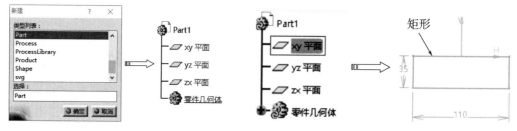

图12-87　启动零件设计工作台　　　　　　　图12-88　绘制草图

03 单击【基于草图的特征】工具栏上的【凸台】按钮![按钮]，弹出【定义凸台】对话框，设置【类型】为"尺寸"，【长度】为32mm，选择上一步所绘制的草图，特征预览确认无误后单击【确定】按钮完成拉伸特征，如图12-89所示。

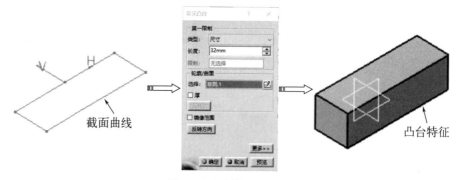

截面曲线

凸台特征

图12-89　创建凸台特征

04 单击【草图】按钮![按钮]，选择xy平面作为草绘平面，进入草图编辑器。利用草绘工具绘制如图12-90所示的草图。单击【工作台】工具栏上的【退出工作台】按钮![按钮]，完成草图绘制。

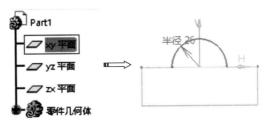

图 12-90　绘制草图

05 单击【基于草图的特征】工具栏上的【凸台】按钮⚡，弹出【定义凸台】对话框，设置
【类型】为"尺寸"，【长度】为32mm，选择上一步所绘制的草图，特征预览确认无误后单
击【确定】按钮完成拉伸特征，如图12-91所示。

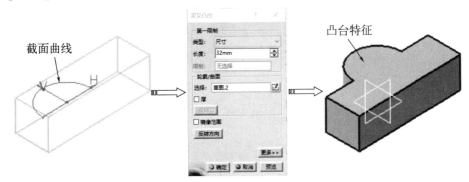

图 12-91　创建凸台特征

06 单击【草图】按钮⚡，选择xy平面作为草绘平面，进入草图编辑器。利用草绘工具绘制如
图12-92所示的草图。单击【工作台】工具栏上的【退出工作台】按钮⚂，完成草图绘制。

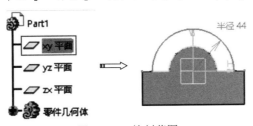

图 12-92　绘制草图

07 单击【基于草图的特征】工具栏上的【凸台】按钮⚡，弹出【定义凸台】对话框，设置
【类型】为"尺寸"，【长度】为20mm，选择上一步所绘制的草图，特征预览确认无误后单
击【确定】按钮完成拉伸特征，如图12-93所示。

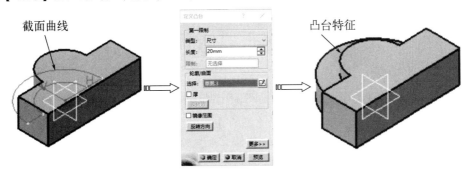

图 12-93　创建凸台特征

08 单击【草图】按钮，选择yz平面作为草绘平面，进入草图编辑器。利用草绘工具绘制如图12-94所示的草图。单击【工作台】工具栏上的【退出工作台】按钮，完成草图绘制。

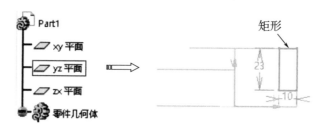

图12-94 绘制草图

09 单击【基于草图的特征】工具栏上的【凹槽】按钮，选择上一步草图，弹出【定义凹槽】对话框，设置【类型】为"尺寸"，【深度】为60mm，选中【镜像范围】复选框，单击【确定】按钮，系统自动完成凹槽特征，如图12-95所示。

图12-95 创建凹槽特征

10 单击【草图】按钮，选择如图12-96所示的实体表面作为草绘平面，进入草图编辑器。利用草绘工具绘制如图12-96所示的草图。单击【工作台】工具栏上的【退出工作台】按钮，完成草图绘制。

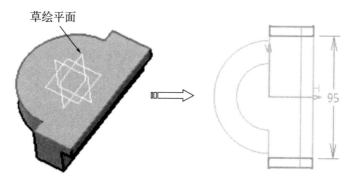

图12-96 绘制草图

11 单击【基于草图的特征】工具栏上的【凸台】按钮，弹出【定义凸台】对话框，设置【类型】为"尺寸"，【长度】为11mm，选择上一步所绘制的草图，特征预览确认无误后单击【确定】按钮完成拉伸特征，如图12-97所示。

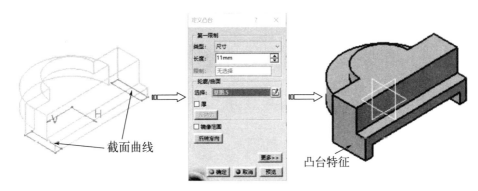

截面曲线

凸台特征

图 12-97　创建凸台特征

12 按住 Ctrl 键选定实体表面的同时选定圆边界，单击【基于草图的特征】工具栏上的【孔】按钮，弹出【定义孔】对话框，设置【直径】为 22mm，选择 "直到最后"，【类型】为 "沉头孔"，【直径】为 32mm，【深度】为 7mm，单击【确定】按钮创建孔特征，如图 12-98所示。

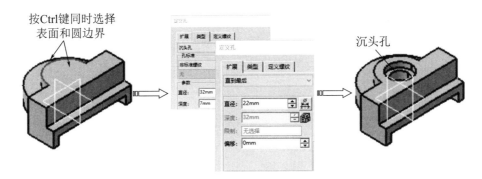

按 Ctrl 键同时选择
表面和圆边界

沉头孔

图 12-98　创建孔

13 单击【修饰特征】工具栏上的【倒圆角】按钮，弹出【倒圆角定义】对话框，在【要圆角化的对象】选择框中选择如图 12-99 所示的 4 个边线，【半径】为 5mm，单击【确定】按钮完成圆角，如图 12-99 所示。

选择边

图 12-99　创建倒圆角特征

14 选择如图 12-100 所示的打孔表面，单击【基于草图的特征】工具栏上的【孔】按钮，弹出【定义孔】对话框，【类型】为 "公制粗牙螺纹"，【螺纹描述】为 M8，【螺纹深度】为 10mm，【孔深度】为 15mm，单击【确定】按钮创建孔特征，如图 12-100 所示。

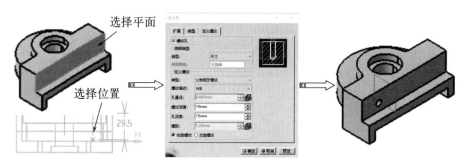

图12-100　创建螺纹孔

15 选择如图12-101所示要阵列的孔特征，单击【变换特征】工具栏上的【矩形阵列】按钮，弹出【定义矩形阵列】对话框。激活【第一方向】选项卡中的【参考元素】编辑框，选择Y轴为方向参考，设置【实例】为2，【间距】为66mm；单击【预览】按钮显示预览，单击【确定】按钮完成矩形阵列，如图12-101所示。

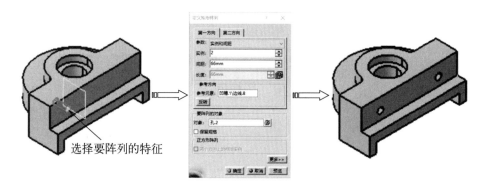

图12-101　创建矩形阵列

3.方形螺母设计过程

01 在【标准】工具栏中单击【新建】按钮，弹出【新建】对话框，在【类型列表】中选择"Part"，单击【确定】按钮新建一个零件文件，进入【零件设计】工作台，如图12-102所示。

02 单击【草图】按钮，选择yz平面作为草绘平面，进入草图编辑器。利用草绘工具绘制如图12-103所示的草图。单击【工作台】工具栏上的【退出工作台】按钮，完成草图绘制。

12.2-3视频精讲

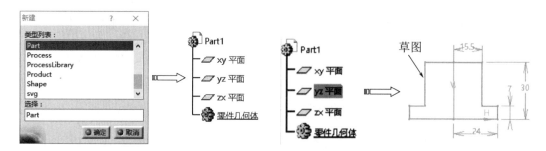

图12-102　启动零件设计工作台　　　　　**图12-103　绘制草图**

03 单击【基于草图的特征】工具栏上的【凸台】按钮 ，弹出【定义凸台】对话框，设置
【类型】为 "尺寸"，【长度】为22.5mm，选中【镜像范围】单选按钮，选择上一步所绘制的
草图，特征预览确认无误后单击【确定】按钮完成拉伸特征，如图12-104所示。

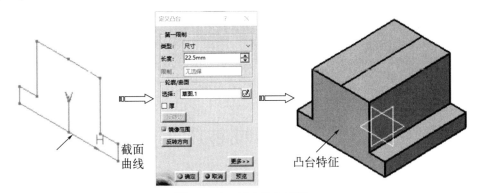

图12-104　创建凸台特征

04 单击【草图】按钮 ，选择如图12-105所示的实体表面作为草绘平面，进入草图编辑器。
利用草绘工具绘制如图12-105所示的草图。单击【工作台】工具栏上的【退出工作台】按
钮 ，完成草图绘制。

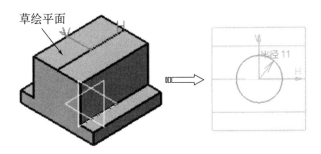

图12-105　绘制草图

05 单击【基于草图的特征】工具栏上的【凸台】按钮 ，弹出【定义凸台】对话框，设置
【类型】为 "尺寸"，【长度】为24mm，选择上一步所绘制的草图，特征预览确认无误后单
击【确定】按钮完成拉伸特征，如图12-106所示。

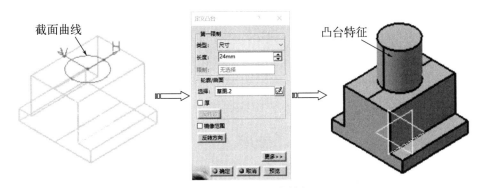

图12-106　创建凸台特征

06 选择如图12-107所示的打孔表面，单击【基于草图的特征】工具栏上的【孔】按钮 ，弹
出【定义孔】对话框，【类型】为 "直到最后"，【直径】为14mm，单击【确定】按钮创建

孔特征，如图12-107所示。

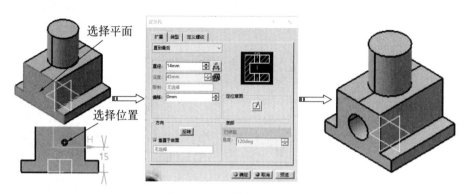

图 12-107　创建螺纹孔

07 按住Ctrl键选定实体表面的同时选定圆边界，单击【基于草图的特征】工具栏上的【孔】按钮，弹出【定义孔】对话框，【类型】为"公制粗牙螺纹"，【螺纹描述】为M10，【螺纹深度】为15mm，【孔深度】为"直到下一个"，单击【确定】按钮创建孔特征，如图12-108所示。

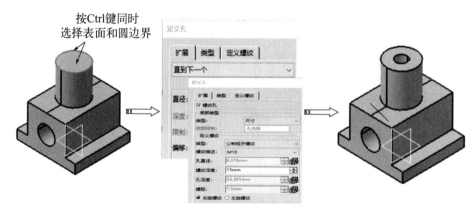

图 12-108　创建孔

08 单击【修饰特征】工具栏上的【倒角】按钮，弹出【定义倒角】对话框，激活【要倒角的对象】选择框，选择如图12-109所示的4条边线，在【模式】下拉列表中选择"长度1/角度"，【长度1】为1mm，【传播】为"相切"，单击【确定】按钮完成倒角特征，如图12-109所示。

图 12-109　创建倒角特征

12.2-4视频精讲

4.丝杠设计过程

01 在【标准】工具栏中单击【新建】按钮，弹出【新建】对话框，在【类型列表】中选择"Part"，单击【确定】按钮新建一个零件文件，进入【零件设计】工作台，如图12-110所示。

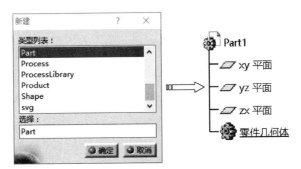

图 12-110　启动零件设计工作台

02 单击【草图】按钮，选择zx平面作为草绘平面，进入草图编辑器。利用草绘工具绘制如图12-111所示的草图。单击【工作台】工具栏上的【退出工作台】按钮，完成草图绘制。

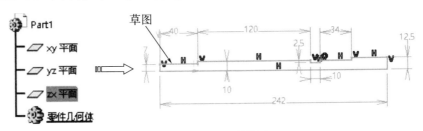

图 12-111　绘制草图

03 单击【基于草图的特征】工具栏上的【旋转体】按钮，弹出【定义旋转体】对话框，选择上一步草图为旋转截面，自动选择X轴为轴线，单击【确定】按钮，完成旋转，如图12-112所示。

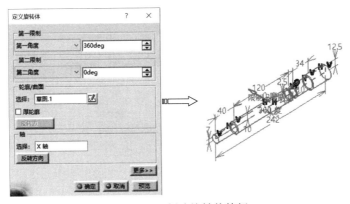

图 12-112　创建旋转体特征

04 单击【草图】按钮，选择如图12-113所示的实体表面作为草绘平面，进入草图编辑器。利用草绘工具绘制如图12-113所示的草图。单击【工作台】工具栏上的【退出工作台】按钮，完成草图绘制。

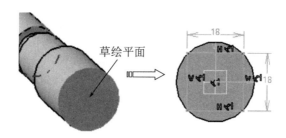

图 12-113　绘制草图

05 单击【基于草图的特征】工具栏上的【凹槽】按钮◙，选择上一步草图，弹出【定义凹槽】对话框，【类型】为"尺寸"，【深度】为30mm，单击【确定】按钮，系统自动完成凹槽特征，如图12-114所示。

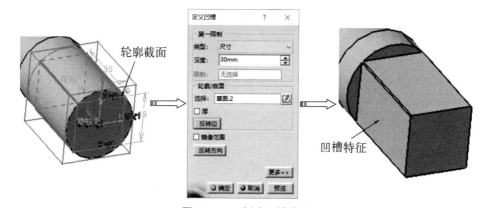

图 12-114　创建凹槽特征

06 单击【修饰特征】工具栏上的【倒角】按钮◈，弹出【定义倒角】对话框，激活【要倒角的对象】选择框，选择如图12-115所示的1条边线，在【模式】下拉列表中选择"长度1/角度"，【长度1】为1mm，【传播】为"相切"，单击【确定】按钮完成倒角特征，如图12-115所示。

图 12-115　创建倒角特征

5.钳口板设计过程

01 在【标准】工具栏中单击【新建】按钮，弹出【新建】对话框，在【类型列表】中选择"Part"，单击【确定】按钮新建一个零件文件，进入【零件设计】工作台，如图12-116所示。

02 单击【草图】按钮◢，选择zx平面作为草绘平面，进入草图编辑器。利用草绘工具绘制如图12-117所示的草图。单击【工作台】工具栏上的【退出工作

12.2-5视频精讲

台】按钮，完成草图绘制。

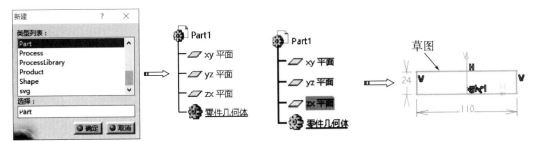

图12-116　启动零件设计工作台　　　　　　　图12-117　绘制草图

03 单击【基于草图的特征】工具栏上的【凸台】按钮，弹出【定义凸台】对话框，设置拉伸深度类型为【尺寸】，【长度】为9mm，选择上一步所绘制的草图，特征预览确认无误后单击【确定】按钮完成拉伸特征，如图12-118所示。

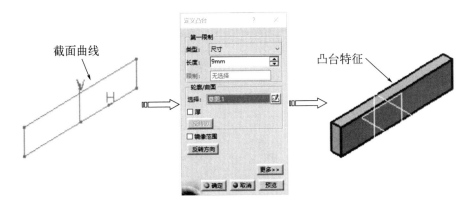

图12-118　创建凸台特征

04 选择如图12-119所示的打孔表面，单击【基于草图的特征】工具栏上的【孔】按钮，弹出【定义孔】对话框，【类型】为"埋头孔"，【深度】为5mm，【角度】为"90°"，【孔深度】为"直到最后"，单击【确定】按钮创建孔特征，如图12-119所示。

图12-119　创建埋头孔

05 选择如图12-120所示要阵列的孔特征，单击【变换特征】工具栏上的【矩形阵列】按钮，弹出【定义矩形阵列】对话框。激活【第一方向】选项卡中的【参考元素】编辑框，选择x轴为方向参考，设置【实例】为2，【间距】为66mm；单击【预览】按钮显示预览，单击【确定】按钮完成矩形阵列，如图12-120所示。

选择要阵列的特征

图 12-120   创建矩形阵列

6.一字螺母设计过程

01 在【标准】工具栏中单击【新建】按钮，弹出【新建】对话框，在【类型列表】中选择"Part"，单击【确定】按钮新建一个零件文件，进入【零件设计】工作台，如图12-121所示。

02 单击【草图】按钮□，选择yz平面作为草绘平面，进入草图编辑器。利用草绘工具绘制如图12-122所示的草图。单击【工作台】工具栏上的【退出工作台】按钮⬆，完成草图绘制。

12.2-6视频精讲

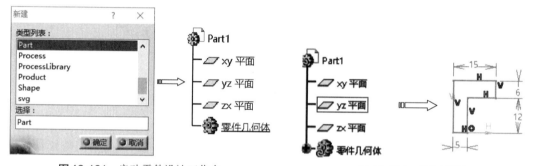

图 12-121   启动零件设计工作台   图 12-122   绘制草图

03 单击【基于草图的特征】工具栏上的【旋转体】按钮🔩，弹出【定义旋转体】对话框，选择上一步草图为旋转截面，自动选择Z轴为轴线，单击【确定】按钮，完成旋转，如图12-123所示。

旋转截面

旋转体特征

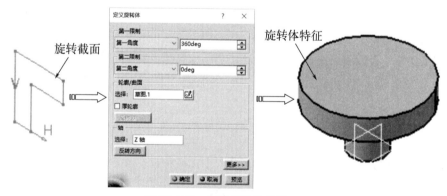

图 12-123   创建旋转体特征

04 单击【草图】按钮⬚，选择如图12-124所示的实体表面作为草绘平面，进入草图编辑器。利用草绘工具绘制如图12-124所示的草图。单击【工作台】工具栏上的【退出工作台】按钮⬆，完成草图绘制。

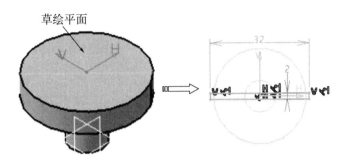

图12-124　绘制草图

05 单击【基于草图的特征】工具栏上的【凹槽】按钮⬚，选择上一步草图，弹出【定义凹槽】对话框，【类型】为"尺寸"，【深度】为2mm，单击【确定】按钮，系统自动完成凹槽特征，如图12-125所示。

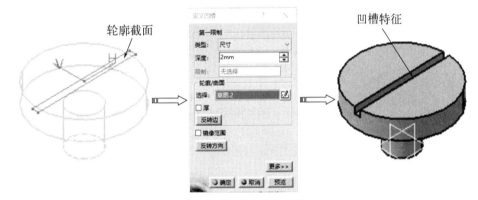

图12-125　创建凹槽特征

06 单击【修饰特征】工具栏上的【外螺纹/内螺纹】按钮⬤，弹出【定义外螺纹/内螺纹】对话框，激活【侧面】编辑框，选择产生螺纹的零件实体表面，激活【限制面】编辑框，选择限制螺纹起始位置实体表面（必须为平面），设置【类型】为公制粗牙螺纹，选中【右旋螺纹】单选按钮，单击【确定】按钮，系统自动完成螺纹特征，如图12-126所示。

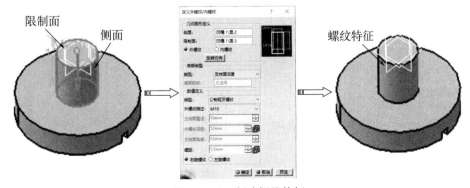

图12-126　创建螺纹特征

07 单击【修饰特征】工具栏上的【倒角】按钮![icon]，弹出【定义倒角】对话框，激活【要倒角的对象】选择框，选择如图12-127所示的1条边线，在【模式】下拉列表中选择"长度1/角度"，【长度1】为0.5mm，【传播】为"相切"，单击【确定】按钮完成倒角特征，如图12-127所示。

图12-127 创建倒角特征

08 单击【修饰特征】工具栏上的【倒角】按钮![icon]，弹出【定义倒角】对话框，激活【要倒角的对象】选择框，选择如图12-128所示的2条边线，在【模式】下拉列表中选择"长度1/角度"，【长度1】为1mm，【传播】为"相切"，单击【确定】按钮完成倒角特征，如图12-128所示。

图12-128 创建倒角特征

7. 固定套设计过程

01 在【标准】工具栏中单击【新建】按钮，弹出【新建】对话框，在【类型列表】中选择"Part"，单击【确定】按钮新建一个零件文件，进入【零件设计】工作台，如图12-129所示。

02 单击【草图】按钮![icon]，选择yz平面作为草绘平面，进入草图编辑器。利用草绘工具绘制如图12-130所示的草图。单击【工作台】工具栏上的【退出工作台】按钮![icon]，完成草图绘制。

12.2-7视频精讲

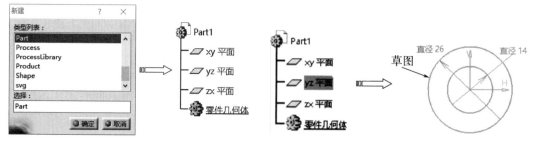

图12-129 启动零件设计工作台　　　　　图12-130 绘制草图

03 单击【基于草图的特征】工具栏上的【凸台】按钮，弹出【定义凸台】对话框，设置【类型】为"尺寸"，【长度】为7mm，选中【镜像范围】单选按钮，选择上一步所绘制的草图，特征预览确认无误后单击【确定】按钮完成拉伸特征，如图12-131所示。

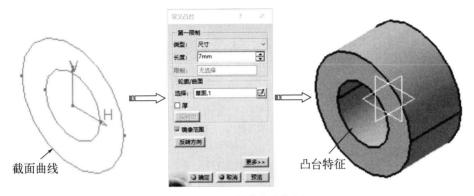

图12-131 创建凸台特征

04 创建点。单击【线框】工具栏上的【点】按钮，弹出【点定义】对话框，在【点类型】下拉列表中选择【坐标】选项，输入X、Y、Z坐标为（0，0，13），单击【确定】按钮，系统自动完成点创建，如图12-132所示。

图12-132 创建坐标点

05 选择如图12-133所示的打孔的点和表面，单击【基于草图的特征】工具栏上的【孔】按钮，弹出【定义孔】对话框，【类型】为"公制粗牙螺纹"，【螺纹描述】为M6，【螺纹深度】为6.446mm，【孔深度】为"直到下一个"，单击【确定】按钮创建孔特征，如图12-133所示。

图12-133 创建螺纹孔

06 单击【修饰特征】工具栏上的【倒角】按钮 ，弹出【定义倒角】对话框，激活【要倒角的对象】选择框，选择如图12-134所示的2条边线，在【模式】下拉列表中选择"长度1/角度"，【长度1】为1mm，【传播】为"相切"，单击【确定】按钮完成倒角特征，如图12-134所示。

图 12-134   创建倒角特征

第13章

曲面造型设计实例

曲面特征造型是CATIA软件典型的造型方式，本章以3个典型实例来介绍各类曲面造型的方法和步骤。希望通过本章的学习，使读者轻松掌握CATIA曲面特征造型功能的基本应用。

本章内容
- 鼠标曲面
- 可乐瓶底凸模曲面
- 玩具车轮凸模曲面

本章实例

13.1 综合实例1——鼠标曲面造型设计

13.1视频精讲

本节中，以一个家电产品——鼠标曲面设计实例，来详解曲面产品设计和应用技巧。鼠标曲面设计造型如图13-1所示。

图 13-1 鼠标曲面

13.1.1 鼠标曲面造型思路分析

鼠标是电子产品，其外形结构流畅、圆滑、美观，鼠标曲面CATIA实体建模流程如下。
（1）零件分析，拟定总体建模思路
按鼠标曲面结构特点对曲面进行分解，可分解为基体曲面和顶曲面，如图13-2所示。

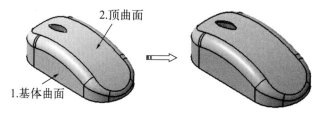

图 13-2 曲面分解

根据曲面实体建模顺序，一般是先曲线，再曲面，最后由曲面生成实体，如图13-3所示。

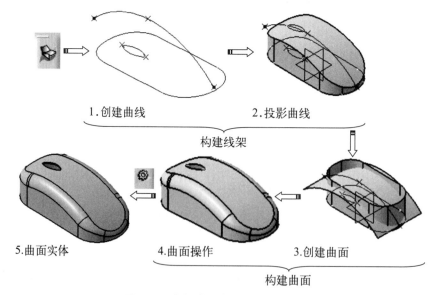

图 13-3 鼠标曲面实体创建基本流程

（2）曲线的构建

曲线创建按照点、线、面顺序，首先创建点，然后利用圆弧功能创建曲线，对于复杂的平面图形可借助草图工具来绘制，如图13-4所示。

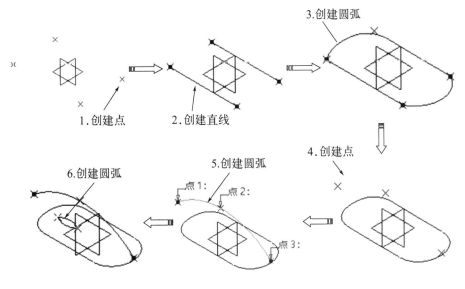

图13-4 创建曲线

（3）曲面的构建

首先利用拉伸曲面创建基本结构，修剪曲面形成外形轮廓，然后将曲线投影到曲面上，利用分割曲面工具分割拉伸曲面，最后采用圆角进行曲面造型，如图13-5所示。

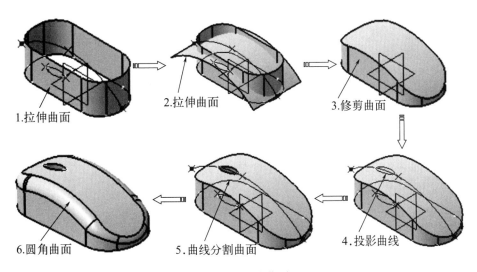

图13-5 创建曲面

（4）曲面创建实体

在零件设计工作台中，首先利用曲面加厚特征创建完成实体造型，如图13-6所示。

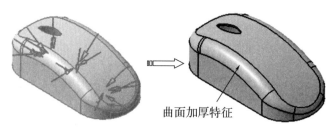

曲面加厚特征

图 13-6 曲面创建实体特征

13.1.2 鼠标曲面造型操作过程

13.1.2.1 启动创成式外形设计工作台

01 在【标准】工具栏中单击【新建】按钮，弹出【新建】对话框，在【类型列表】中选择 "Part"，单击【确定】按钮新建一个零件文件，进入【零件设计】工作台，如图 13-7 所示。

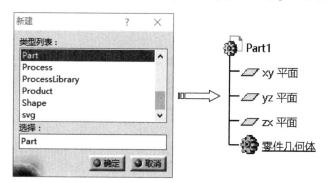

图 13-7 创建零件

02 选择【开始】|【形状】|【创成式外形设计】命令，进入创成式外形设计工作台。

13.1.2.2 创建线框

01 选择下拉菜单【插入】|【几何图形集】命令，弹出【插入几何图形集】对话框，保持默认，单击【确定】按钮，特征树上出现"几何图形集.1"节点，并设置为当前工作对象，如图 13-8 所示。

图 13-8 创建几何图形集

💡 **技术要点**

零件几何体里包括的是实体部分，而几何图形集包括的是点、线、面部分。

02 创建点。单击【线框】工具栏上的【点】按钮 ∎，弹出【点定义】对话框，在【点类型】下拉列表中选择【坐标】选项，输入X、Y、Z坐标为（25，-40，0）、（25，40，0）、（-25，-40，0）、（-25，40，0），单击【确定】按钮，系统自动完成点创建，如图13-9所示。

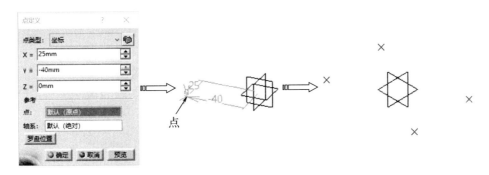

图13-9　创建坐标点

03 创建直线。单击【参考元素】工具栏上的【直线】按钮 ⁄，弹出【直线定义】对话框，在【线型】下拉列表中选择【点-点】选项，选择如图13-10所示的点作为参考，单击【确定】按钮，系统自动完成直线创建，如图13-10所示。

图13-10　点-点创建直线

04 单击【参考元素】工具栏上的【直线】按钮 ⁄，弹出【直线定义】对话框，在【线型】下拉列表中选择【点-点】选项，选择如图13-11所示的点作为参考，单击【确定】按钮，系统自动完成直线创建，如图13-11所示。

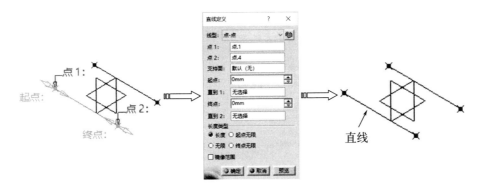

图13-11　点-点创建直线

05 单击【线框】工具栏上的【圆】按钮○，弹出【圆定义】对话框，在【圆类型】下拉列表中选择【两点和半径】选项，选择如图13-12所示的点，设置【支持面】为xy平面，【半径】为42mm，单击【确定】按钮创建圆弧，如图13-12所示。

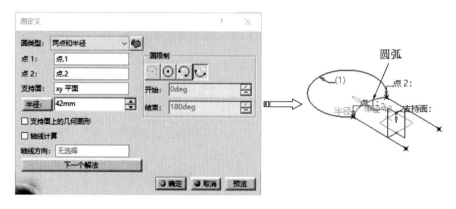

图13-12　创建圆弧

06 单击【线框】工具栏上的【圆】按钮○，弹出【圆定义】对话框，在【圆类型】下拉列表中选择【两点和半径】选项，选择如图13-13所示的点，设置【支持面】为xy平面，【半径】为28mm，单击【确定】按钮创建圆弧，如图13-13所示。

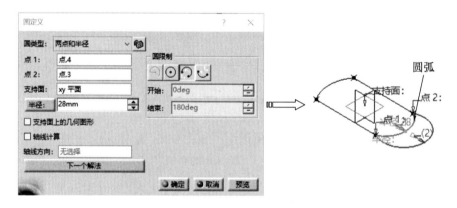

图13-13　创建圆弧

07 单击【线框】工具栏上的【圆角】按钮，弹出【圆角定义】对话框，【圆角类型】为"支持面上的圆角"，依次选择如图13-14所示的两条曲线，【半径】为20mm，单击【确定】按钮，系统自动完成圆角创建，如图13-14所示。

图13-14　创建圆角

08 单击【线框】工具栏上的【圆角】按钮 ，弹出【圆角定义】对话框，【圆角类型】为"支持面上的圆角"，依次选择如图13-15所示的两条曲线，【半径】为20mm，单击【确定】按钮，系统自动完成圆角创建，如图13-15所示。

图13-15 创建圆角

09 单击【线框】工具栏上的【圆角】按钮 ，弹出【圆角定义】对话框，【圆角类型】为"支持面上的圆角"，依次选择如图13-16所示的两条曲线，【半径】为22mm，单击【确定】按钮，系统自动完成圆角创建，如图13-16所示。

图13-16 创建圆角

10 单击【线框】工具栏上的【圆角】按钮 ，弹出【圆角定义】对话框，【圆角类型】为"支持面上的圆角"，选中【顶点上的圆角】选项，选择如图13-17所示的曲线，【半径】为22mm，单击【确定】按钮，系统自动完成圆角创建，如图13-17所示。

图13-17 创建圆角

11 创建点。单击【线框】工具栏上的【点】按钮▪，弹出【点定义】对话框，在【点类型】下拉列表中选择【坐标】选项，输入X、Y、Z坐标为（0,–64.8.9）、（0,–8.8,30）、（0,56.8,3.7），单击【确定】按钮，系统自动完成点创建，如图13-18所示。

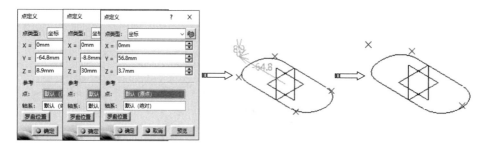

图 13-18　创建坐标点

12 创建圆弧。单击【线框】工具栏上的【圆】按钮◯，弹出【圆定义】对话框，在【圆类型】下拉列表中选择【三点】选项，选择如图13-19所示的3点，单击【确定】按钮创建圆弧，如图13-19所示。

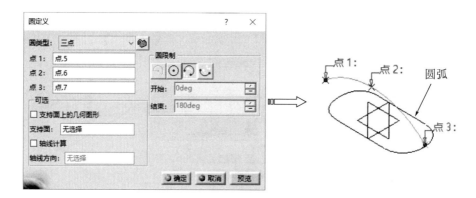

图 13-19　创建圆弧

13 创建点。单击【线框】工具栏上的【点】按钮▪，弹出【点定义】对话框，在【点类型】下拉列表中选择【坐标】选项，输入X、Y、Z坐标为（0,–36,0）、（0,–12,0），单击【确定】按钮，系统自动完成点创建，如图13-20所示。

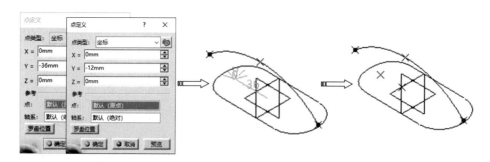

图 13-20　创建坐标点

14 创建圆弧。单击【线框】工具栏上的【圆】按钮○，弹出【圆定义】对话框，在【圆类型】下拉列表中选择【两点和半径】选项，选择如图13-21所示的点，设置【支持面】为xy平面，【半径】为20mm，单击【确定】按钮创建圆弧，如图13-21所示。

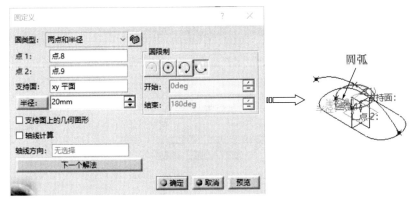

图13-21 创建圆弧

15 创建圆弧。单击【线框】工具栏上的【圆】按钮○，弹出【圆定义】对话框，在【圆类型】下拉列表中选择【两点和半径】选项，选择如图13-22所示的点，设置【支持面】为xy平面，【半径】为20mm，单击【确定】按钮创建圆弧，如图13-22所示。

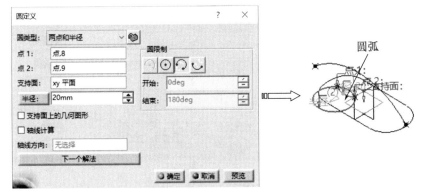

图13-22 创建圆弧

16 单击【线框】工具栏上的【圆角】按钮，弹出【圆角定义】对话框，【圆角类型】为"支持面上的圆角"，依次选择如图13-23所示的两条曲线，【半径】为1.5mm，单击【确定】按钮，系统自动完成圆角创建，如图13-23所示。

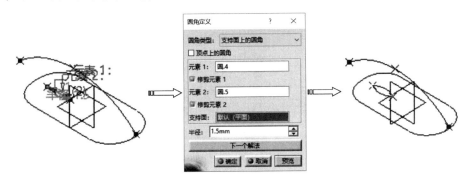

图13-23 创建圆角

17 单击【线框】工具栏上的【圆角】按钮，弹出【圆角定义】对话框，【圆角类型】为"支持面上的圆角"，选中【顶点上的圆角】选项，选择如图13-24所示的曲线，【半径】为1.5mm，单击【确定】按钮，系统自动完成圆角创建，如图13-24所示。

图13-24   创建圆角

13.1.2.3   创建曲面

01 选择下拉菜单【插入】|【几何图形集】命令，弹出【插入几何图形集】对话框，保持默认，单击【确定】按钮，特征树上出现"几何图形集.2"节点，并设置为当前工作对象，如图13-25所示。

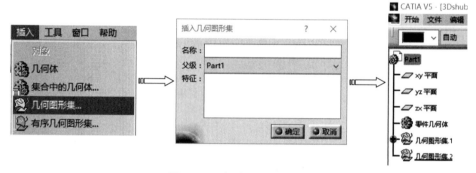

图13-25   创建几何图形集

02 单击【曲面】工具栏上的【拉伸】按钮，弹出【拉伸曲面定义】对话框，选择如图13-26所示的圆弧为拉伸截面，【方向】为"法线"，【尺寸】为35mm，单击【确定】按钮，系统自动完成拉伸曲面创建，如图13-26所示。

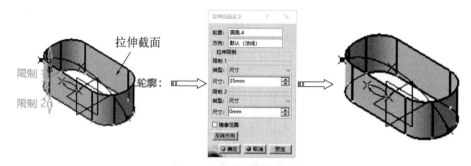

图13-26   创建拉伸曲面

03 单击【曲面】工具栏上的【拉伸】按钮 ，弹出【拉伸曲面定义】对话框，选择如图13-27 所示的圆弧为拉伸截面，设置【方向】为"法线"，【尺寸】为35mm，选中【镜像范围】选 项，单击【确定】按钮，系统自动完成拉伸曲面创建，如图13-27所示。

图13-27 创建拉伸曲面

04 单击【操作】工具栏上的【修剪】按钮 ，弹出【修剪定义】对话框，选择需要修剪的两 个曲面，单击【确定】按钮，系统自动完成修剪操作，如图13-28所示。

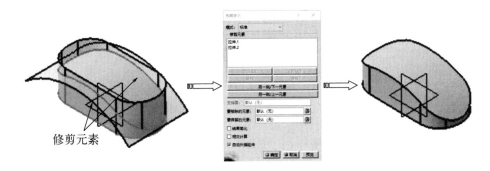

图13-28 创建修剪

05 单击【线框】工具栏上的【投影】按钮 ，弹出【投影定义】对话框，在【投影类型】下 拉列表中选择【沿某一方向】选项，选择如图13-29所示的曲线作为投影的曲线，选择拉伸 曲面为支持面，选择"Z部件"为投影方向，单击【确定】按钮，系统自动完成投影曲线创 建，如图13-29所示。

图13-29 创建投影曲线

06 单击【操作】工具栏上的【分割】按钮 ，弹出【分割定义】对话框，激活【要切除的元 素】编辑框选择拉伸曲面，然后激活【切除元素】编辑框，选择投影曲线作为切除元素， 单击【确定】按钮，系统自动完成分割操作，如图13-30所示。

图13-30   创建分割

07 单击【操作】工具栏上的【倒圆角】按钮 ，弹出【倒圆角定义】对话框，激活【要圆角化的对象】编辑框，选择需要倒圆角的棱边，激活【点】选择框，在倒角边上选中一个或多个点产生变半径，双击图形区预览尺寸，系统弹出【参数定义】对话框，设置倒角半径值，依次单击【确定】按钮，系统自动完成圆角操作，如图13-31所示。

图13-31   创建可变半径圆角

13.1.2.4   曲面创建实体

01 选择【开始】|【机械设计】|【零件设计】命令，转入零件设计工作台。

02 在特征树上选择【零件几何体】节点，单击鼠标右键，在弹出的快捷菜单中选择【定义工作对象】命令，如图13-32所示。

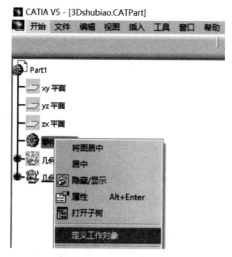

图13-32   定义工作对象

03 单击【基于曲面的特征】工具栏上的【厚曲面】按钮，弹出【定义厚曲面】对话框，激活【分割图元】编辑框，选择如图13-33所示的曲面，箭头指向加厚方向，激活【第一偏移】和【第二偏移】文本框输入1mm和0mm，单击【确定】按钮，完成加厚特征，如图13-33所示。

图13-33 创建加厚特征

13.2 综合实例2——可乐瓶底凸模曲面造型设计

13.2视频精讲

本节中，以一个日常用品——可乐瓶底凸模曲面设计实例，来详解曲面产品设计和应用技巧。可乐瓶底凸模曲面设计造型如图13-34所示。

图13-34 可乐瓶底凸模曲面

13.2.1 可乐瓶底凸模曲面造型思路分析

可乐瓶底凸模曲面外形结构流畅、圆滑、美观，圆周均布。可乐瓶底凸模曲面的CATIA曲面建模流程如下。

（1）零件分析，拟定总体建模思路

可乐瓶底凸模曲面结构对称，可以分成2部分：瓶底曲面、分型曲面，如图13-35所示。

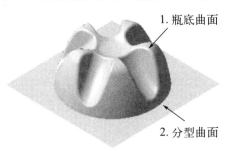

图13-35 曲面分解

根据曲面建模顺序，一般是先曲线，再曲面，可乐瓶底凸模曲面操作过程如图13-36所示。

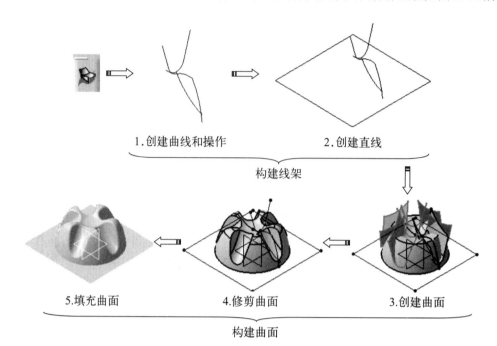

1.创建曲线和操作　　　　　2.创建直线

构建线架

5.填充曲面　　　4.修剪曲面　　　3.创建曲面

构建曲面

图13-36　可乐瓶底凸模曲面创建基本流程

（2）曲线的构建

曲线创建按照点、线、面顺序，首先创建点和草图，然后利用直线和圆弧功能创建曲线，最后通过接合等操作绘制曲线线架结构，如图13-37所示。

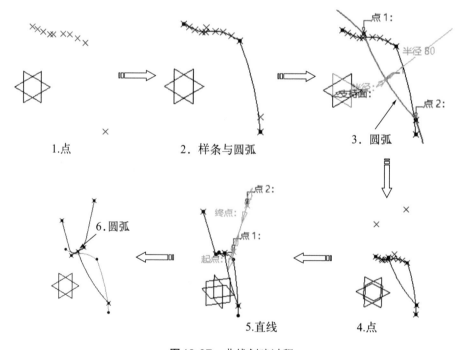

1.点　　　　　2.样条与圆弧　　　　　3.圆弧

6.圆弧　　　　　5.直线　　　　　4.点

图13-37　曲线创建过程

（3）曲面的构建

利用旋转曲面工具创建曲面，通过扫掠曲面并圆周阵列，填充曲面创建分型曲面，最后修剪曲面完成造型，如图13-38所示。

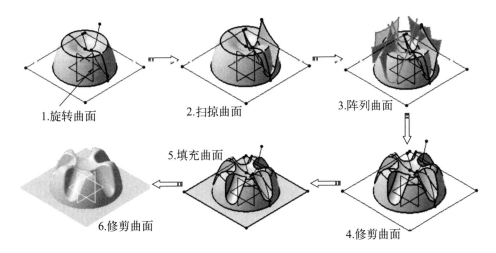

图13-38　曲面创建过程

13.2.2　可乐瓶底凸模曲面造型操作过程

13.2.2.1　启动创成式外形设计工作台

01 在【标准】工具栏中单击【新建】按钮，弹出【新建】对话框，在【类型列表】中选择"Part"，单击【确定】按钮新建一个零件文件，进入【零件设计】工作台，如图13-39所示。

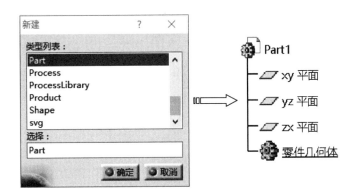

图13-39　创建零件

02 选择【开始】|【形状】|【创成式外形设计】命令，进入创成式外形设计工作台。

13.2.2.2　创建线框

01 选择下拉菜单【插入】|【几何图形集】命令，弹出【插入几何图形集】对话框，保持默认，单击【确定】按钮，特征树上出现"几何图形集.1"节点，并设置为当前工作对象，如图13-40所示。

图13-40 创建几何图形集

> 💡 **技术要点**
>
> 零件几何体里包括的是实体部分，而几何图形集包括的是点、线、面部分。

02 创建点。单击【线框】工具栏上的【点】按钮■，弹出【点定义】对话框，在【点类型】下拉列表中选择【坐标】选项，输入X、Y、Z坐标为（0，0，40），单击【确定】按钮，系统自动完成点创建，重复上述步骤创建其他点，坐标为（0，3.8，40.1）、（0，8.4，40.6）、（0，13.5，41.7）、（0，23.6，47.6）、（0，29.3，49.5）、（0，35.6，50.2）、（0，42，50.5），如图13-41所示。

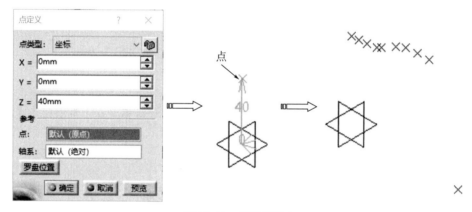

图13-41 创建坐标点

03 创建样条曲线。单击【线框】工具栏上的【样条线】按钮♂，弹出【样条线定义】对话框，依次选择点1～点9，单击【确定】按钮创建样条曲线，如图13-42所示。

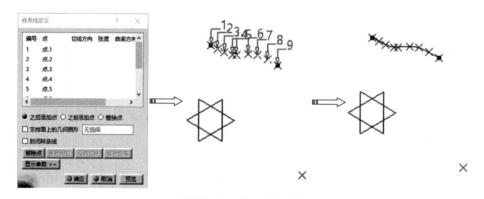

图13-42 创建样条曲线

04 单击【线框】工具栏上的【圆】按钮⊙，弹出【圆定义】对话框，在【圆类型】下拉列表中选择【两点和半径】选项，选择如图13-43所示的点，设置【支持面】为yz平面，【半径】为120mm，单击【确定】按钮创建圆弧，如图13-43所示。

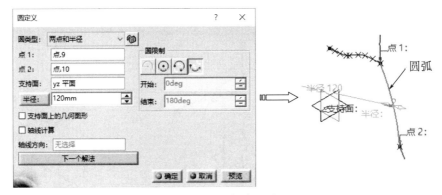

图13-43　创建圆弧

05 创建点。单击【线框】工具栏上的【点】按钮▪，弹出【点定义】对话框，在【点类型】下拉列表中选择【坐标】选项，输入X、Y、Z坐标为（0，58，10），单击【确定】按钮，系统自动完成点创建，重复上述步骤创建其他点，坐标为（0，16.6，46），如图13-44所示。

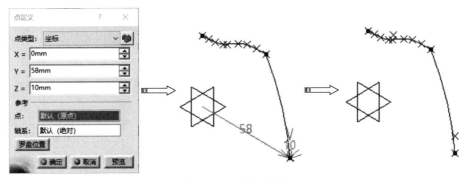

图13-44　创建坐标点

06 单击【线框】工具栏上的【圆】按钮⊙，弹出【圆定义】对话框，在【圆类型】下拉列表中选择【两点和半径】选项，选择如图13-45所示的点，设置【支持面】为yz平面，【半径】为80mm，单击【确定】按钮创建圆弧，如图13-45所示。

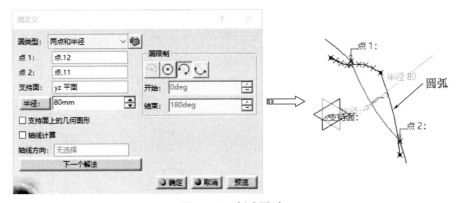

图13-45　创建圆弧

07 创建点。单击【线框】工具栏上的【点】按钮，弹出【点定义】对话框，在【点类型】下拉列表中选择【坐标】选项，输入X、Y、Z坐标为（22，16.6，91），单击【确定】按钮，系统自动完成点创建，重复上述步骤创建其他点，坐标为（–22，16.6，91）、（–9，16.6，46）、（9，16.6，46），如图13-46所示。

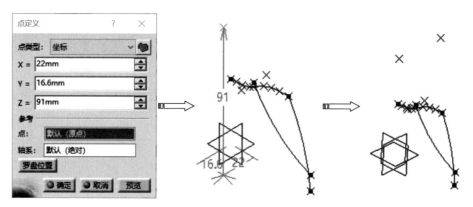

图13-46　创建坐标点

08 单击【参考元素】工具栏上的【直线】按钮，弹出【直线定义】对话框，在【线型】下拉列表中选择【点-点】选项，选择如图13-47所示的点作为参考，单击【确定】按钮，系统自动完成直线创建，如图13-47所示。

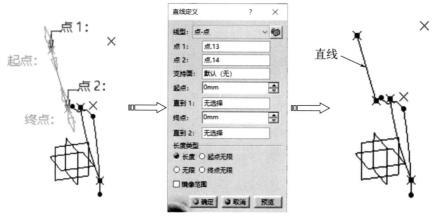

图13-47　点-点创建直线

09 重复上述过程，单击【参考元素】工具栏上的【直线】按钮，将所有其余点连接成直线，如图13-48所示。

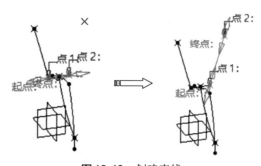

图13-48　创建直线

10 单击【线框】工具栏上的【圆】按钮◎，弹出【圆定义】对话框，在【圆类型】下拉列表中选择【三切线】选项，选择如图13-49所示的直线，单击【确定】按钮创建圆弧，如图13-49所示。

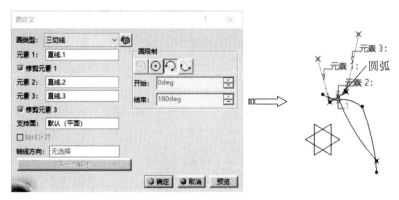

图13-49　创建圆弧

11 单击【操作】工具栏上的【接合】按钮▩，弹出【接合定义】对话框，选择如图13-50所示的线，单击【确定】按钮，系统自动完成接合操作，如图13-50所示。

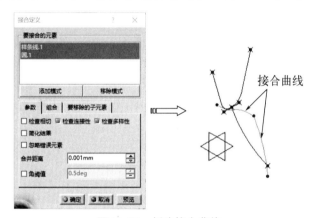

图13-50　创建接合曲线

12 创建点。单击【线框】工具栏上的【点】按钮▪，弹出【点定义】对话框，在【点类型】下拉列表中选择【坐标】选项，输入X、Y、Z坐标为（–75，–75，0），单击【确定】按钮，系统自动完成点创建，重复上述步骤创建其他点，坐标为（–75，75，0）、（75，–75，0）、（75，75，0），如图13-51所示。

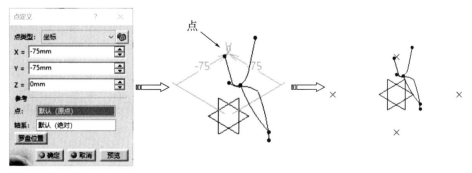

图13-51　创建坐标点

13 单击【参考元素】工具栏上的【直线】按钮，弹出【直线定义】对话框，在【线型】下拉列表中选择【点-点】选项，选择如图13-52所示的点作为参考，单击【确定】按钮，系统自动完成直线创建，如图13-52所示。

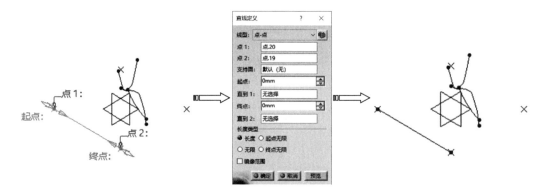

图13-52 点-点创建直线

14 重复上述过程，单击【参考元素】工具栏上的【直线】按钮，将所有其余点连接成直线，如图13-53所示。

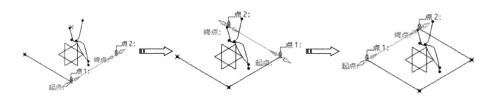

图13-53 创建直线

13.2.2.3 创建曲面

01 选择下拉菜单【插入】|【几何图形集】命令，弹出【插入几何图形集】对话框，保持默认，单击【确定】按钮，特征树上出现"几何图形集.2"节点，并设置为当前工作对象，如图13-54所示。

图13-54 创建几何图形集

02 单击【曲面】工具栏上的【旋转】按钮，弹出【旋转曲面定义】对话框，选择接合曲线作为旋转截面，Z轴为旋转轴，设置旋转角度后单击【确定】按钮，系统自动完成旋转曲面创建，如图13-55所示。

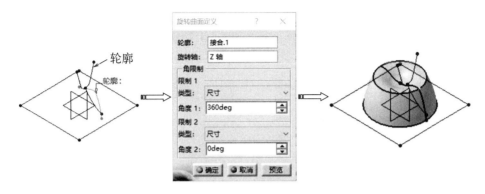

图 13-55　旋转曲面

03 单击【曲面】工具栏上的【扫掠】按钮，弹出【扫掠曲面定义】对话框，在【轮廓类型】选择【显式】图标，在【子类型】下拉列表中选择【使用拔模方向】选项，选择如图13-56所示的轮廓和引导曲线，【方向】为"xy平面"，单击【确定】按钮，系统自动完成扫掠曲面创建，如图13-56所示。

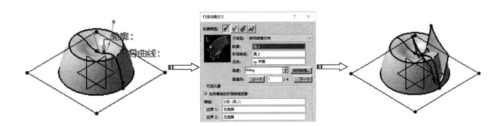

图 13-56　创建扫掠曲面

04 选择要阵列的曲面，单击【复制】工具栏上的【圆形阵列】按钮，弹出【定义圆形阵列】对话框，在【轴向参考】选项卡中设置【参数】为"实例和角度间距"，【实例】为5，【角度间距】为72°，激活【参考元素】编辑框，选择Z轴，单击【预览】按钮显示预览，单击【确定】按钮完成圆形阵列，如图13-57所示。

图 13-57　创建圆形阵列

05 单击【操作】工具栏上的【倒圆角】按钮 ，弹出【倒圆角定义】对话框，激活【要圆角化的对象】编辑框，选择需要倒圆角的棱边，【半径】为"12mm"，单击【确定】按钮，系统自动完成圆角操作，如图13-58所示。

图 13-58   创建圆角

06 单击【操作】工具栏上的【修剪】按钮 ，弹出【修剪定义】对话框，选择需要修剪的两个曲面，单击【确定】按钮，系统自动完成修剪操作，如图13-59所示。

图 13-59   创建修剪

07 单击【操作】工具栏上的【修剪】按钮 ，弹出【修剪定义】对话框，选择需要修剪的两个曲面，单击【确定】按钮，系统自动完成修剪操作，如图13-60所示。

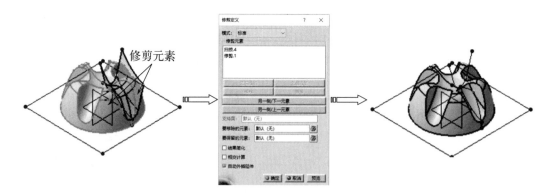

图 13-60   创建修剪

08 单击【曲面】工具栏上的【填充】按钮 ，弹出【填充曲面定义】对话框，选择如图13-61所示的封闭曲线，单击【确定】按钮，系统自动完成填充曲面创建，如图13-61所示。

图 13-61 创建填充曲面

09 单击【操作】工具栏上的【修剪】按钮 ⧨，弹出【修剪定义】对话框，选择需要修剪的两个曲面，单击【确定】按钮，系统自动完成修剪操作，如图 13-62 所示。

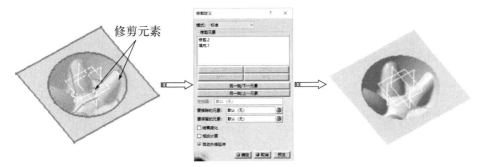

图 13-62 创建修剪

10 单击【操作】工具栏上的【倒圆角】按钮 ⧨，弹出【倒圆角定义】对话框，激活【要圆角化的对象】编辑框，选择需要倒圆角的棱边，【半径】为 "3mm"，单击【确定】按钮，系统自动完成圆角操作，如图 13-63 所示。

图 13-63 创建圆角

13.3 视频精讲

13.3 综合实例3——玩具车轮凸模曲面造型设计

本节中，以一个玩具产品——玩具车模凸模曲面设计实例，来详解曲面产品设计和应用技巧。玩具车模凸模曲面设计造型如图 13-64 所示。

图 13-64 玩具车模凸模曲面

13.3.1 玩具车轮凸模曲面思路分析

玩具车模凸模曲面外形结构流畅、圆滑、美观，结构对称。玩具车模凸模曲面的CATIA曲面建模流程如下。

（1）零件分析，拟定总体建模思路

玩具车模凸模曲面结构对称，可以分成3部分：轮毂曲面、轮辐曲面、分型曲面，如图13-65所示。

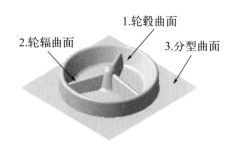

图 13-65 曲面分解

根据曲面建模顺序，一般是先曲线，再曲面，玩具车模凸模曲面操作过程如图13-66所示。

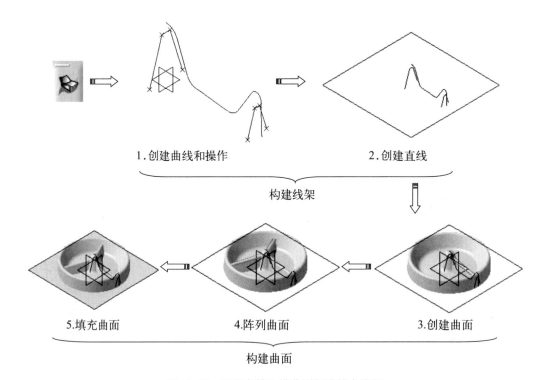

图 13-66 玩具车模凸模曲面创建基本流程

（2）曲线的构建

曲线创建按照点、线、面顺序，首先创建点和草图，然后利用直线和圆弧功能创建曲线，最后通过拆解、连接、接合等操作绘制曲线线架结构，如图13-67所示。

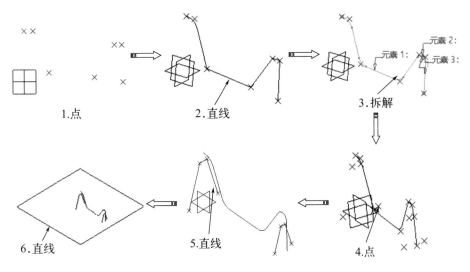

1.点　　2.直线　　3.拆解

元素2:　元素1:　元素3:

6.直线　　5.直线　　4.点

图13-67　曲线创建过程

（3）曲面的构建

利用旋转曲面工具创建轮毂曲面，通过多截面曲面建立轮辐曲面并圆周阵列，通过填充曲面创建分型曲面，最后修剪曲面完成造型，如图13-68所示。

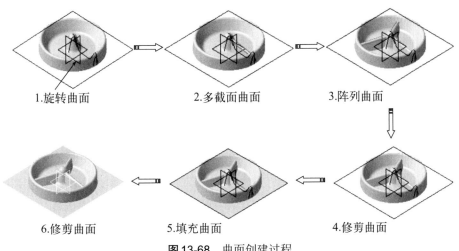

1.旋转曲面　　2.多截面曲面　　3.阵列曲面

6.修剪曲面　　5.填充曲面　　4.修剪曲面

图13-68　曲面创建过程

13.3.2　玩具车轮凸模曲面设计操作过程

13.3.2.1　启动创成式外形设计工作台

01 在【标准】工具栏中单击【新建】按钮，弹出【新建】对话框，在【类型列表】中选择"Part"，单击【确定】按钮新建一个零件文件，进入【零件设计】工作台，如图13-69所示。

02 选择【开始】|【形状】|【创成式外形设计】命令，进入创成式外形设计工作台。

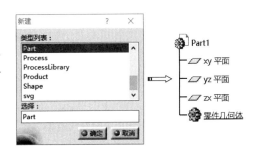

图13-69　创建零件

13.3.2.2 创建曲线线框

01 选择下拉菜单【插入】|【几何图形集】命令，弹出【插入几何图形集】对话框，保持默认，单击【确定】按钮，特征树上出现"几何图形集.1"节点，并设置为当前工作对象，如图13-70所示。

图13-70 创建几何图形集

02 创建点。单击【线框】工具栏上的【点】按钮，弹出【点定义】对话框，在【点类型】下拉列表中选择【坐标】选项，输入X、Y、Z坐标为（0，0，40），单击【确定】按钮，系统自动完成点创建，重复上述步骤创建其他点，坐标为（0,7,40）、（0,20,7）、（0,57,3.5）、（0，73，29）、（0，79，29）、（0，80，0），如图13-71所示。

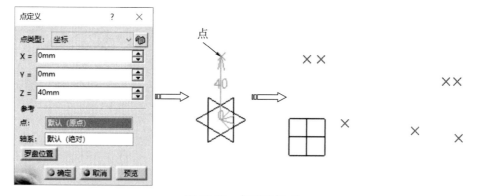

图13-71 创建坐标点

03 单击【参考元素】工具栏上的【直线】按钮，弹出【直线定义】对话框，在【线型】下拉列表中选择【点-点】选项，选择点1和点2作为参考，单击【确定】按钮，系统自动完成直线创建，如图13-72所示。

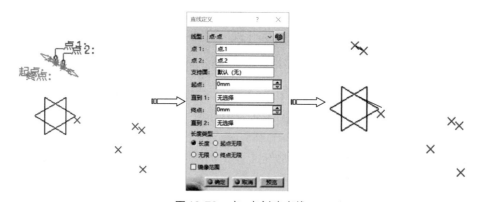

图13-72 点-点创建直线

04 重复上述过程，单击【参考元素】工具栏上的【直线】按钮✏，将所有其余点连接成直线，如图13-73所示。

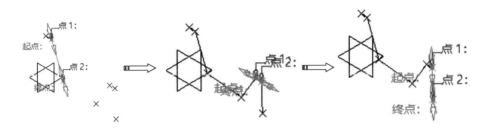

图13-73 创建直线

05 创建圆角。单击【线框】工具栏上的【圆角】按钮⌒，弹出【圆角定义】对话框，选择如图13-74所示的直线，【半径】为10mm，单击【确定】按钮完成，如图13-74所示。

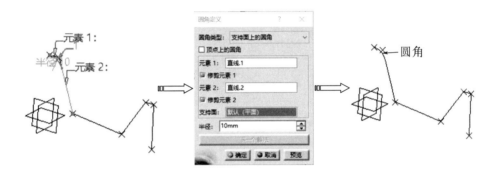

图13-74 创建圆角

06 创建圆角。单击【线框】工具栏上的【圆角】按钮⌒，弹出【圆角定义】对话框，选择如图13-75所示的直线，【半径】为8mm，单击【确定】按钮完成，如图13-75所示。

图13-75 创建圆角

07 创建圆角。单击【线框】工具栏上的【圆角】按钮⌒，弹出【圆角定义】对话框，选择如图13-76所示的直线，【半径】为8mm，单击【确定】按钮完成，如图13-76所示。

图 13-76 创建圆角

08 单击【线框】工具栏上的【圆】按钮○，弹出【圆定义】对话框，在【圆类型】下拉列表中选择【三切线】选项，选择如图13-77所示的直线，单击【确定】按钮创建圆弧，如图13-77所示。

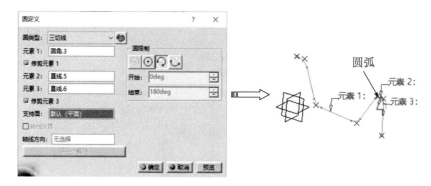

图 13-77 创建圆弧

09 创建点。单击【线框】工具栏上的【点】按钮•，弹出【点定义】对话框，在【点类型】下拉列表中选择【坐标】选项，输入X、Y、Z坐标为（14，0，0），单击【确定】按钮，系统自动完成点创建，重复上述步骤创建其他点，坐标为（3.5，0，33）、（-3.5，0，33）、（-14，0，0）、（8，76，0）、（2，76，19）、（-2，76，19）、（-8，76，0），如图13-78所示。

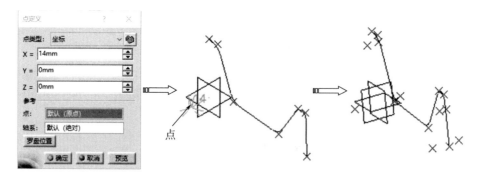

图 13-78 创建坐标点

10 单击【参考元素】工具栏上的【直线】按钮✎，弹出【直线定义】对话框，在【线型】下拉列表中选择【点-点】选项，选择点1和点2作为参考，单击【确定】按钮，系统自动完成直线创建，如图13-79所示。

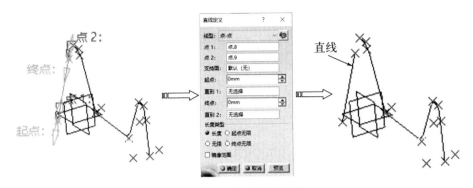

图13-79 点-点创建直线

11 重复上述过程，单击【参考元素】工具栏上
的【直线】按钮 ✏，将所有其余点连接成直
线，如图13-80所示。

12 单击【线框】工具栏上的【圆】按钮 ◯，弹
出【圆定义】对话框，在【圆类型】下拉列
表中选择【三切线】选项，选择如图13-81
所示的直线，单击【确定】按钮创建圆弧，
如图13-81所示。

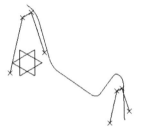

图13-80 创建直线

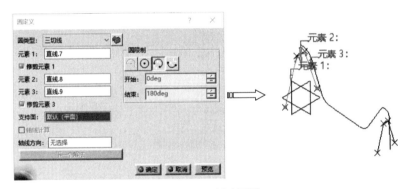

图13-81 创建圆弧

13 单击【线框】工具栏上的【圆】按钮 ◯，弹出【圆定义】对话框，在【圆类型】下拉列表
中选择【三切线】选项，选择如图13-82所示的直线，单击【确定】按钮创建圆弧，如图
13-82所示。

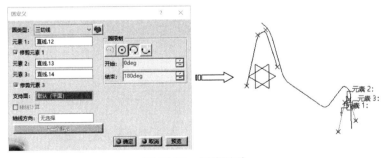

图13-82 创建圆弧

14 创建点。单击【线框】工具栏上的【点】按钮▪，弹出【点定义】对话框，在【点类型】
下拉列表中选择【坐标】选项，输入X、Y、Z坐标为（100，100，0），单击【确定】按钮，
系统自动完成点创建，重复上述步骤创建其他点，坐标为（−100，100，0）、（−100，−100，0）、
（100，−100，0），如图13-83所示。

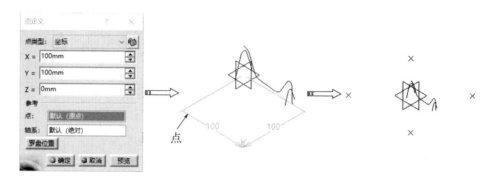

图13-83　创建坐标点

15 单击【参考元素】工具栏上的【直线】按钮✎，弹出【直线定义】对话框，在【线型】下
拉列表中选择【点-点】选项，选择点1和点2作为参考，单击【确定】按钮，系统自动完
成直线创建，如图13-84所示。

图13-84　点-点创建直线

16 重复上述过程，单击【参考元素】工具栏上的【直线】按钮✎，将所有其余点连接成直线，
如图13-85所示。

图13-85　创建直线

13.3.2.3　创建曲面

01 选择下拉菜单【插入】|【几何图形集】命令，弹出【插入几何图形集】对话框，保持默认，
单击【确定】按钮，特征树上出现"几何图形集.2"节点，并设置为当前工作对象，如图
13-86所示。

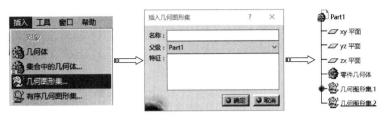

图 13-86 创建几何图形集

02 单击【曲面】工具栏上的【旋转】按钮 <svg>, 弹出【旋转曲面定义】对话框, 选择接合曲线作为旋转截面, Z轴为旋转轴, 设置旋转角度后单击【确定】按钮, 系统自动完成旋转曲面创建, 如图 13-87 所示。

图 13-87 创建旋转曲面

03 单击【曲面】工具栏上的【多截面曲面】按钮 <svg>, 弹出【多截面曲面定义】对话框, 依次选取两个或两条以上的截面轮廓曲面, 单击【确定】按钮, 系统自动完成多截面曲面创建, 如图 13-88 所示。

图 13-88 创建多截面曲面

04 选择要阵列的曲面, 单击【复制】工具栏上的【圆形阵列】按钮 <svg>, 弹出【定义圆形阵列】对话框, 在【轴向参考】选项卡中设置【参数】为 "实例和角度间距", 【实例】为3, 【角度间距】为120°, 激活【参考元素】编辑框, 选择Z轴, 单击【预览】按钮显示预览, 单击【确定】按钮完成圆形阵列, 如图 13-89 所示。

图 13-89 创建圆形阵列

05 单击【操作】工具栏上的【修剪】按钮，弹出【修剪定义】对话框，选择需要修剪的两个曲面，单击【确定】按钮，系统自动完成修剪操作，如图13-90所示。

图13-90　创建修剪

06 单击【操作】工具栏上的【修剪】按钮，弹出【修剪定义】对话框，选择需要修剪的两个曲面，单击【确定】按钮，系统自动完成修剪操作，如图13-91所示。

图13-91　创建修剪

07 单击【曲面】工具栏上的【填充】按钮，弹出【填充曲面定义】对话框，选择如图13-92所示的封闭曲线，单击【确定】按钮，系统自动完成填充曲面创建，如图13-92所示。

图13-92　创建填充曲面

08 单击【操作】工具栏上的【修剪】按钮，弹出【修剪定义】对话框，选择需要修剪的两个曲面，单击【确定】按钮，系统自动完成修剪操作，如图13-93所示。

图13-93　创建修剪

第14章

装配设计典型案例

CATIA装配体是通过装配约束关系来确定零件之间的正确位置和相互关系。本章以2个典型实例来介绍装配体设计的方法和步骤。希望通过本章的学习，使读者轻松掌握CATIA装配功能在实际产品设计中的应用。

■ 项目分解

- ⊙ 斜滑动轴承座装配设计
- ⊙ 平口钳装配设计

14.1 综合实例1——斜滑动轴承座装配设计

本节以斜滑动轴承座实例来详解产品装配设计过程和应用技巧。斜滑动轴承座结构如图14-1所示。

14.1视频精讲

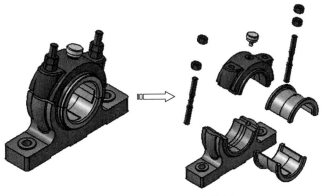

图14-1 斜滑动轴承座实例

14.1.1 斜滑动轴承座装配设计思路分析

首先根据实体造型、曲面造型等方法创建装配零件几何模型，然后利用加载现有零件添加到装配体，最后利用装配约束方法施加约束，完成装配结构。

（1）创建装配体结构

选择创建"Product"文件，并进入【装配设计】工作台，如图14-2所示。

（2）装配轴承座零件

首先选择添加现有部件将支架零件加载到装

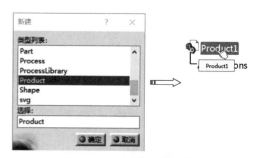

图14-2　创建装配体文件

配体文件，然后利用装配约束中的固定（该支架零件），如图14-3所示。

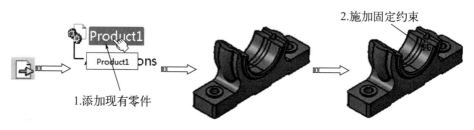

图14-3　装配第一个零件

（3）装配下轴瓦组件

首先选择添加现有部件将下轴瓦零件加载到装配体文件，然后利用移动工具调整好零件位置，最后利用装配约束中的约束（该下轴瓦零件），如图14-4所示。

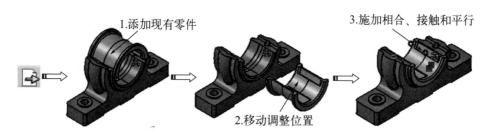

图14-4　装配下轴瓦

（4）装配上轴瓦组件

首先选择添加现有部件将上轴瓦零件加载到装配体文件，然后利用移动工具调整好零件位置，最后利用装配约束中的约束（该上轴瓦零件），如图14-5所示。

图14-5　装配上轴瓦

（5）装配轴承盖组件

首先选择添加现有部件将轴承盖零件加载到装配体文件，然后利用移动工具调整好零件位置，最后利用装配约束中的约束（该轴承盖零件），如图 14-6 所示。

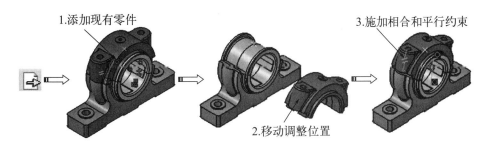

1.添加现有零件

3.施加相合和平行约束

2.移动调整位置

图 14-6 装配轴承盖

（6）装配双头螺栓组件

首先选择添加现有部件将双头螺栓零件加载到装配体文件，然后利用移动工具调整好零件位置，最后利用装配约束中的约束（该双头螺栓零件），如图 14-7 所示。

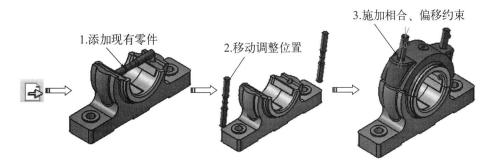

1.添加现有零件

2.移动调整位置

3.施加相合、偏移约束

图 14-7 装配螺栓

（7）装配螺母组件

首先选择添加现有部件将螺母零件加载到装配体文件，然后利用移动工具调整好零件位置，最后利用装配约束中的约束（该双头螺母零件），如图 14-8 所示。

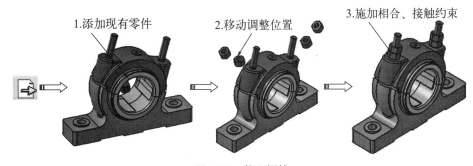

1.添加现有零件

2.移动调整位置

3.施加相合、接触约束

图 14-8 装配螺栓

（8）装配顶盖组件

首先选择添加现有部件将顶盖零件加载到装配体文件，然后利用移动工具调整好零件位置，最后利用装配约束中的约束（该顶盖零件），如图 14-9 所示。

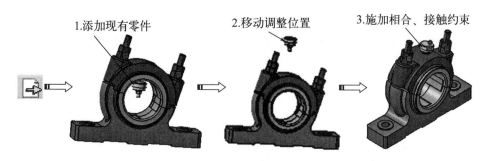

1.添加现有零件　　　　2.移动调整位置　　　　3.施加相合、接触约束

图 14-9　装配顶盖

14.1.2　斜滑动轴承座装配操作过程

操作步骤

启动CATIA，在【标准】工具栏中单击【新建】按钮，在弹出【新建】对话框中选择"Product"。单击【确定】按钮新建一个装配文件，并进入【装配设计】工作台，如图14-10所示。

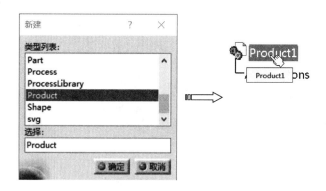

图 14-10　进入装配工作台

14.1.2.1　加载固定轴承座组件

01 单击【产品结构工具】工具栏中的【现有部件】按钮，在特征树中选取插入位置（Product节点），在弹出【选择文件】对话框中选择"zhouchengzuo.CATPart"文件，单击【打开】按钮，系统自动载入部件，如图14-11所示。

02 单击【约束】工具栏上的【固定约束】按钮，选择支座部件，系统自动创建固定约束，如图14-12所示。

图 14-11　加载第一个零件　　　　图 14-12　固定约束

14.1.2.2　加载约束下轴瓦组件

（1）加载第二个零件

01 单击【产品结构工具】工具栏中的【现有部件】按钮，在特征树中选取Product1节点，弹出【选择文件】对话框，选择"xiazhouwa.CATPart"文件，单击【打开】按钮，系统自动载入部件，如图14-13所示。

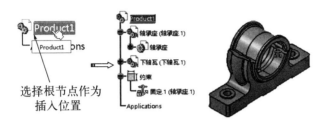

图14-13　加载第二个零件

（2）移动第二个零件

02 单击【移动】工具栏上的【操作】按钮，弹出【操作参数】对话框，利用移动操作调整好位置，如图14-14所示。

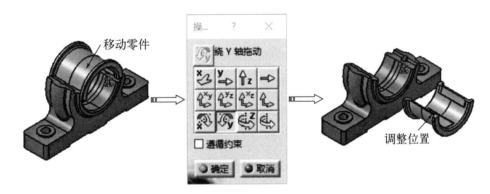

图14-14　移动下轴瓦

（3）约束第二个零件

03 单击【约束】工具栏上的【相合约束】按钮，依次选择风机轴线和底座孔轴线，即可完成约束，如图14-15所示。

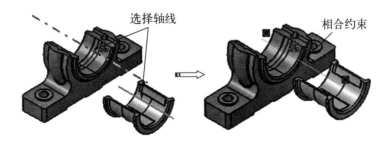

图14-15　创建相合约束

04 单击【约束】工具栏上的【接触约束】按钮，选择如图14-16所示部件表面，系统自动完成接触约束，如图14-16所示。

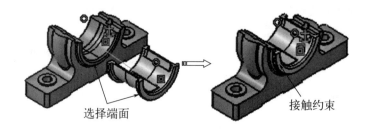

图 14-16　创建接触约束

05 单击【约束】工具栏上的【角度约束】按钮，依次选择两个部件的约束表面，弹出【约束属性】对话框，选择约束类型为【平行】，单击【确定】按钮，系统自动完成角度约束，如图 14-17 所示。

图 14-17　角度约束

14.1.2.3　加载约束上轴瓦组件

（1）加载零件

01 单击【产品结构工具】工具栏中的【现有部件】按钮，在特征树中选取 Product1 节点，弹出【选择文件】对话框，选择"shangzhouwa.CATPart"文件，单击【打开】按钮，系统自动载入部件，如图 14-18 所示。

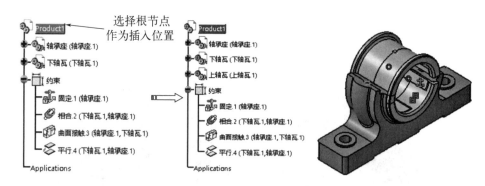

图 14-18　加载第三个零件

（2）移动零件

02 单击【移动】工具栏上的【操作】按钮，弹出【操作参数】对话框，利用移动操作调整好位置，如图 14-19 所示。

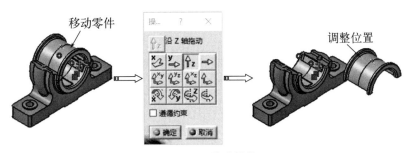

图14-19　移动滑轮

（3）约束零件

03 单击【约束】工具栏上的【相合约束】按钮🖉，依次选择上轴瓦和下轴瓦轴线，即可完成约束，如图14-20所示。

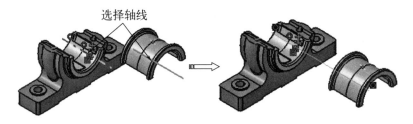

图14-20　创建相合约束

04 单击【约束】工具栏上的【角度约束】按钮🖉，依次选择两个部件的约束表面，弹出【约束属性】对话框，【约束类型】为"平行"，单击【确定】按钮，系统自动完成角度约束，如图14-21所示。

图14-21　角度约束

05 单击【约束】工具栏上的【相合约束】按钮🖉，选择两个端面，弹出【约束属性】对话框，【方向】为"相同"，单击【确定】按钮完成约束，如图14-22所示。

图14-22　创建相合约束

14.1.2.4　加载约束轴承盖组件

（1）加载零件

01 单击【产品结构工具】工具栏中的【现有部件】按钮 ，在特征树中选取Product1节点，弹出【选择文件】对话框，选择文件"zhouchenggai.CATPart"，单击【打开】按钮，系统自动载入部件，如图14-23所示。

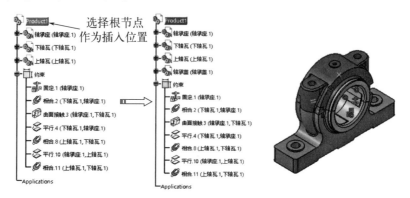

图14-23　加载第二个零件

（2）移动零件

02 单击【移动】工具栏上的【操作】按钮 ，弹出【操作参数】对话框，利用移动操作调整好位置，如图14-24所示。

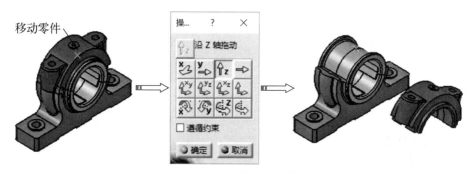

图14-24　移动轴承盖

（3）约束零件

03 单击【约束】工具栏上的【角度约束】按钮 ，依次选择两个部件的约束表面，弹出【约束属性】对话框，选择约束类型为【平行】，单击【确定】按钮，系统自动完成角度约束，如图14-25所示。

图14-25　角度约束

04 单击【约束】工具栏上的【相合约束】按钮，依次选择轴承盖和轴瓦轴线，即可完成约束，如图14-26所示。

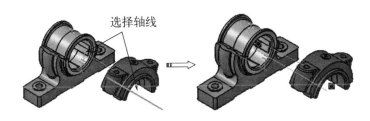

图14-26　创建相合约束

05 单击【约束】工具栏上的【相合约束】按钮，选择两个端面，弹出【约束属性】对话框，【方向】为"相同"，单击【确定】按钮完成约束，如图14-27所示。

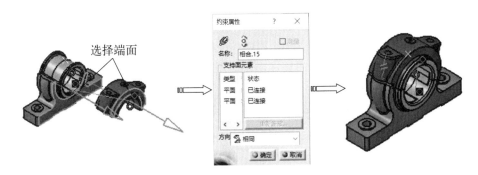

图14-27　创建相合约束

14.1.2.5　加载约束双头螺栓组件

（1）加载零件

01 单击【产品结构工具】工具栏中的【现有部件】按钮，在特征树中选取Product1节点，弹出【选择文件】对话框，选择"shuangtouluoshuan.CATPart"文件，单击【打开】按钮，系统自动载入部件，如图14-28所示。

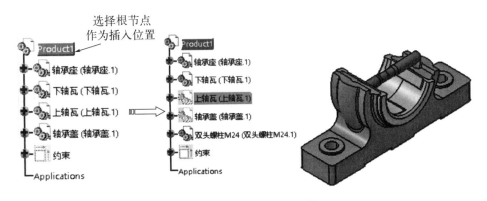

图14-28　加载第二个零件

02 在特征树中选中螺栓，单击鼠标右键选择【复制】命令，然后选中【Product1】节点，单击鼠标右键选择【粘贴】命令，复制双头螺栓，如图14-29所示。

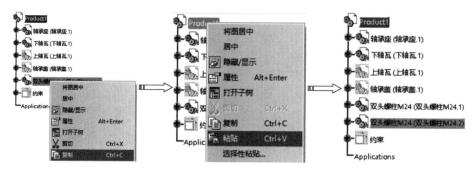

图14-29　复制螺栓

（2）移动零件

03 单击【移动】工具栏上的【操作】按钮，弹出【操作参数】对话框，利用移动操作调整好螺栓的位置，如图14-30所示。

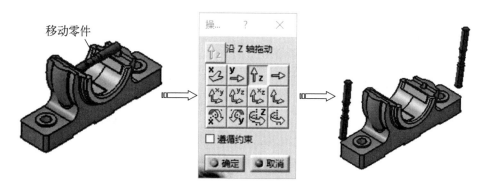

图14-30　移动双头螺栓

（3）约束零件

04 单击【约束】工具栏上的【相合约束】按钮，依次选择螺栓轴线和孔轴线，完成约束，然后再选择另一个螺栓轴线和孔轴线，创建另一个约束，如图14-31所示。

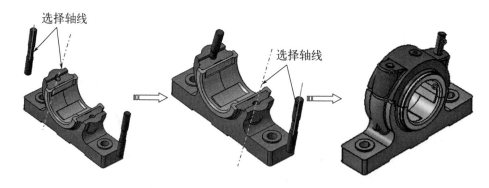

图14-31　创建相合约束

05 单击【约束】工具栏上的【偏移约束】按钮，依次选择两个部件的约束表面，弹出【约束属性】对话框，【方向】为"相同"，【偏移】为"-80mm"，单击【确定】按钮，如图14-32所示。

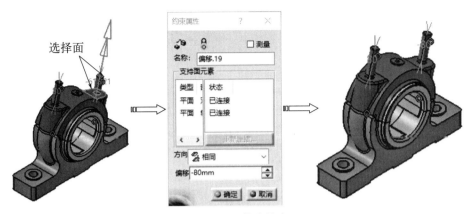

图14-32 偏移约束

06 单击【约束】工具栏上的【偏移约束】按钮 ，依次选择两个部件的约束表面，弹出【约束属性】对话框，【方向】为"相同"，【偏移】为"80mm"，单击【确定】按钮，如图14-33所示。

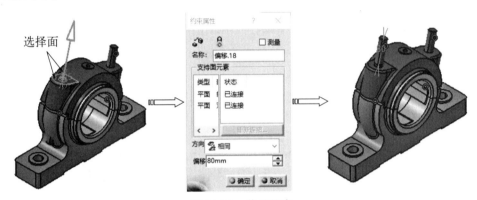

图14-33 偏移约束

14.1.2.6 加载约束螺母组件

（1）加载零件

01 单击【产品结构工具】工具栏中的【现有部件】按钮 ，在特征树中选取Product1节点，弹出【选择文件】对话框，选择"GB6170_M24.CATPart"文件，单击【打开】按钮，系统自动载入部件，如图14-34所示。

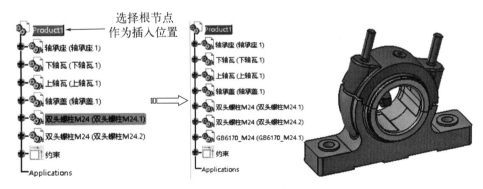

图14-34 加载零件

02 在特征树中选中螺母，单击鼠标右键选择【复制】命令，然后选中【Product1】节点，单击鼠标右键选择【粘贴】命令，复制3个螺母，如图14-35所示。

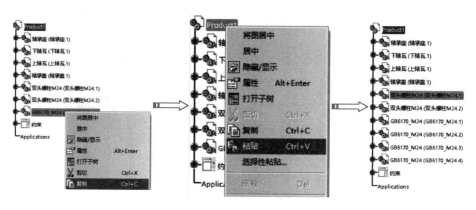

图14-35　复制螺母

（2）移动零件

03 单击【移动】工具栏上的【操作】按钮，弹出【操作参数】对话框，利用移动操作调整好位置，如图14-36所示。

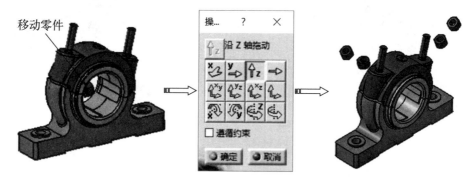

图14-36　移动螺母

（3）约束零件

04 单击【约束】工具栏上的【相合约束】按钮，依次选择螺栓轴线和螺母轴线，创建约束后，再次选择其他螺栓轴线和螺母轴线创建另一个约束，如图14-37所示。

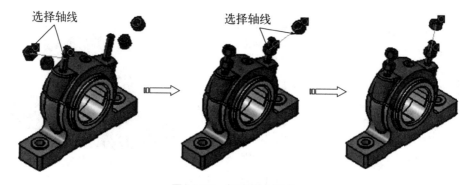

图14-37　创建相合约束

05 单击【约束】工具栏上的【接触约束】按钮 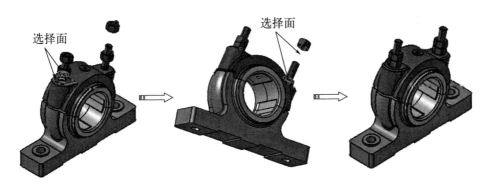 ，依次选择螺栓与螺母端面、螺母与螺母端面，系统自动完成接触约束，如图14-38所示。

图14-38　施加接触约束

14.1.2.7　加载约束顶盖组件

（1）加载零件

01 单击【产品结构工具】工具栏中的【现有部件】按钮 ，在特征树中选取Product1节点，弹出【选择文件】对话框，选择文件"dinggai.CATPart"，单击【打开】按钮，系统自动载入部件，如图14-39所示。

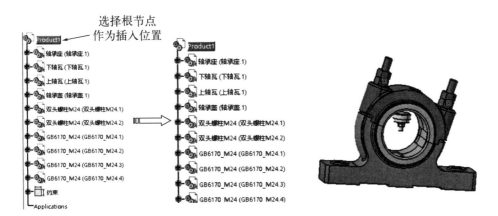

图14-39　加载第二个零件

（2）移动零件

02 单击【移动】工具栏上的【操作】按钮 ，弹出【操作参数】对话框，利用移动操作调整好位置，如图14-40所示。

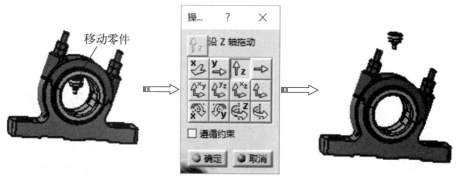

图14-40　移动轴承盖

（3）约束零件

03 单击【约束】工具栏上的【相合约束】按钮，依次选择轴承盖和孔轴线，即可完成约束，如图14-41所示。

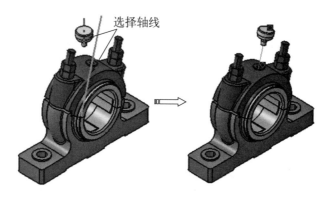

图14-41　创建相合约束

04 单击【约束】工具栏上的【接触约束】按钮，选择顶盖与轴承盖端面，系统自动完成接触约束，如图14-42所示。

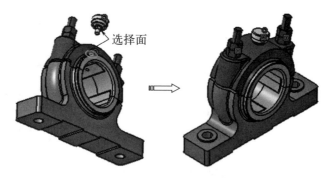

图14-42　施加接触约束

14.1.2.8　创建爆炸图

01 单击【场景】工具栏上的【增强型场景】按钮，弹出【增强型场景】对话框，【名称】为"场景1"，【过载模式】为"全部"，单击【确定】按钮进入场景环境，如图14-43所示。

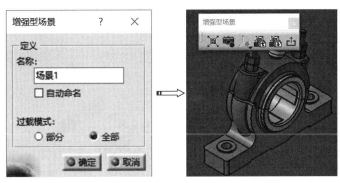

图14-43 进入场景环境

02 单击【增强型场景】工具栏上的【分解】按钮 ，弹出【分解】对话框，在【深度】框中选择"所有级别"，激活【选择集】编辑框，在特征树中选择装配根节点（即选择所有的装配组件）作为要分解的装配组件，在【类型】下拉列表中选择"3D"，如图14-44所示；激活【固定产品】编辑框，选择如图14-45所示的零件为固定零件。

03 单击【应用】按钮，出现【信息框】对话框，用3D指南针在分解视图内移动产品，并在视图中显示分解预览效果，如图14-46所示。单击【确定】按钮完成关闭对话框。

图14-44 【分解】对话框

图14-45 选择固定零件

图14-46 创建的爆炸图

04 单击【增强型场景】工具栏上的【退出场景】按钮 ，返回装配体环境。

05 在装配环境中，选择应用到装配场景，单击鼠标右键，选择【场景.1对象】|【在装配上应用场景】|【应用整个场景】命令，可将场景中视图应用到装配环境之中创建爆炸图，如图14-47所示。

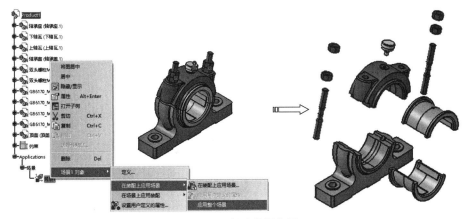

图14-47 创建的爆炸图

14.2 综合实例2——平口钳装配体设计

本节以平口钳装配实例来详解产品装配设计过程和应用技巧。平口钳结构如图14-48所示。

14.2视频精讲

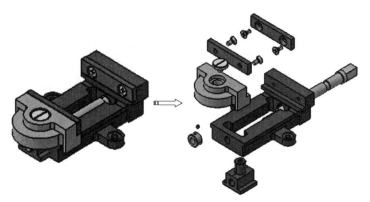

图14-48 平口钳装配

14.2.1 平口钳装配设计思路分析

首先根据实体造型、曲面造型等方法创建装配零件几何模型，然后利用加载现有零件添加到装配体，最后利用装配约束方法施加约束，完成装配结构。

（1）创建装配体结构

选择创建"Product"文件，并进入【装配设计】工作台，如图14-49所示。

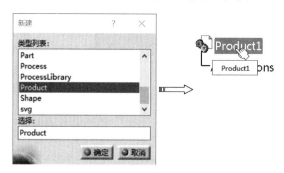

图14-49 创建装配体文件

（2）装配钳座零件

首先选择添加现有部件将支架零件加载到装配体文件，然后利用装配约束中的固定（该支架零件），如图14-50所示。

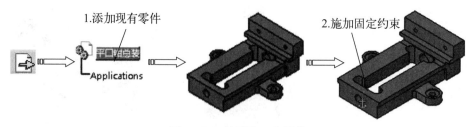

图14-50 装配第一个零件

（3）装配活动钳口零件

首先选择添加现有部件将活动钳口零件加载到装配体文件，然后利用移动工具调整好零件位置，最后利用装配约束中的约束（该活动钳口零件），如图14-51所示。

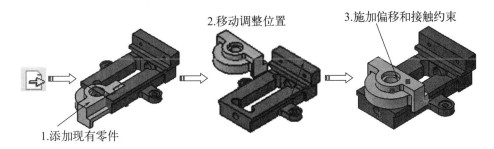

图14-51 装配活动钳口

（4）装配方形螺母零件

首先选择添加现有部件将方形螺母零件加载到装配体文件，然后利用移动工具调整好零件位置，最后利用装配约束中的约束（该方形螺母零件），如图14-52所示。

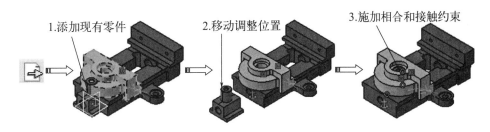

图14-52 装配方形螺母

（5）装配一字螺母零件

首先选择添加现有部件将一字螺母零件加载到装配体文件，然后利用移动工具调整好零件位置，最后利用装配约束中的约束（该一字螺母零件），如图14-53所示。

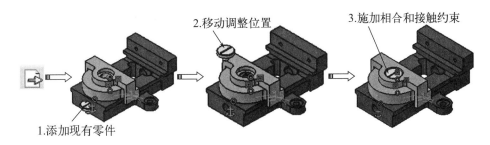

图14-53 装配一字螺母

（6）装配丝杠组件

首先选择添加现有部件将丝杠零件加载到装配体文件，然后利用移动工具调整好零件位置，最后利用装配约束中的约束（该丝杠零件），如图14-54所示。

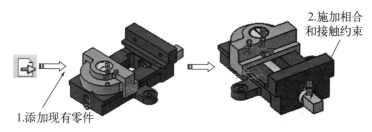

图14-54 装配丝杠

（7）装配固定套组件

首先选择添加现有部件将固定套零件加载到装配体文件，然后利用移动工具调整好零件位置，最后利用装配约束中的约束（该固定套零件），如图14-55所示。

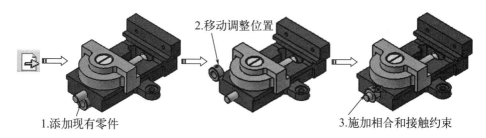

图14-55 装配固定套

（8）装配螺钉M6零件

首先选择添加现有部件将螺钉M6零件加载到装配体文件，然后利用移动工具调整好零件位置，最后利用装配约束中的约束（该螺钉M6零件），如图14-56所示。

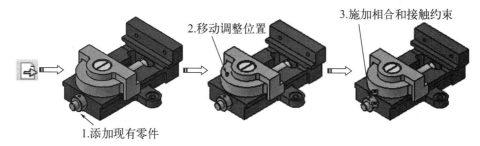

图14-56 装配螺钉M6

（9）装配钳口板和螺钉组件

首先选择添加现有部件将钳口板和螺钉零件加载到装配体文件，然后利用移动工具调整好零件位置，最后利用装配约束中的约束（该钳口板和螺钉零件），如图14-57所示。

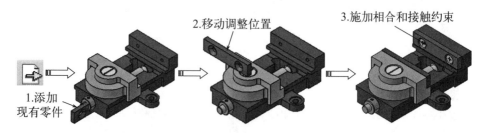

图14-57 装配钳口板和螺钉

14.2.2　平口钳装配操作过程

操作步骤

01 启动CATIA，在【标准】工具栏中单击【新建】按钮，在弹出【新建】对话框中选择"Product"。单击【确定】按钮新建一个装配文件，并进入【装配设计】工作台，如图14-58所示。

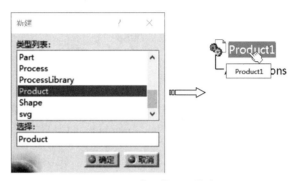

图14-58　进入装配工作台

02 在特征树中选择【Product1】节点，单击鼠标右键，在弹出的快捷菜单中选择【属性】命令，在弹出【属性】对话框中修改【零件编号】为"平口钳总装"，如图14-59所示。

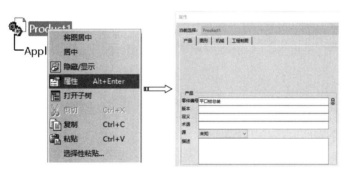

图14-59　设置零件编号

14.2.2.1　加载固定钳座组件

01 单击【产品结构工具】工具栏中的【现有部件】按钮，在特征树中选取插入位置（平口钳总装节点），在弹出【选择文件】对话框，选择"qianzuo.CATPart"文件，单击【打开】按钮，系统自动载入部件，如图14-60所示。

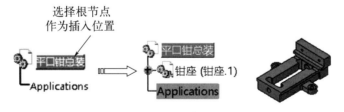

图14-60　加载第一个零件

02 单击【约束】工具栏上的【固定约束】按钮，选择钳座部件，系统自动创建固定约束，如图14-61所示。

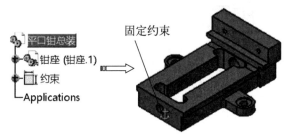

图 14-61　固定约束

14.2.2.2　加载约束活动钳口组件

（1）加载第二个零件

01 单击【产品结构工具】工具栏中的【现有部件】按钮 ，在特征树中选取"平口钳总装"节点，弹出【选择文件】对话框，选择"huodongqiankou.CATPart"文件，单击【打开】按钮，系统自动载入部件，如图14-62所示。

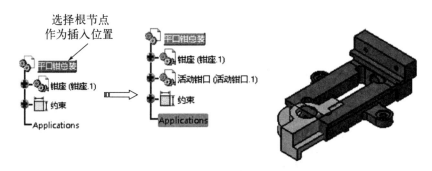

图 14-62　加载第二个零件

（2）移动第二个零件

02 单击【移动】工具栏上的【操作】按钮 ，弹出【操作参数】对话框，利用移动操作调整好位置，如图14-63所示。

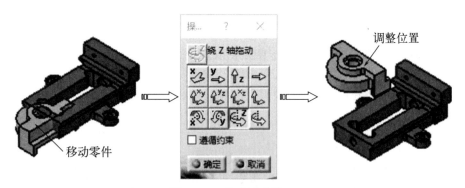

图 14-63　移动活动钳口

（3）约束第二个零件

03 单击【约束】工具栏上的【偏移约束】按钮 ，依次选择两个部件的约束表面，弹出【约束属性】对话框，【方向】为"相反"，【偏移】为"1.5mm"，单击【确定】按钮，如图14-64所示。

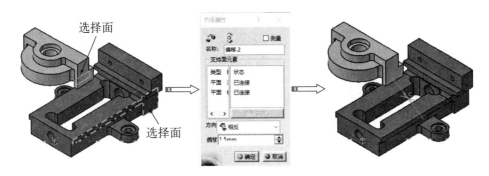

图14-64　偏移约束

04 单击【约束】工具栏上的【接触约束】按钮 ，依次选择电机和底座表面，单击【确定】
　　按钮，系统自动完成接触约束，如图14-65所示。

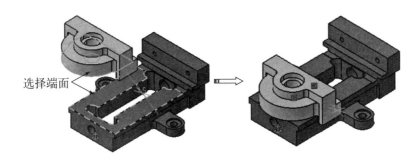

图14-65　创建接触约束

14.2.2.3　加载约束方形螺母组件

（1）加载第三个零件

01 单击【产品结构工具】工具栏中的【现有部件】按钮 ，在特征树中选取"平口钳总装"
　　节点，弹出【选择文件】对话框，选择"fangxingluomu.CATPart"文件，单击【打开】按
　　钮，系统自动载入部件，如图14-66所示。

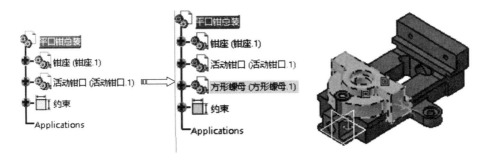

图14-66　加载第三个零件

（2）移动第三个零件

02 单击【移动】工具栏上的【操作】按钮 ，弹出【操作参数】对话框，利用移动操作调整
　　好位置，如图14-67所示。

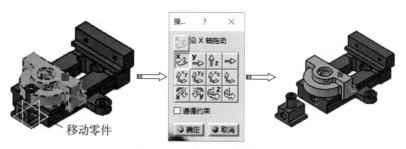

图 14-67　移动方形螺母

（3）约束第三个零件

03 单击【约束】工具栏上的【相合约束】按钮，依次选择方形螺母轴线和钳座孔轴线，即可完成约束，如图14-68所示。

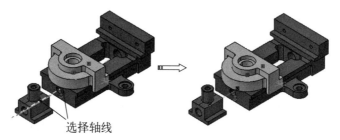

图 14-68　创建相合约束

04 单击【约束】工具栏上的【角度约束】按钮，依次选择两个部件的约束表面，弹出【约束属性】对话框，选择约束类型为【平行】，单击【确定】按钮，系统自动完成角度约束，如图14-69所示。

图 14-69　角度约束

05 单击【约束】工具栏上的【相合约束】按钮，依次选择方形螺母轴线和活动钳口轴线，即可完成约束，如图14-70所示。

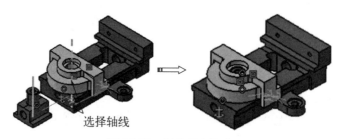

图 14-70　创建相合约束

14.2.2.4 加载约束一字螺母组件

（1）加载第四个零件

01 单击【产品结构工具】工具栏中的【现有部件】按钮 ，在特征树中选取"平口钳总装"节点，弹出【选择文件】对话框，选择"yiziluomu.CATPart"文件，单击【打开】按钮，系统自动载入部件，如图14-71所示。

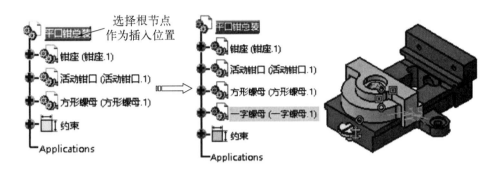

图14-71 加载第四个零件

（2）移动第四个零件

02 单击【移动】工具栏上的【操作】按钮 ，弹出【操作参数】对话框，利用移动操作调整好位置，如图14-72所示。

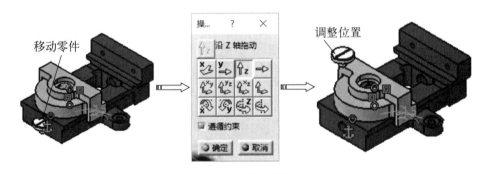

图14-72 移动偏心轴

（3）约束第四个零件

03 单击【约束】工具栏上的【相合约束】按钮 ，选择一字螺母轴线和活动钳口孔轴线，单击【确定】按钮，完成约束，如图14-73所示。

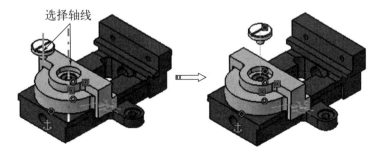

图14-73 创建相合约束

04 单击【约束】工具栏上的【接触约束】按钮，选择如图14-74所示部件表面，系统自动完成接触约束，如图14-74所示。

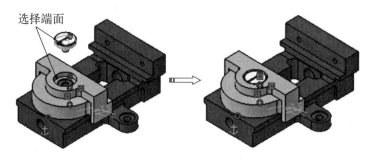

图14-74　创建接触约束

14.2.2.5　加载约束丝杠组件

（1）加载第五个零件

01 单击【产品结构工具】工具栏中的【现有部件】按钮，在特征树中选取"平口钳总装"节点，弹出【选择文件】对话框，选择"sigang.CATPart"文件，单击【打开】按钮，系统自动载入部件，如图14-75所示。

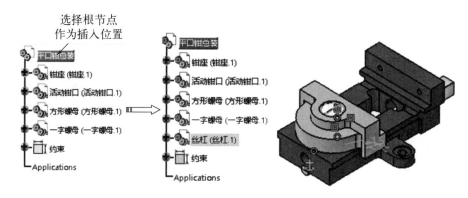

图14-75　加载第五个零件

（2）约束第五个零件

02 单击【约束】工具栏上的【相合约束】按钮，依次选择丝杠轴线和底座孔轴线，即可完成约束，如图14-76所示。

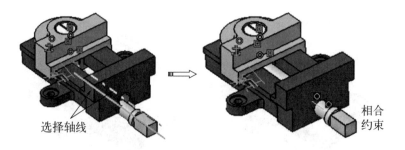

图14-76　创建相合约束

03 单击【约束】工具栏上的【接触约束】按钮，选择如图14-77所示部件表面，系统自动完成接触约束，如图14-77所示。

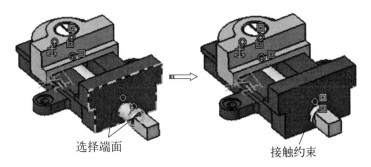

图 14-77　创建接触约束

14.2.2.6　加载约束固定套组件

（1）加载第六个零件

01 单击【产品结构工具】工具栏中的【现有部件】按钮，在特征树中选取"平口钳总装"节点，弹出【选择文件】对话框，选择"gudingtao.CATPart"文件，单击【打开】按钮，系统自动载入部件，如图14-78所示。

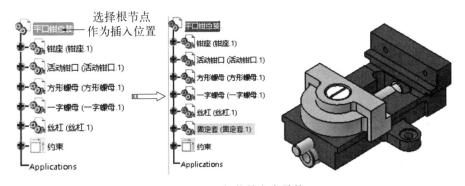

图 14-78　加载第六个零件

（2）移动第六个零件

02 单击【移动】工具栏上的【操作】按钮，弹出【操作参数】对话框，利用移动操作调整好位置，如图14-79所示。

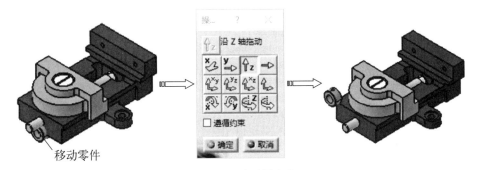

图 14-79　移动固定套

（3）约束第六个零件

03 单击【约束】工具栏上的【接触约束】按钮，选择如图14-80所示部件表面，系统自动完成接触约束，如图14-80所示。

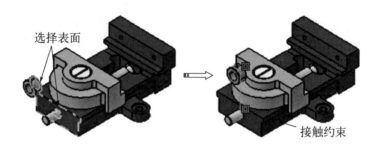

图14-80 创建接触约束

04 单击【约束】工具栏上的【相合约束】按钮，选择如图14-81所示轴线，单击【确定】按钮，完成约束，如图14-81所示。

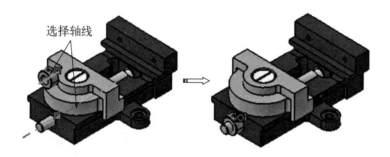

图14-81 创建相合约束

14.2.2.7 加载约束螺钉M6组件

（1）加载第七个零件

01 单击【产品结构工具】工具栏中的【现有部件】按钮，在特征树中选取"平口钳总装"节点，弹出【选择文件】对话框，选择"GB78_M6×6.CATPart"文件，单击【打开】按钮，系统自动载入部件，如图14-82所示。

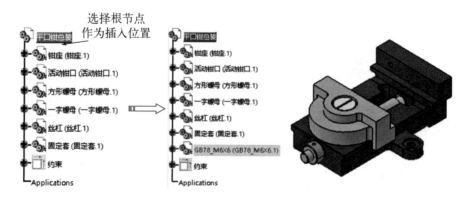

图14-82 加载第七个零件

（2）移动第七个零件

02 单击【移动】工具栏上的【操作】按钮🔧，弹出【操作参数】对话框，利用移动操作调整好位置，如图14-83所示。

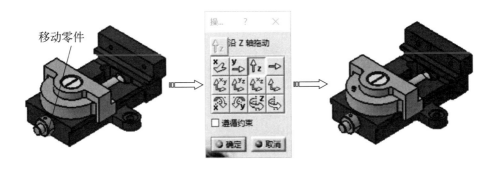

图14-83　移动螺钉

（3）约束第七个零件

03 单击【约束】工具栏上的【相合约束】按钮🖉，选择如图14-84所示轴线，单击【确定】按钮，完成约束，如图14-84所示。

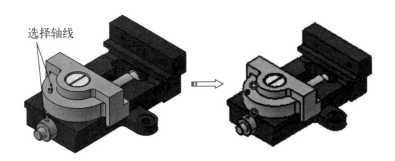

图14-84　创建相合约束

04 单击【约束】工具栏上的【接触约束】按钮📦，选择如图14-85所示部件表面，系统自动完成接触约束，如图14-85所示。

图14-85　创建接触约束

14.2.2.8　加载约束钳口板组件

（1）加载第八个零件

01 单击【产品结构工具】工具栏中的【现有部件】按钮，在特征树中选取"平口钳总装"节点，弹出【选择文件】对话框，选择"qiankouban.CATPart"文件，单击【打开】按钮，系统自动载入部件，如图14-86所示。

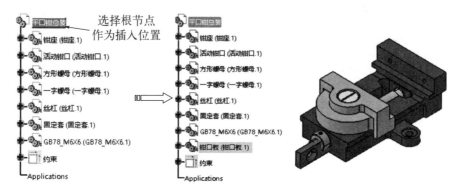

图14-86　加载第八个零件

（2）移动第八个零件

02 单击【移动】工具栏上的【操作】按钮，弹出【操作参数】对话框，利用移动操作调整好位置，如图14-87所示。

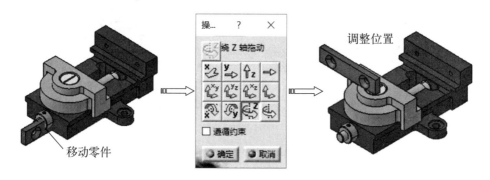

图14-87　移动钳口板

（3）约束第八个零件

03 单击【约束】工具栏上的【接触约束】按钮，选择如图14-88所示部件表面，系统自动完成接触约束，如图14-88所示。

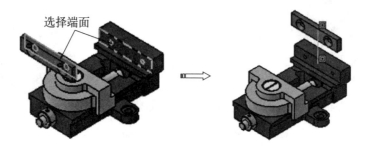

图14-88　创建接触约束

04 单击【约束】工具栏上的【接触约束】按钮 ![icon]，选择如图14-89所示部件表面，系统自动完成接触约束，如图14-89所示。

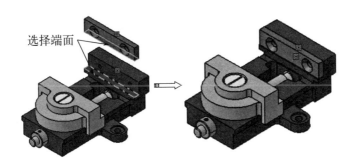

图14-89 创建接触约束

05 单击【约束】工具栏上的【相合约束】按钮 ![icon]，选择如图14-90所示表面，单击【确定】按钮，完成约束，如图14-90所示。

图14-90 创建相合约束

06 重复上述步骤，加载钳口板并建立约束，如图14-91所示。

07 重复上述步骤，加载螺钉并建立约束，如图14-92所示。

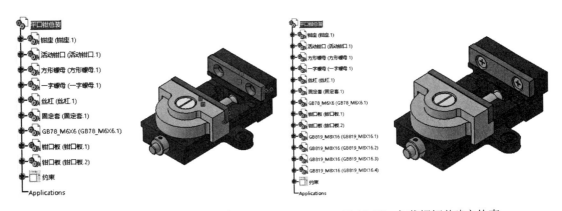

图14-91 加载钳口板并建立约束　　　　**图14-92** 加载螺钉并建立约束

14.2.2.9　创建爆炸图

01 单击【场景】工具栏上的【增强型场景】按钮 ![icon]，弹出【增强型场景】对话框，【名称】为"场景1"，【过载模式】为"全部"，单击【确定】按钮进入场景环境，如图14-93所示。

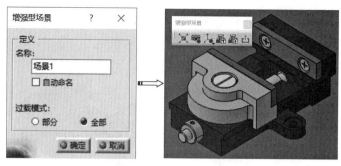

图14-93　进入场景环境

02 单击【增强型场景】工具栏上的【分解】按钮，弹出【分解】对话框，在【深度】框中选择"所有级别"，激活【选择集】编辑框，在特征树中选择装配根节点（即选择所有的装配组件）作为要分解的装配组件，在【类型】下拉列表中选择"3D"，如图14-94所示；激活【固定产品】编辑框，选择如图14-95所示的零件为固定零件。

03 单击【应用】按钮，出现【信息框】对话框，提示可用3D指南针在分解视图内移动产品，并在视图中显示分解预览效果，如图14-96所示。单击【确定】按钮完成关闭对话框。

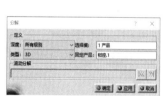

图14-94　【分解】对话框

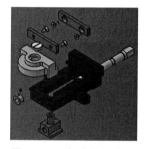

固定部件

图14-95　选择固定零件

图14-96　创建的爆炸图

04 单击【增强型场景】工具栏上的【退出场景】按钮，返回装配体环境。

05 在装配环境中，选择应用到装配场景，单击鼠标右键，选择【场景.1对象】|【在装配上应用场景】|【应用整个场景】命令，可将场景中视图应用到装配环境之中创建爆炸图，如图14-97所示。

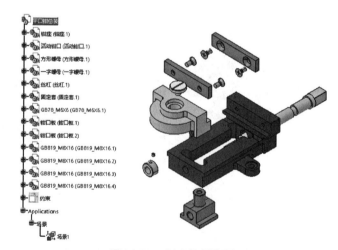

图14-97　创建的爆炸图

第15章

工程图设计典型案例

零件按其结构特点、视图表达、尺寸标注、制造方法等，大致可分为轴套类、盘盖类、箱体类和叉架类四种类型。本节将通过实例来讲解CATIA工程图绘制基本知识的综合应用，通过对典型零件的工程图的绘制，掌握工程图相关知识在实际产品中的具体应用方法和过程。

⬙ 本章内容

- ⦿ 阀盖工程图设计
- ⦿ 传动轴工程图设计

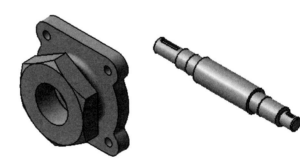

15.1 阀盖零件工程图设计

盘盖类零件主要起传动、连接、支承、密封等作用，如手轮、法兰盘、各种端盖等。为了巩固前面各章的基础知识，本节以阀盖零件为例来讲解该类型零件的工程图绘制方法和过程，如图15-1所示。

15.1视频精讲

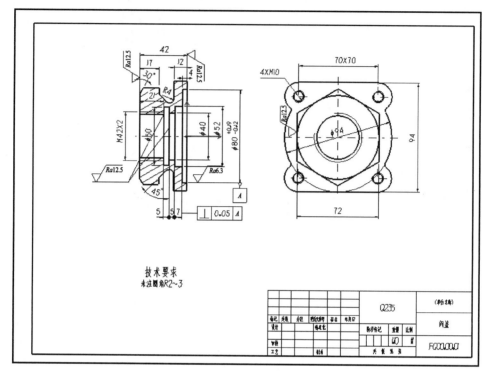

图 15-1　阀盖工程图

15.1.1　阀盖工程图分析

15.1.1.1　结构分析

　　盘盖类零件主体由共轴回转体组成，一般轴向尺寸较小，径向尺寸较大，其上常有凸台、凹坑、螺孔、销孔、轮辐等局部结构。

15.1.1.2　工程图表达方法

　　盘盖类零件的毛坯有铸件或锻件，机械加工以车削为主，一般需要两个以上基本视图：

　　● 主视图：按照加工位置原则，轴向水平放置，采用剖视图表达零件内部特征。视图具有对称面时，可做半剖视；无对称面时，可做全剖或局部剖视。

　　● 左（右）视图：表达外形，反映孔、槽、肋板等结构分布，需要注意的是轮辐和肋板的规定画法。

15.1.1.3　尺寸标注

　　盘盖类零件的尺寸一般为两大类：轴向及径向尺寸，径向尺寸的主要基准是回转轴线，轴向尺寸的主要基准是重要的端面。

　　定形和定位尺寸都较明显，尤其是在圆周上分布的小孔的定位圆直径是这类零件的典型定位尺寸，多个小孔一般采用如"4×ϕ18均布"形式标注，均布即等分圆周，角度定位尺寸就不必标注了。内外结构形状尺寸应分开标注。

15.1.1.4　技术要求

　　配合要求一般用于轴向定位的表面，其表面粗糙度和尺寸精度要求较高，端面与轴心线之间常有形位公差要求。

15.1.2 阀盖工程图绘制过程

本例零件工程图的绘制通常采用步骤为：创建图纸→引入图框和标题栏→创建工程视图→标注尺寸→标注形位公差→标注粗糙度→文本注释（技术要求）等。

15.1.2.1 打开阀盖模型

启动CATIA后，单击【标准】工具栏上的【打开】按钮，打开【选择文件】对话框，选择"fagai.CATPart.prt"，单击【打开】按钮，文件打开后如图15-2所示。

15.1.2.2 创建图纸页

01 选择菜单栏【文件】|【新建】命令，弹出【新建】对话框，在【类型列表】中选择【Drawing】选项，单击【确定】按钮，如图15-3所示。

02 在弹出的【新建工程图】对话框中选择【标准】为"GB"，【图纸样式】为"A3 ISO"等，如图15-4所示。

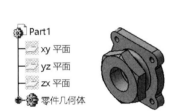
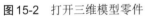

图15-2 打开三维模型零件

图15-3 【新建】对话框

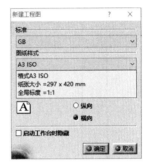

图15-4 【新建工程图】对话框

03 单击【确定】按钮，进入工程制图工作台，如图15-5所示。

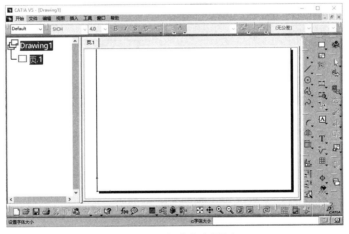

图15-5 创建空白图纸

15.1.2.3 创建工程图图框和标题栏

01 选择菜单栏【文件】|【页面设置】命令，系统弹出【页面设置】对话框，如图15-6所示。

02 单击【Insert Background View】按钮，弹出【将元素插入图纸】对话框，如图15-7所示。单击【浏览】按钮，选择"A3_heng.CATDrawing"的图样样板文件，单击【打开】按钮，单击【插入】按钮返回【页面设置】对话框。

图15-6 【页面设置】对话框 　　　　图15-7 选择图框和标题栏模板

03 单击【确定】按钮，引入已有的图框和标题栏，如图15-8所示。

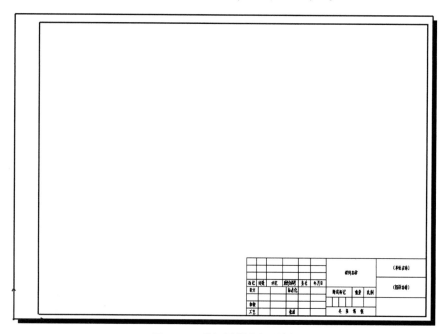

图15-8 引入图样和标题栏

15.1.2.4 创建视图

（1）创建主视图

01 单击【视图】工具栏上的【正视图】按钮 ，系统提示：将当前窗口切换到3D模型窗口，选择下拉菜单【窗口】|【fagai.CATPart】命令，切换到零件模型窗口。

02 选择投影平面。在图形区或特征树上选择zx平面作为投影平面，如图15-9所示。

03 选择投影平面后，系统自动返回工程图工作台，将显示正视图预览，单击方向控制器中心按钮或图纸页空白处，即自动创建出实体模型对应的主视图，如图15-10所示。

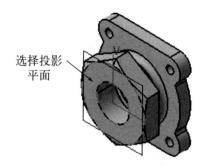

图15-9 选择投影平面

（2）创建投影视图

04 单击【视图】工具栏上的【投影视图】按钮 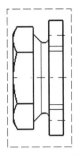（注：按钮图标），在窗口中出现投影视图预览。移动鼠标至所需视图位置，单击鼠标左键，即生成所需的投影视图，如图15-11所示。

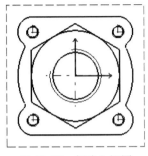

图15-10　创建主视图

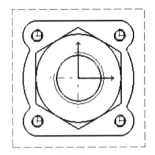

图15-11　创建投影视图

（3）创建局部剖视图

05 双击激活投影视图，单击【视图】工具栏上的【剖面视图】按钮，连续选取多个点，在最后点处双击封闭形成多边形，如图15-12所示。

06 系统弹出【3D查看器】对话框，显示出剖切面预览，如图15-13所示。

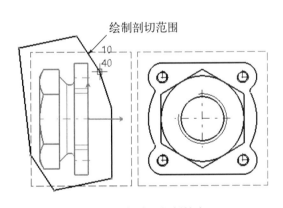

图15-12　创建局部剖轮廓

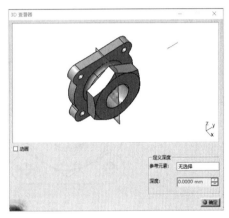

图15-13　【3D查看器】对话框

07 移动剖切平面。系统提示：移动平面或使用元素选择平面的位置，激活【3D查看器】对话框中的【参考元素】编辑框，本例中保持默认，单击【确定】按钮，即生成剖面视图，如图15-14所示。

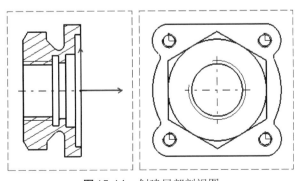

图15-14　创建局部剖视图

15.1.2.5　创建并修改修饰特征

选择如图15-15所示的圆作为参考元素，鼠标拖动修改中心线符号。

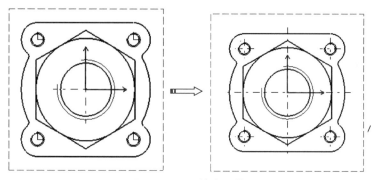

图15-15　延伸中心线

15.1.2.6　标注尺寸

（1）标注右视图尺寸

01 单击【尺寸标注】工具栏上的【尺寸】按钮■，弹出【工具控制板】工具栏，选择需要标注元素，移动鼠标使尺寸移到合适位置，单击鼠标左键，系统自动完成尺寸标注，如图15-16所示。

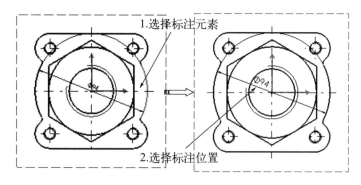

图15-16　标注长度尺寸

02 单击【尺寸标注】工具栏上的【螺纹尺寸】按钮■，弹出【工具控制板】工具栏，选中螺纹线，系统自动完成尺寸标注，如图15-17所示。

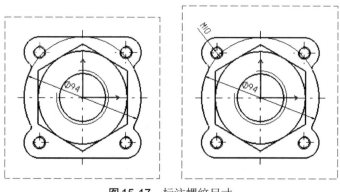

图15-17　标注螺纹尺寸

03 选择标注的螺纹尺寸，添加前缀，如图 15-18 所示。

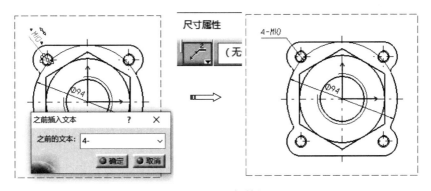

图 15-18 添加前缀

04 重复上述尺寸标注过程，标注其余尺寸，如图 15-19 所示。

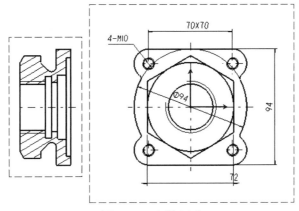

图 15-19 标注尺寸

（2）标注主视图尺寸

01 单击【尺寸标注】工具栏上的【尺寸】按钮 ▦，弹出【工具控制板】工具栏，选择需要标注元素，移动鼠标使尺寸移到合适位置，单击鼠标左键，系统自动完成尺寸标注，如图 15-20 所示。

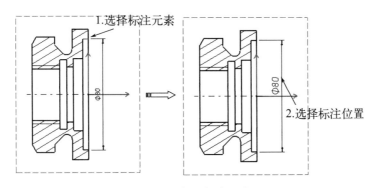

图 15-20 标注长度尺寸

02 选择直径 80 尺寸，激活【尺寸属性】工具栏，选择尺寸文字标注样式，选择公差样式【TOL_0.7】，在【偏差】框中输入 "+0.19/–0.12"，按 Enter 键确定，如图 15-21 所示。

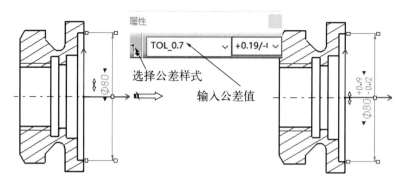

图15-21 设置尺寸公差

03 重复上述尺寸标注过程，标注其余尺寸，如图15-22所示。

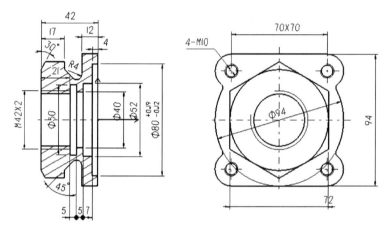

图15-22 标注尺寸

15.1.2.7 标注表面粗糙度符号

01 单击【标注】工具栏上的【粗糙度符号】按钮，选择粗糙度符号所在位置，在弹出的【粗糙度符号】对话框中输入粗糙度的值和类型，单击【确定】按钮即可完成粗糙度符号标注，如图15-23所示。

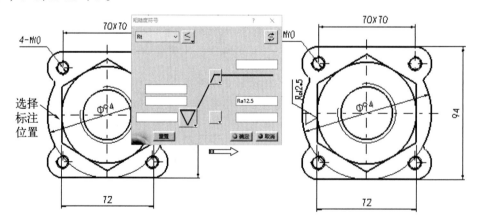

图15-23 创建粗糙度符号

02 重复上述表面粗糙度标注过程，标注表面粗糙度，如图15-24所示。

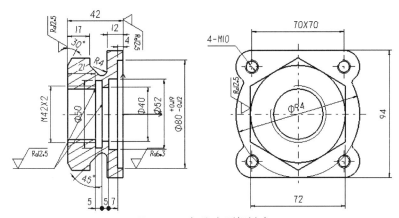

图 15-24　标注表面粗糙度

15.1.2.8　标注基准特征符号

单击【尺寸标注】工具栏上的【基准特征】按钮 **A**，再单击图上要标注基准的直线或尺寸线，出现【创建基准特征】对话框，在对话框中输入基准代号，单击【确定】按钮，则标注出基准特征，如图 15-25 所示。

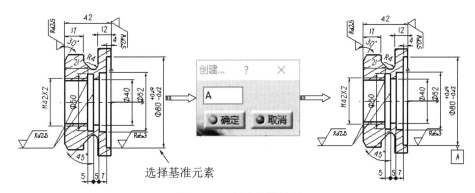

图 15-25　创建基准特征

15.1.2.9　创建形位公差

单击【尺寸标注】工具栏上的【形位公差】按钮 **GP**，再单击图上要标注公差的直线或尺寸线，出现【形位公差】对话框，设置形位公差参数，单击【确定】按钮，完成形位公差标注，如图 15-26 所示。

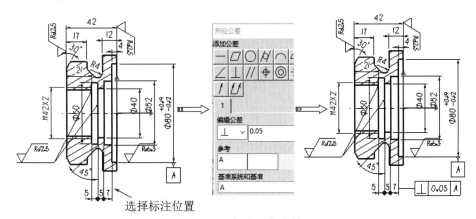

图 15-26　标注形位公差

15.1.2.10　插入技术要求

01　选择【编辑】|【图纸背景】命令，进入图纸背景。

02　单击【标注】工具栏上的【文本】按钮 **T**，选择欲标注文字的位置，弹出【文本编辑器】对话框，输入文字，单击【确定】按钮，完成文字添加，如图15-27所示。

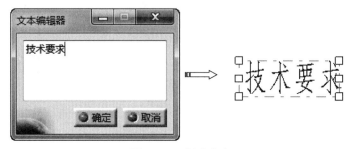

图15-27　创建文本

03　按Shift+Enter键进行换行，接着输入文字（可以通过选择字体输入汉字），单击【确定】按钮，完成文字添加，如图15-28所示。

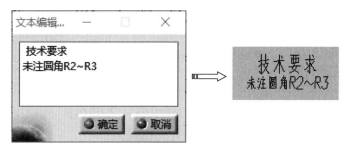

图15-28　创建文本

04　选择【编辑】|【工作视图】命令，返回图纸窗口，如图15-29所示。

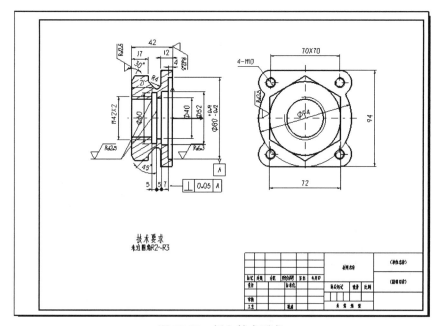

图15-29　插入技术要求

15.1.2.11 填写标题栏

（1）添加材质

01 单击【标准】工具栏上的【打开】按钮 ，打开【打开部件文件】对话框，选择"fagai. CATPart"，单击【OK】按钮，文件打开后如图15-30所示。

02 选择需要添加材质的对象，单击【应用材料】工具栏上的【应用材料】按钮 ，系统弹出 【库（只读）】对话框，如图15-31所示。

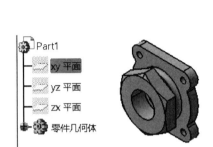

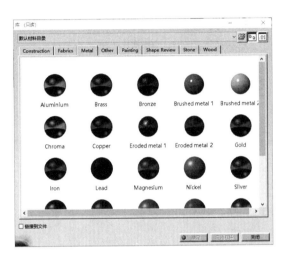

图15-30 打开模型零件 　　　　　　图15-31 【库（只读）】对话框

03 在【库（只读）】对话框中选中【Construction（结构）】选项卡，选择材料Steel，按住左键 不放并将其拖动到模型上，然后单击【确定】按钮关闭对话框，如图15-32所示。

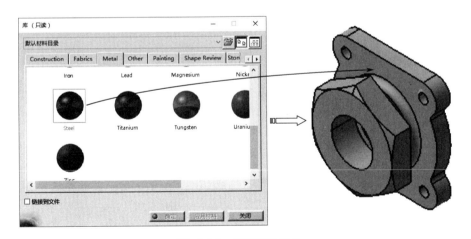

图15-32 设置材料属性

（2）添加零件自定义信息

04 在零件设计窗口中，在特征树中选择根节点【Part1】，单击鼠标右键，在弹出的菜单中选择 【属性】命令，如图15-33所示。

05 系统弹出【属性】对话框，单击【产品】选项卡，在【零件编号】文本框输入零件名称， 如图15-34所示。

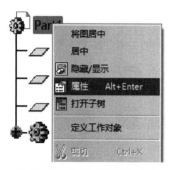

图15-33　选择【属性】命令

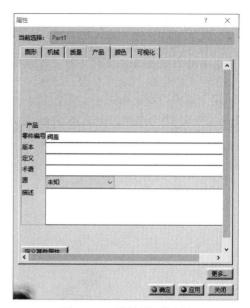

图15-34　【属性】对话框

06 单击【定义其他属性】按钮，弹出【定义其他属性】对话框，显示为空白，如图15-35 所示。

07 定义"序号"属性。在【新类型参数】按钮后的下拉列表中选择"字符串"类型，单击 【新类型参数】按钮，在【编辑名称和值】中的第一个文本框中输入"序号"，第二个文本 框中输入"1"，在列表框内的空白区域单击，完成"符号"属性的添加，如图15-36所示。

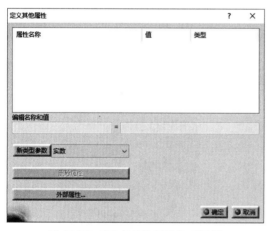

图15-35　【定义其他属性】对话框

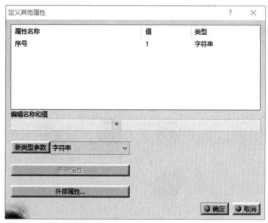

图15-36　定义"序号"属性

08 定义"代号"属性。在【新类型参数】按钮后的下拉列表中选择"字符串"类型，单击 【新类型参数】按钮，在【编辑名称和值】中的第一个文本框中输入"代号"，第二个文本 框中输入"FG00.00.01"，在列表框内的空白区域单击，完成"代号"属性的添加，如图 15-37所示。

09 定义"名称"属性。在【新类型参数】按钮后的下拉列表中选择"字符串"类型，单击 【新类型参数】按钮，在【编辑名称和值】中的第一个文本框中输入"名称"，第二个文 本框中输入"阀盖"，在列表框内的空白区域单击，完成"名称"属性的添加，如图15-38 所示。

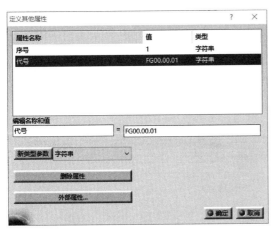

图 15-37 定义"代号"属性

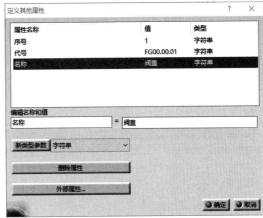

图 15-38 定义"名称"属性

10 定义"数量"属性。在【新类型参数】按钮后的下拉列表中选择"字符串"类型,单击
【新类型参数】按钮,在【编辑名称和值】中的第一个文本框中输入"数量",第二个文本
框中输入"1",在列表框内的空白区域单击,完成"数量"属性的添加,如图15-39所示。

11 定义"材料"属性。在【新类型参数】按钮后的下拉列表中选择"字符串"类型,单击
【新类型参数】按钮,在【编辑名称和值】中的第一个文本框中输入"材料",第二个文本
框中输入"Q235",在列表框内的空白区域单击,完成"材料"属性的添加,如图15-40
所示。

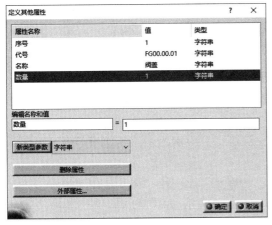

图 15-39 定义"数量"属性

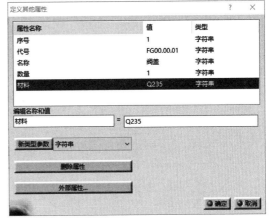

图 15-40 定义"材料"属性

12 定义"备注"属性。在【新类型参数】按钮后的下拉列表中选择"字符串"类型,单击
【新类型参数】按钮,在【编辑名称和值】中的第一个文本框中输入"备注",第二个文本
框为空,在列表框内的空白区域单击,完成"备注"属性的添加,如图15-41所示。

13 定义"重量"属性。在【新类型参数】按钮后的下拉列表中选择"字符串"类型,单击
【新类型参数】按钮,在【编辑名称和值】中的第一个文本框中输入"重量",第二个文本
框为空,在列表框内的空白区域单击,完成"重量"属性的添加,如图15-42所示。单击
【确定】按钮返回【属性】对话框。

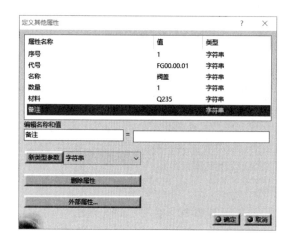

图15-41 定义"备注"属性

图15-42 定义"重量"属性

14 单击【属性】对话框中的【质量】选项卡，在【常规】选项中的【质量】中显示1.10kg，然后单击【产品】选项卡，在【产品：已添加的属性】区域中的【重量】文本框输入1.1，如图15-43所示。

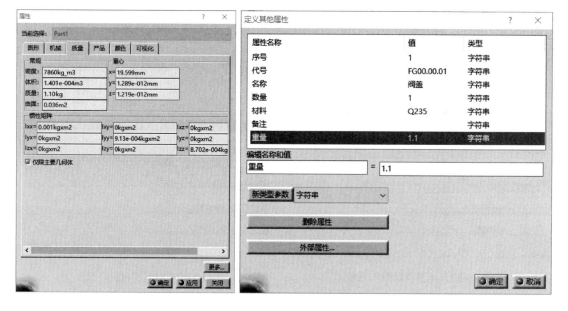

图15-43 添加质量数值

15 单击【确定】按钮，关闭【属性】对话框，完成属性添加。

（3）进入图纸背景

16 选择下拉菜单【窗口】|【fagai.CATDrawing】命令，切换到工程制图窗口。

17 选择菜单栏【编辑】|【图纸背景】命令，进入图纸背景，如图15-44所示。

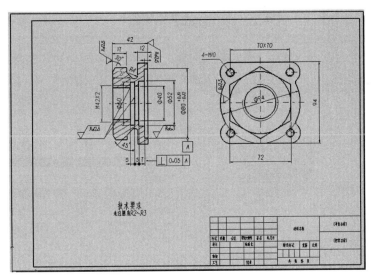

图15-44　图纸背景

（4）链接材料名称

18 双击【材料名称】单元格文本，弹出【文本编辑器】对话框，删除"材料名称"，如图15-45所示。

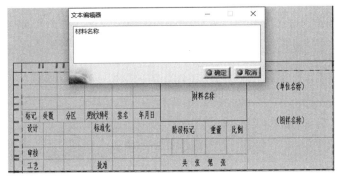

图15-45　编辑【材料名称】文本

19 在标题栏文本中单击鼠标右键，在弹出的快捷菜单中选择【属性链接】命令，如图15-46所示。

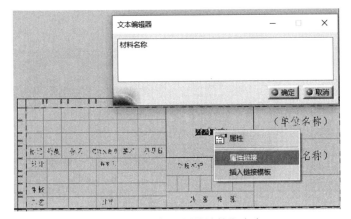

图15-46　选择【属性链接】命令

20 系统提示：选择链接对象，返回到零件设计工作台，在特征树中选择法兰盘根节点，如图15-47所示。

21 系统自动返回图纸空间，弹出【属性链接面板】对话框，选择材料属性，如图15-48所示。

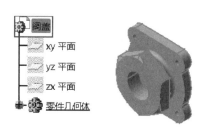

图15-47　选择特征树根节点

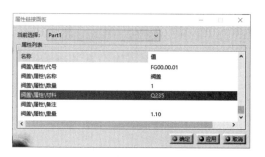

图15-48　【属性链接面板】对话框

22 单击【属性链接面板】对话框【确定】按钮关闭，单击【文本编辑器】对话框中的【确定】按钮，完成属性链接，如图15-49所示。

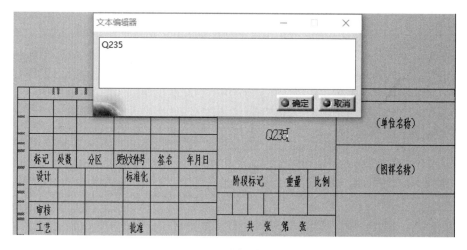

图15-49　链接材料属性

（5）链接其他属性

23 重复上述属性链接过程，链接其他属性，如图15-50所示。

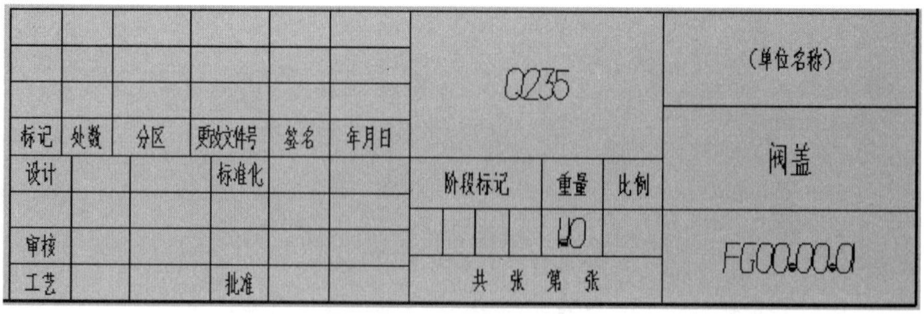

图15-50　链接其他属性

（6）链接比例属性

24 双击【比例】单元格文本，弹出【文本编辑器】对话框，如图15-51所示。

图15-51　编辑【比例】文本

25 在【比例】文本中单击鼠标右键，在弹出的快捷菜单中选择【属性链接】命令，如图15-52所示。

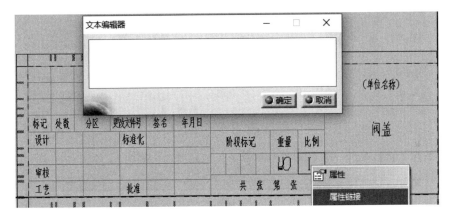

图15-52　选择【属性链接】命令

26 系统提示：选择链接对象，选择特征树中的正视图节点，如图15-53所示。

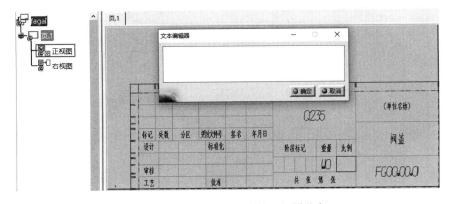

图15-53　选择特征树中的正视图节点

27 弹出【属性链接面板】对话框，选择Scale属性，如图15-54所示。

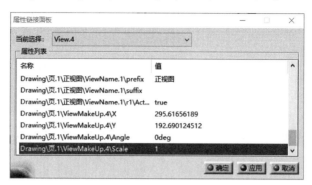

图15-54 【属性链接面板】对话框

28 单击【属性链接面板】对话框【确定】按钮关闭，单击【文本编辑器】对话框中的【确定】按钮，完成属性链接，如图15-55所示。

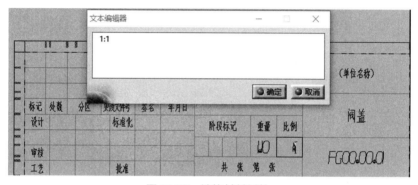

图15-55 链接材料属性

29 选择菜单栏【编辑】|【工作视图】命令，进入图纸界面，如图15-56所示。

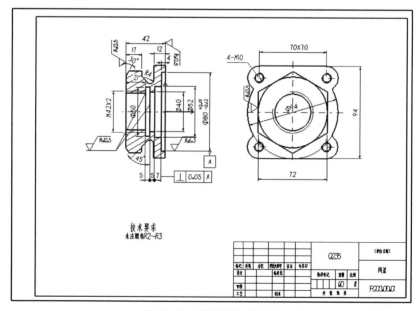

图15-56 填充后的标题栏

15.2 传动轴零件工程图实例

轴套类零件包括各种轴、丝杠、套筒等，在机器中主要用来支承传动件（如齿轮、带轮等），实现旋转运动并传递动力。为了巩固前面各章制图基础知识，本节以传动轴零件为例来讲解轴类零件的工程图绘制方法和过程，如图15-57所示。

15.2视频精讲

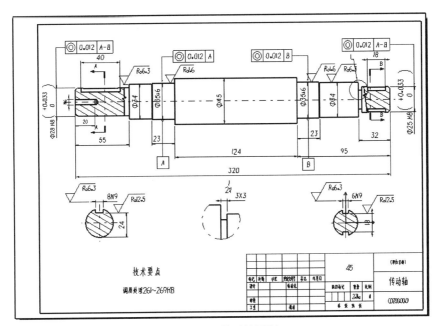

图 15-57 传动轴图纸

15.2.1 传动轴工程图分析

15.2.1.1 结构分析

大多数由同轴心线、不同直径的数段回转体组成，轴向尺寸比径向尺寸大得多。轴上常有一些典型工艺结构，如键槽、退刀槽、螺纹、倒角、中心孔等结构，其形状和尺寸大部分已标准化。

15.2.1.2 工程图表达方法

轴套类零件一般在车床上加工，要按形状和加工位置确定主视图，轴线水平放置，大头在左、小头在右，键槽和孔结构可以朝前。轴套类零件主要结构形状是回转体，一般只画一个主视图。对于零件上的键槽、孔等，可作出移出断面。砂轮越程槽、退刀槽、中心孔等可用局部放大图表达。

15.2.1.3 尺寸标注

轴套类零件的尺寸主要是轴向和径向尺寸。径向尺寸的主要基准是轴线，轴向尺寸的主要基准是端面。主要形体是同轴的，可省去定位尺寸。重要尺寸必须直接注出，其余尺寸多按加工顺序注出。

为了清晰和便于测量，在剖视图上，内外结构形状尺寸应分开标注。零件上的标准结构，应按该结构标准尺寸注出。

15.2.1.4　技术要求

有配合要求的表面，其表面粗糙度、尺寸精度要求较严。有配合的轴颈和重要的端面应有形位公差要求，如同轴度、径向圆跳动、端面圆跳动及键槽的对称度等。

15.2.2　传动轴工程图绘制过程

本例零件工程图的绘制通常采用步骤为：创建图纸→引入图框和标题栏→创建工程视图→标注尺寸→标注形位公差→标注粗糙度→文本注释（技术要求）等。

15.2.2.1　打开传动轴模型

启动CATIA后，单击【标准】工具栏上的【打开】按钮 ，打开【选择文件】对话框，选择"chuandongzhou.CATPart"，单击【打开】按钮，文件打开后如图15-58所示。

15.2.2.2　创建图纸页

01 选择菜单栏【文件】|【新建】命令，弹出【新建】对话框，在【类型列表】中选择【Drawing】选项，单击【确定】按钮，如图15-59所示。

02 在弹出的【新建工程图】对话框中选择【标准】为"GB"，【图纸样式】为"A3 ISO"等，如图15-60所示。

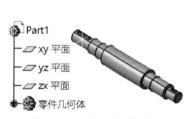

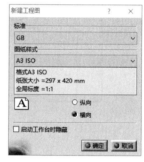

图15-58　打开模型零件　　　图15-59　【新建】对话框　　　图15-60　【新建工程图】对话框

03 单击【确定】按钮，进入工程制图工作台，如图15-61所示。

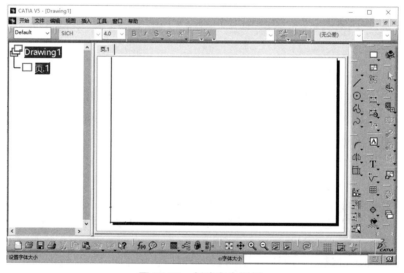

图15-61　创建空白图纸

15.2.2.3 创建工程图图框和标题栏

01 选择菜单栏【文件】|【页面设置】命令，系统弹出【页面设置】对话框，如图15-62所示。

02 单击【Insert Background View】按钮，弹出【将元素插入图纸】对话框，如图15-63所示。单击【浏览】按钮，选择"A3_heng.CATDrawing"的图样样板文件，单击【插入】按钮返回【页面设置】对话框。

图 15-62 【页面设置】对话框

图 15-63 选择图框和标题栏模板

03 单击【确定】按钮，引入已有的图框和标题栏，如图15-64所示。

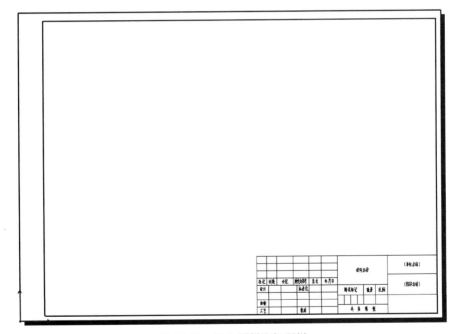

图 15-64 引入图样和标题栏

15.2.2.4 创建视图

（1）创建主视图

01 单击【视图】工具栏上的【正视图】按钮，系统提示：将当前窗口切换到3D模型窗口，选择下拉菜单【窗口】|【chuandongzhou.CATPart】命令，切换到零件模型窗口。

02 选择投影平面。在图形区或特征树上选择如图15-65所示的平面作为投影平面。

03 选择投影平面后，系统自动返回工程图工作台，将显示正视图预览，单击方向控制器中心按钮或图纸页空白处，即自动创建出实体模型对应的主视图，如图15-66所示。

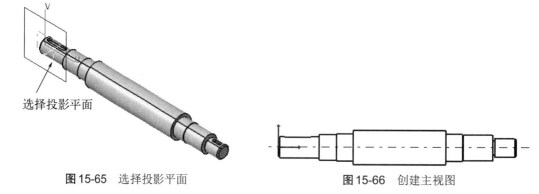

图15-65　选择投影平面　　　　　　图15-66　创建主视图

（2）创建剖面图

04 单击【视图】工具栏上的【偏移截面分割】按钮⚏⚏，依次单击两点来定义各剖切平面，在拾取第二点时双击鼠标结束拾取，如图15-67所示。

05 移动鼠标到视图所需位置，单击鼠标左键，即生成所需的剖面图，同理创建另一侧剖面，如图15-68所示。

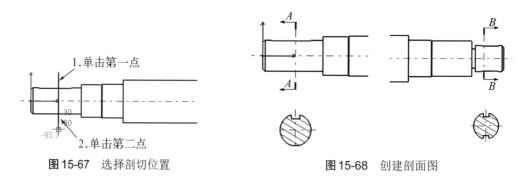

图15-67　选择剖切位置　　　　　　图15-68　创建剖面图

（3）创建局部剖视图

06 双击激活视图，单击【视图】工具栏上的【剖面视图】按钮⚏，连续选取多个点，在最后点处双击封闭形成多边形，如图15-69所示。

07 系统弹出【3D查看器】对话框，如图15-70所示，选中【动画】复选框。

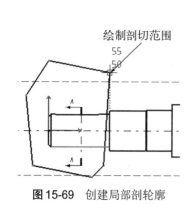

图15-69　创建局部剖轮廓

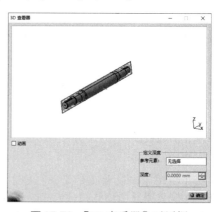

图15-70　【3D查看器】对话框

08 移动剖切平面。系统提示：移动平面或使用元素选择平面的位置，激活【3D查看器】对话框中的【参考元素】编辑框，本例中保持默认，单击【确定】按钮，即生成剖面视图，如图15-71所示。

09 同理创建另一侧剖视图，如图15-72所示。

图15-71 创建剖视图　　　　　　　　　　　**图15-72** 创建剖视图

（4）局部放大视图

10 单击【视图】工具栏上的【快速详细视图】按钮，选择圆心位置，然后再次单击一点确定圆半径，移动鼠标到视图所需位置，单击鼠标左键，即生成所需的视图，如图15-73所示。

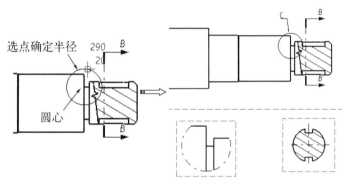

图15-73 创建快速详细视图

11 修改视图标识。在局部放大视图中选中视图边界，单击鼠标右键，在弹出的快捷菜单中选择【属性】命令，弹出【属性】对话框，修改【ID】为Ⅰ，如图15-74所示。

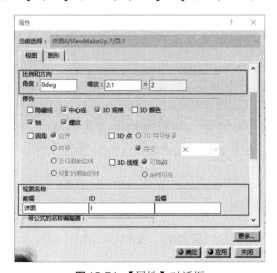

图15-74 【属性】对话框

12 单击【确定】按钮，视图标识变成Ⅰ，如图15-75所示。

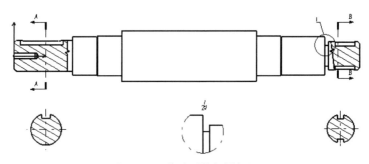

图15-75 修改后的视图标识

15.2.2.5 标注尺寸

01 单击【尺寸标注】工具栏上的【尺寸】按钮，弹出【工具控制板】工具栏，选择需要标注元素，移动鼠标使尺寸移到合适位置，单击鼠标左键，系统自动完成尺寸标注，如图15-76所示。

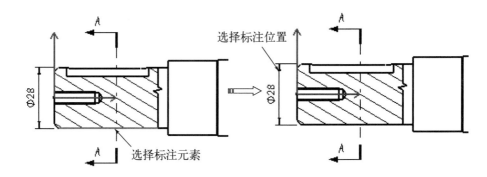

图15-76 标注直径尺寸

02 选择直径28尺寸，激活【尺寸属性】工具栏，选择尺寸文字标注样式，选择公差样式【ISOCOMB】，选择H8，按Enter键确定，如图15-77所示。

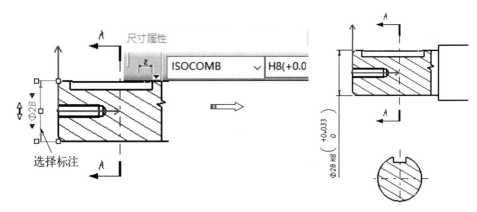

图15-77 设置尺寸公差

03 同理，重复上述尺寸标注过程标注其余尺寸，如图15-78所示。

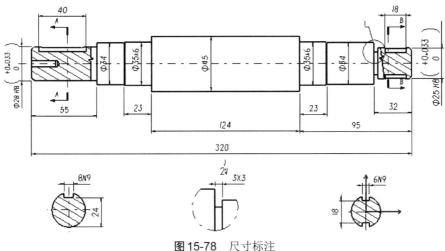

图 15-78　尺寸标注

15.2.2.6　标注表面粗糙度符号

01 单击【标注】工具栏上的【粗糙度符号】按钮，选择粗糙度符号所在位置，在弹出的【粗糙度符号】对话框中输入粗糙度的值和类型，单击【确定】按钮即可完成粗糙度符号标注，如图 15-79 所示。

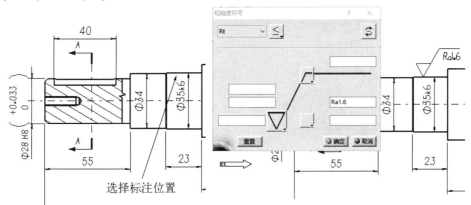

图 15-79　创建粗糙度符号

02 重复上述表面粗糙度标注过程，标注表面粗糙度，如图 15-80 所示。

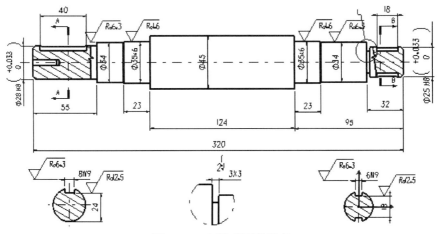

图 15-80　标注表面粗糙度

15.2.2.7　标注基准特征符号

01 单击【尺寸标注】工具栏上的【基准特征】按钮 ，再单击图上要标注基准的直线或尺寸线，出现【创建基准特征】对话框，在对话框中输入基准代号，单击【确定】按钮，则标注出基准特征，如图15-81所示。

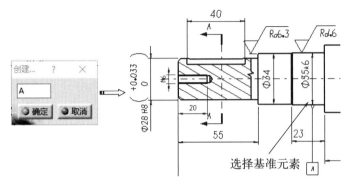

图15-81　创建基准特征

02 同理，单击【尺寸标注】工具栏上的【基准特征】按钮 ，再单击图上要标注基准的直线或尺寸线，出现【创建基准特征】对话框，在对话框中输入基准代号，单击【确定】按钮，则标注出基准特征，如图15-82所示。

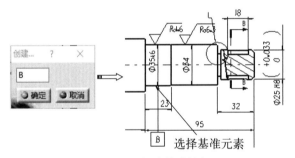

图15-82　创建基准特征

15.2.2.8　创建形位公差

01 单击【尺寸标注】工具栏上的【形位公差】按钮 ，再单击图上要标注公差的直线或尺寸线，出现【形位公差】对话框，设置形位公差参数，单击【确定】按钮，完成形位公差标注，如图15-83所示。

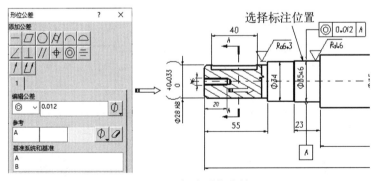

图15-83　标注形位公差

02 重复上述形位公差创建，标注其他形位公差，如图15-84所示。

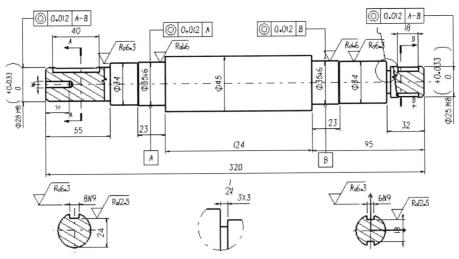

图15-84 标注其他形位公差

15.2.2.9 插入技术要求

01 选择【编辑】|【图纸背景】命令，进入图纸背景。

02 单击【标注】工具栏上的【文本】按钮 **T**，选择欲标注文字的位置，弹出【文本编辑器】对话框，输入文字（可以通过选择字体输入汉字），单击【确定】按钮，完成文字添加，如图15-85所示。

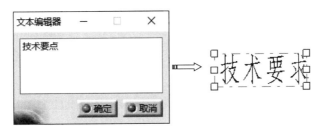

图15-85 创建文本

03 按Shift+Enter键进行换行，输入文字（可以通过选择字体输入汉字），单击【确定】按钮，完成文字添加，如图15-86所示。

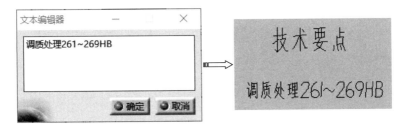

图15-86 创建文本

04 选择【编辑】|【工作视图】命令，返回图纸窗口。

15.2.2.10 填写标题栏

采取阀盖标题栏填写方法填写标题栏，结果如图15-87所示。

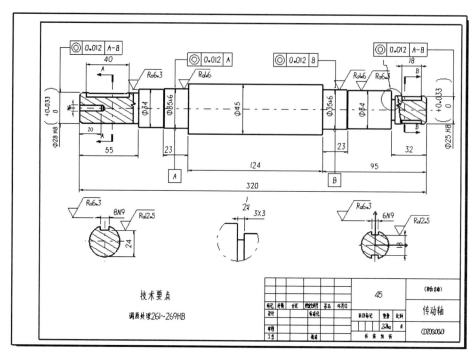

图 15-87　填充后的标题栏

第16章

DMU运动仿真设计项目式案例

CATIA运动仿真用于建立运动机构模型，分析其运动规律。本章以2个典型实例来介绍运动仿真设计的方法和步骤。希望通过本章的学习，使读者轻松掌握CATIA运动仿真功能的基本应用。

📑 本章内容

◉ 活塞式压气机运动仿真

◉ 机器臂机构运动仿真

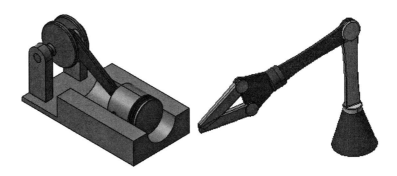

16.1 综合实例1——活塞式压气机运动仿真设计

16.1视频精讲

本例中通过一个简单的活塞式压气机运动来介绍CATIA运动仿真分析的创建方法和过程，曲柄旋转速度为5°/s，如图16-1所示。

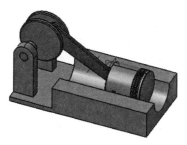

图16-1　活塞式压气机

16.1.1　活塞式压气机运动仿真设计思路分析

活塞曲柄旋转运动，活塞沿着机座做往复直线运动，需要创建1个刚性接合、2个旋转接合、2个圆柱接合。

首先在已有装配体基础上创建机械装置，然后通过创建运动接合→施加命令→使用法则曲线模型等步骤完成仿真分析。仿真时运动接合如图16-2所示。

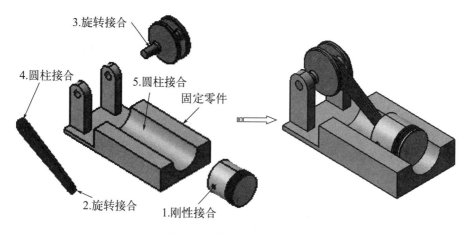

图16-2　仿真时运动接合

16.1.2　活塞式压气机运动仿真设计操作过程

16.1.2.1　打开模型启动运动仿真模块

01 在【标准】工具栏中单击【打开】按钮，在弹出【选择文件】对话框中选择"yaqiji. CATProduct"文件，单击【打开】按钮打开模型文件，如图16-3所示。

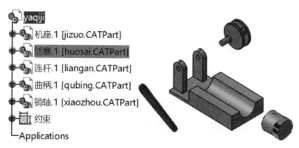

图16-3　打开模型文件

02 选择【开始】|【数字化装配】|【DMU运动机构】，进入运动仿真设计工作台。

16.1.2.2　创建机械装置

选择下拉菜单【插入】|【新机械装置】命令，系统自动在特征树的【Applications】节点下生成"机械装置"，如图16-4所示。

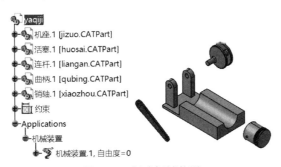

图16-4　创建机械装置

16.1.2.3　创建运动接合

（1）创建固定零件

01 单击【DMU运动机构】工具栏上的【固定零件】按钮，弹出【新固定零件】对话框，在图形区选择机座为固定的零件，对话框自动消失，在特征树【固定零件】节点下增加固定，如图16-5所示。

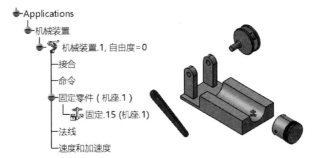

图16-5　固定零件

02 单击【DMU运动机构】工具栏中的【刚性接合】按钮，弹出【创建接合：刚性】对话框，在图形区分别选中如图16-6所示几何模型的零件1和零件2。单击【确定】按钮，完成刚性面接合创建，在【接合】节点下增加"刚性.1"，在【约束】节点下增加"相合.1"，如图16-6所示。

图16-6　创建刚性接合

（2）创建旋转接合

03 单击【DMU运动机构】工具栏中的【旋转接合】按钮，弹出【创建接合：旋转】对话框，如图16-7所示。

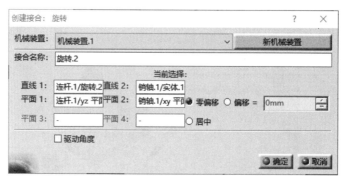

图16-7　【创建接合：旋转】对话框

04 在图形区分别选中如图16-8所示几何模型的轴线1和轴线2，并在特征树上选择两个平面作为轴向限制面，单击【确定】按钮，完成旋转接合创建，在【接合】节点下增加"旋转.2"，在【约束】节点下增加"相合"和"偏移"，如图16-8所示。

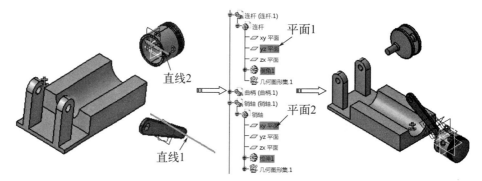

图16-8　创建的旋转接合

05 单击【DMU运动机构】工具栏中的【旋转接合】按钮，弹出【创建接合：旋转】对话框，如图16-9所示。

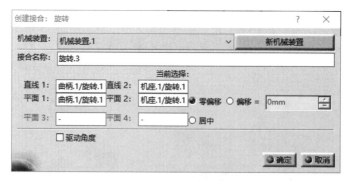

图16-9　【创建接合：旋转】对话框

06 在图形区分别选中如图16-10所示几何模型的轴线1和轴线2，并在特征树上选择两个平面作为轴向限制面，单击【确定】按钮，完成旋转接合创建，在【接合】节点下增加"旋转.3"，在【约束】节点下增加"相合"和"偏移"，如图16-10所示。

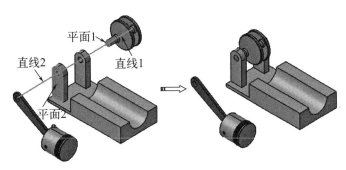

图16-10 创建的旋转接合

（3）创建圆柱接合

07 单击【DMU运动机构】工具栏中的【圆柱接合】按钮 ，弹出【创建接合：圆柱面】对话框，如图16-11所示。

08 在图形区分别选中如图16-12所示几何模型的轴线1和轴线2。单击【确定】按钮，完成圆柱接合创建，在【接合】节点下增加"圆柱面.4"，在【约束】节点下增加"相合"，如图16-12所示。

图16-11 【创建接合：圆柱面】对话框

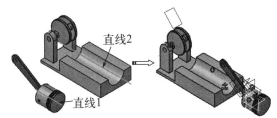

图16-12 创建圆柱接合

09 单击【DMU运动机构】工具栏中的【圆柱接合】按钮 ，弹出【创建接合：圆柱面】对话框，如图16-13所示。

10 在图形区分别选中如图16-14所示几何模型的轴线1和轴线2。单击【确定】按钮，完成圆柱接合创建，在【接合】节点下增加"圆柱面.5"，在【约束】节点下增加"相合"，如图16-14所示。

图16-13 【创建接合：圆柱面】对话框

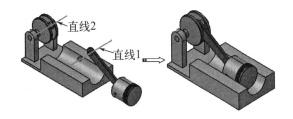

图16-14 创建圆柱接合

16.1.2.4 施加命令

01 在特征树上双击【旋转.3】节点，显示【编辑接合：旋转.3（旋转）】对话框，选中【驱动角度】复选框，在图形区显示旋转方向箭头，如图16-15所示。

图 16-15　施加旋转命令

02 单击【确定】按钮，弹出【信息】对话框，单击【确定】按钮完成，此时特征树中"自由度=0"，并在【命令】节点下增加"命令.1"，如图 16-16 所示。

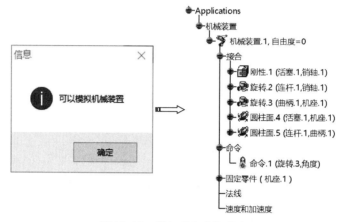

图 16-16　增加【命令】节点

16.1.2.5　使用法则曲线进行模拟

（1）创建公式

01 单击【知识工程】工具栏上的【公式】按钮 **f(x)**，弹出【公式】对话框，在【参数】列表中选择"机械装置.1\命令\命令.1\角度"，如图 16-17 所示。

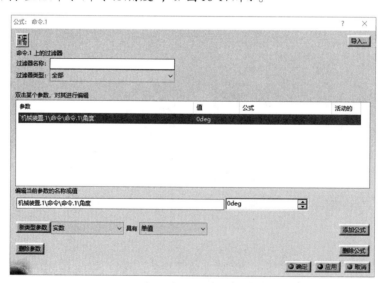

图 16-17　【公式】对话框

02 单击【添加公式】按钮，弹出【公式编辑器】对话框，在【参数的成员】中选择"时间"，在【时间的成员】中选择机械装置.1\KINTime，并在编辑栏中输入机械装置.1\KINTime/1s*5deg，表示1s前进5°，依次单击【确定】按钮后，在特征树中【法线】节点下插入相应的运动函数，如图16-18所示。

图16-18 【公式编辑器】对话框

（2）创建速度和加速度

03 单击【DMU运动机构】工具栏上的【速度和加速度】按钮，弹出【速度和加速度】对话框，激活【参考产品】编辑框，在特征树上或图形区选择"机座"，激活【点选择】编辑框，选择如图16-19所示活塞上的点，单击【确定】按钮完成，在特征树【速度和加速度】节点下增加"速度和加速度.1"。

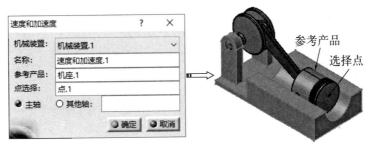

图16-19 创建速度和加速度

（3）使用法则曲线进行模拟

04 单击【DMU运动机构】工具栏中的【使用法则曲线进行模拟】按钮，弹出【运动模拟-机械装置.1】对话框，在【机械装置】下拉列表中选择"机械装置.1"作为要模拟的机械装置，如图16-20所示。单击 ⋯ 按钮，弹出【模拟持续时间】对话框，设置【最长时限】为72s，如图16-21所示。单击【确定】按钮返回。

图16-20 【运动模拟】对话框

图16-21 【模拟持续时间】对话框

05 在【步骤数】下拉列表中选择"80"，如图16-22所示。单击【运动模拟】对话框中的【向前播放】按钮▶和【向后播放】按钮◀可进行正反模拟，如图16-23所示。

图16-22　选择步骤数

图16-23　播放模拟

06 在【运动模拟】对话框中选中【激活传感器】复选框，如图16-24所示，系统弹出【传感器】对话框，在【选择集】中选中"旋转.3\角度""速度和加速度.1\X_点.1""速度和加速度.1\Y_点.1""速度和加速度.1\Z_点.1"，如图16-25所示。

图16-24　【运动模拟】对话框

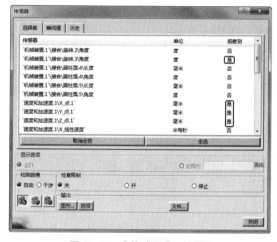

图16-25　【传感器】对话框

07 单击【运动模拟】对话框中的【向前播放】按钮▶，然后在【传感器】对话框中单击【图形】按钮，弹出【传感器图形显示】对话框，显示以时间为横坐标的选中点的运动规律曲线，如图16-26所示。单击【关闭】按钮完成。

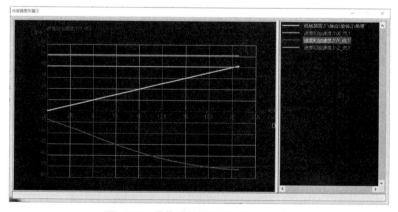

图16-26　【传感器图形显示】对话框

08 单击【关闭】按钮，关闭对话框，机构保持在停止模拟时的位置，即对话框中滚动条停留处所控制的运动机构对应位置。

16.2 综合实例2——机器臂机构运动仿真设计

本例中通过一个简单的机器臂来介绍CATIA运动仿真分析的创建方法和过程，如图16-27所示。

16.2视频精讲

图16-27 机器臂机构

16.2.1 机器臂机构运动仿真设计思路分析

机器臂机构运动仿真需要创建1个固定零件、5个旋转接合。首先在已有装配体基础上创建机械装置，然后通过创建运动接合→施加命令→使用命令等步骤完成仿真分析。仿真时运动接合如图16-28所示。

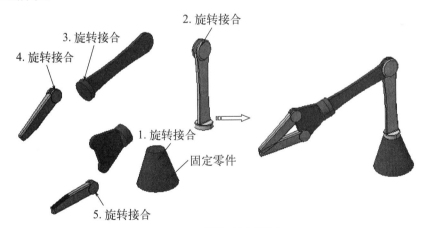

图16-28 仿真时运动接合

16.2.2 机器臂运动仿真设计操作过程

16.2.2.1 打开模型启动运动仿真模块

01 在【标准】工具栏中单击【打开】按钮，在弹出【选择文件】对话框中选择"DEFINE_LAWS.CATProduct"文件，单击【打开】按钮打开模型文件，如图16-29所示。

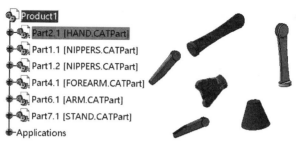

图16-29　打开模型文件

02 选择【开始】|【数字化装配】|【DMU运动机构】，进入运动仿真设计工作台。

16.2.2.2　创建机械装置

选择下拉菜单【插入】|【新机械装置】命令，系统自动在特征树的【Applications】节点下生成"机械装置"，如图16-30所示。

图16-30　创建机械装置

16.2.2.3　创建运动接合

（1）创建固定零件

01 单击【DMU运动机构】工具栏上的【固定零件】按钮，弹出【新固定零件】对话框，在图形区选择机座为固定的零件，对话框自动消失，在特征树【固定零件】节点下增加固定，如图16-31所示。

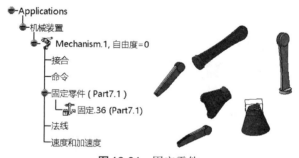

图16-31　固定零件

（2）创建旋转接合

02 单击【DMU运动机构】工具栏中的【旋转接合】按钮，弹出【创建接合：旋转】对话框，如图16-32所示。

03 在图形区分别选中如图16-33所示几何模型的轴线1和轴线2，并在特征树上选择两个平面作为轴向限制面，单击【确定】按钮，完成旋转接合创建，在【接合】节点下增加"旋转.1"，在【约束】节点下增加"相合"和"偏移"，如图16-33所示。

图16-32　【创建接合：旋转】对话框

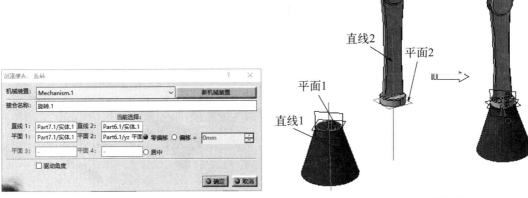

图16-33　创建旋转接合

04 单击【DMU运动机构】工具栏中的【旋转接合】按钮，弹出【创建接合：旋转】对话框，如图16-34所示。

05 在图形区分别选中如图16-35所示几何模型的轴线1和轴线2，并在特征树上选择两个平面作为轴向限制面，单击【确定】按钮，完成旋转接合创建，在【接合】节点下增加"旋转.2"，在【约束】节点下增加"相合"和"偏移"，如图16-35所示。

图16-34　【创建接合：旋转】对话框

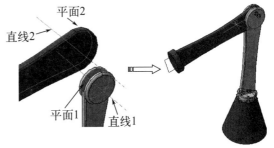

图16-35　创建旋转接合

06 单击【DMU运动机构】工具栏中的【旋转接合】按钮，弹出【创建接合：旋转】对话框，如图16-36所示。

07 在图形区分别选中如图16-37所示几何模型的轴线1和轴线2，并在特征树上选择两个平面作为轴向限制面，单击【确定】按钮，完成旋转接合创建，在【接合】节点下增加"旋转.3"，在【约束】节点下增加"相合"和"偏移"，如图16-37所示。

图16-36　【创建接合：旋转】对话框

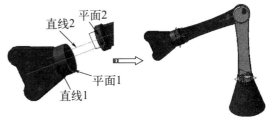

图16-37　创建旋转接合

08 单击【DMU运动机构】工具栏中的【旋转接合】按钮，弹出【创建接合：旋转】对话框，如图16-38所示。

09 在图形区分别选中如图16-39所示几何模型的轴线1和轴线2，并在特征树上选择两个平面作为轴向限制面，单击【确定】按钮，完成旋转接合创建，在【接合】节点下增加"旋转.4"，在【约束】节点下增加"相合"和"偏移"，如图16-39所示。

图16-38 【创建接合：旋转】对话框

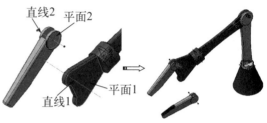

图16-39 创建旋转接合

10 单击【DMU运动机构】工具栏中的【旋转接合】按钮，弹出【创建接合：旋转】对话框，如图16-40所示。

11 在图形区分别选中如图16-41所示几何模型的轴线1和轴线2，并在特征树上选择两个平面作为轴向限制面，单击【确定】按钮，完成旋转接合创建，在【接合】节点下增加"旋转.5"，在【约束】节点下增加"相合"和"偏移"，如图16-41所示。

图16-40 【创建接合：旋转】对话框

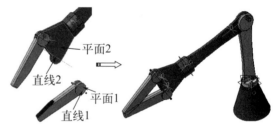

图16-41 创建旋转接合

16.2.2.4 施加命令

01 在特征树上双击【旋转.1】节点，显示【编辑接合：旋转.1（旋转）】对话框，选中【驱动角度】复选框，在图形区显示旋转方向箭头，如图16-42所示。

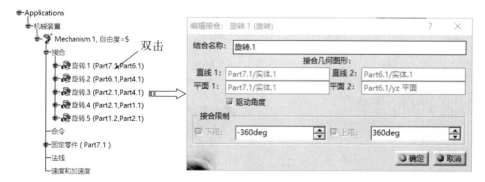

图16-42 施加旋转命令

02 在特征树上双击【旋转.2】节点，显示【编辑接合：旋转.2（旋转）】对话框，选中【驱动角度】复选框，在图形区显示旋转方向箭头，如图16-43所示。

03 在特征树上双击【旋转.3】节点，显示【编辑接合：旋转.3（旋转）】对话框，选中【驱动角度】复选框，在图形区显示旋转方向箭头，如图16-44所示。

图16-43　施加旋转命令

图16-44　施加旋转命令

04 在特征树上双击【旋转.4】节点，显示【编辑接合：旋转.4（旋转）】对话框，选中【驱动角度】复选框，在图形区显示旋转方向箭头，如图16-45所示。

05 在特征树上双击【旋转.5】节点，显示【编辑接合：旋转.5（旋转）】对话框，选中【驱动角度】复选框，在图形区显示旋转方向箭头，如图16-46所示。

图16-45　施加旋转命令

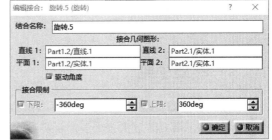

图16-46　施加旋转命令

06 单击【确定】按钮，弹出【信息】对话框，单击【确定】按钮完成，此时特征树中"自由度=0"，并在【命令】节点下增加"命令"，如图16-47所示。

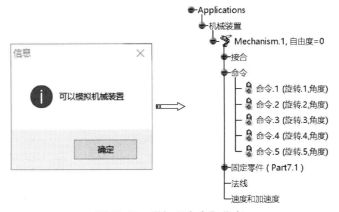

图16-47　增加【命令】节点

16.2.2.5 使用模拟命令

01 单击【DMU运动机构】工具栏中的【使用命令进行模拟】按钮 ，弹出【运动模拟-Mechanism.1】对话框，在【机械装置】下拉列表中选择"Mechanism.1"作为要模拟的机械装置，如图16-48所示。

02 用鼠标拖动滚动条，可观察产品的运动，单击【重置】按钮，机构回到本次模拟之前的位置，如图16-49所示。

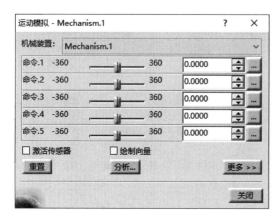

图16-48　增加【命令】节点

图16-49　模拟动画

03 单击【关闭】按钮，关闭对话框，机构保持在停止模拟时的位置，即对话框中滚动条停留处所控制的运动机构对应位置。

16.3　本章小结

本章通过案例介绍了CATIA运动仿真模块的使用。通过本章的学习，可以学会如何实现创建接合、运动模拟等。读者需要多加强实际练习，才能掌握得更加牢固。

第17章

结构仿真分析典型案例

CATIA结构仿真可用于结构模型有限元分析，本章以2个典型实例来介绍结构仿真设计的方法和步骤。希望通过本章的学习，读者能轻松掌握CATIA结构仿真功能的基本应用。

⋑ 项目分解

⦿ 液压支架

⦿ 音叉

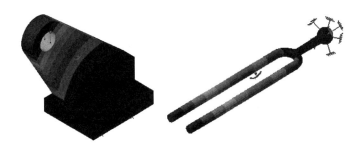

17.1 液压支架静力学分析实例

本例中通过一个管道矫直机构液压缸支架的受力分析来介绍CATIA结构仿真分析的创建方法和过程，如图17-1所示。

17.1视频精讲

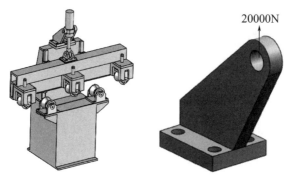

图 17-1　液压支架

17.1.1　液压支架静力学分析思路

支架的材料为Q235，校直时液压缸最大力为40000N，计算最大位移变形量、最大冯氏（Von Mises）应力。Q235材料属性见表17-1。

表 17-1　Q235材料属性

牌号	密度 /（kg/m³）	弹性模量 /GPa	泊松比	屈服强度 /MPa	抗拉强度 /MPa
Q235	7850	210	0.3	235	370

按照结构仿真分析步骤，通过创建或导入三维模型→定义材料→启动结构仿真→网格划分→施加约束和载荷→计算→后处理等完成仿真分析。仿真时边界条件和结果如图17-2所示。

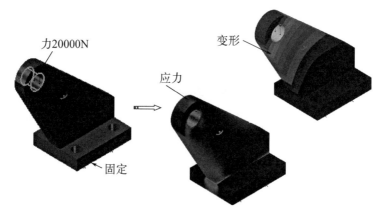

图 17-2　仿真时边界条件和结果

17.1.2　液压支架静力学分析操作过程

操作步骤

17.1.2.1　打开模型文件

启动CATIA，在【标准】工具栏中单击【打开】按钮，在弹出【选择文件】对话框中选择"yeyazhijia.CATPart"文件。单击【打开】按钮打开模型文件，如图17-3所示。

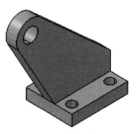

图 17-3　打开文件

17.1.2.2 定义材料

01 在【标准】工具栏中单击【打开】按钮，在弹出【选择文件】对话框中选择 "D：\Program Files\Dassault Systemes\B27\win_b64\startup\materials\yeyazhijia.CATPart" 文件，如图17-4所示。

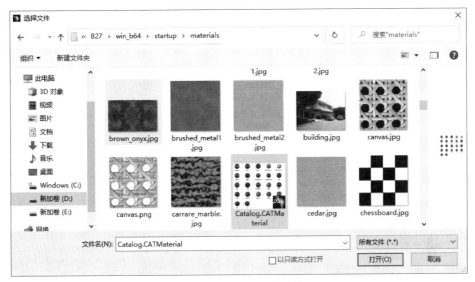

图17-4 打开材料库文件

02 选择材料Steel，单击鼠标右键选择【复制】命令，然后在空白处选择【粘贴】命令，如图17-5所示。

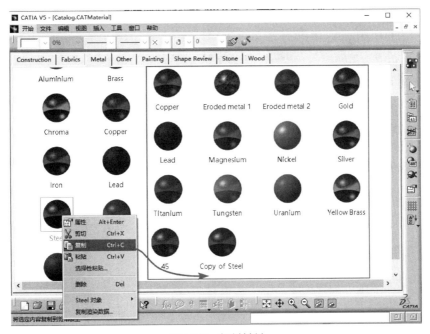

图17-5 复制材料

03 双击粘贴后的材料Copy of Steel，弹出【属性】对话框，在【特征属性】选项卡中设置【特征名称】为 "Q235"，在【分析】选项卡中设置材料属性，如图17-6所示。

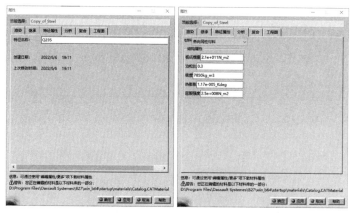

图17-6　【属性】对话框

04 单击【确定】按钮，完成材料创建，关闭文件并保存，如图17-7所示。

05 在零件工作台中单击【应用材料】工具栏上的【应用材料】按钮![icon]，系统弹出【库（只读）】对话框，如图17-8所示。

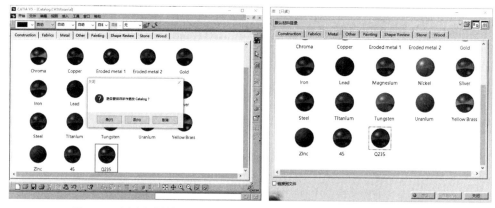

图17-7　创建新材料　　　　　　　**图17-8　【库（只读）】对话框**

06 在【库（只读）】对话框中选中【Metal（金属）】选项卡，选择材料Q235，按住左键不放并将其拖动到模型上，然后单击【确定】按钮关闭对话框，如图17-9所示。

07 选择下拉菜单【视图】|【渲染样式】|【含材料着色】命令，将模型切换到材料显示模式，此时模型表面颜色将变暗，如图17-10所示。

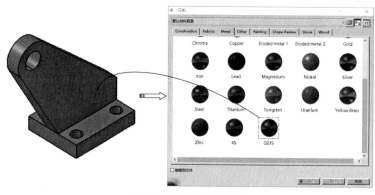

图17-9　设置材料属性　　　　　　**图17-10　材料着色**

17.1.2.3　启动结构分析

执行【开始】|【分析与模拟】|【Generative Structural Analysis】命令，弹出【New Analysis Case】对话框，选择【Static Analysis】，然后单击【确定】按钮进入分析工作台，如图17-11所示。

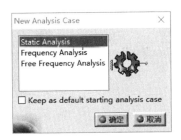

图17-11　【New Analysis Case】对话框

17.1.2.4　网格划分

双击特征树中的【有限元素模型】|【节点和元素】|【OCTREE Tetrahedron Mesh】节点，弹出【OCTREE Tetrahedron Mesh】对话框，设置【Size】为2mm，如图17-12所示。

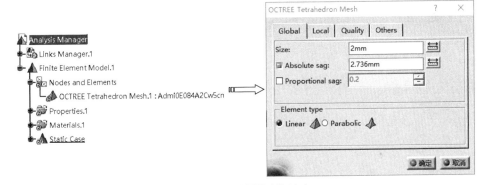

图17-12　设置网格尺寸

17.1.2.5　施加约束和载荷

01 单击【抑制】工具栏上的【夹持】按钮 ，弹出【夹持】对话框，选择如图17-13所示的面为约束的对象，单击【确定】按钮完成夹持施加，如图17-13所示。

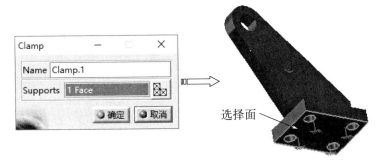

选择面

图17-13　夹持

02 单击【Load】工具栏上的【Distributed Force】按钮 ，弹出【Distributed Force】对话框，选择面，输入力20000N，单击【确定】按钮完成施加，如图17-14所示。

图17-14　施加力

17.1.2.6　计算

01 单击【计算】工具栏上的【计算】按钮▦，弹出【Compute】对话框，选择【All】计算选项，如图17-15所示。

02 单击【确定】按钮系统弹出【Computation Status】对话框，如图17-16所示。

图17-15　【Compute】对话框

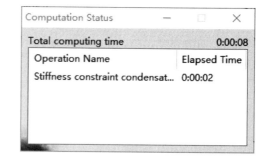

图17-16　【Computation Status】对话框

03 系统自动弹出【Computation Resources Estimation】对话框，单击【Yes】按钮，完成计算，如图17-17所示。

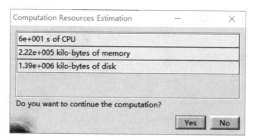

图17-17　【Computation Resources Estimation】对话框

17.1.2.7　后处理

01 单击【影像】工具栏上的【Von Mise Stresses】🗾，在图形区显示应力云图，并在特征树中添加【Von Mise Stress.1】节点，如图17-18所示。

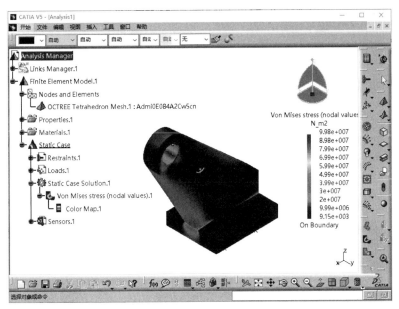

图 17-18 显示等效应力

02 单击【影像】工具栏上的【位移】![icon]，在图形区显示位移云图，并在特征树中添加【Translational displacement magnitude.1】节点，如图 17-19 所示。

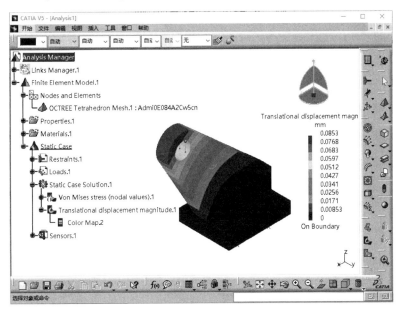

图 17-19 显示位移

17.2 综合实例——音叉模态分析实例

本例通过一个音叉来介绍 CATIA 模态分析的创建方法和过程，如图 17-20 所示。

17.2 视频精讲

图 17-20　音叉

17.2.1　音叉模态分析思路

支架的材料为青铜，端部固定，按照结构仿真分析步骤，通过创建或导入三维模型→定义材料→启动结构仿真→网格划分→施加约束和载荷→计算→后处理等完成仿真分析。仿真时边界条件和结果如图17-21所示。

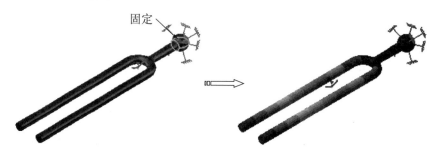

图 17-21　仿真时边界条件和结果

17.2.2　音叉模态分析操作过程

操作步骤

17.2.2.1　打开模型文件

启动 CATIA，在【标准】工具栏中单击【打开】按钮，在弹出【选择文件】对话框中选择"yincha.CATPart"文件。单击【打开】按钮打开模型文件，如图 17-22所示。

图 17-22　打开文件

17.2.2.2　定义材料

01 在零件工作台中单击【应用材料】工具栏上的【应用材料】按钮 ，系统弹出【库（只读）】对话框，如图 17-23所示。

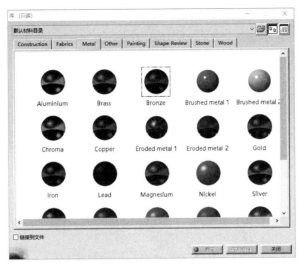

图17-23 【库(只读)】对话框

02 在【库(只读)】对话框中选中【Metal(金属)】选项卡,选择材料Bronze,按住左键不放并将其拖动到模型上,然后单击【确定】按钮关闭对话框,如图17-24所示。

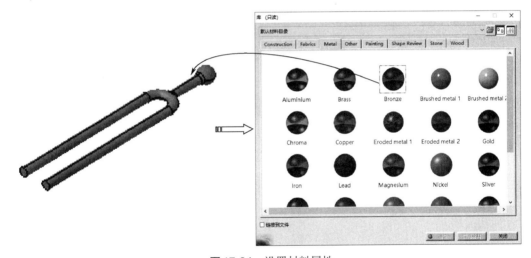

图17-24 设置材料属性

03 选择下拉菜单【视图】|【渲染样式】|【含材料着色】命令,将模型切换到材料显示模式,此时模型表面颜色将变暗,如图17-25所示。

图17-25 材料着色

17.2.2.3 启动结构分析

执行【开始】|【分析与模拟】|【Generative Structural Analysis】命令，弹出【New Analysis Case】对话框，选择【Frequency Analysis】，然后单击【确定】按钮进入分析工作台，如图17-26所示。

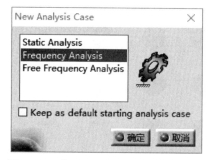

图 17-26 【New Analysis Case】对话框

17.2.2.4 网格划分

双击特征树中的【有限元素模型】|【节点和元素】|【OCTREE Tetrahedron Mesh】节点，弹出【OCTREE Tetrahedron Mesh】对话框，设置【Size】为1mm，如图17-27所示。

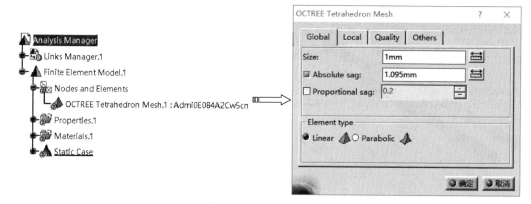

图 17-27 设置网格尺寸

17.2.2.5 施加约束

单击【抑制】工具栏上的【夹持】按钮，弹出【夹持】对话框，选择如图17-28所示的面为约束的对象，单击【确定】按钮完成夹持施加。

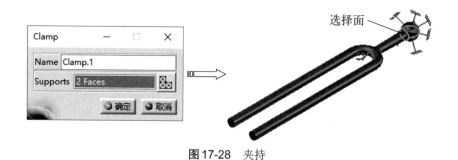

图 17-28 夹持

17.2.2.6　计算

01 单击【计算】工具栏上的【计算】按钮▦，弹出【Compute】对话框，选择【All】计算选项，如图17-29所示。

02 单击【确定】按钮，系统弹出【Computation Status】对话框，如图17-30所示。

图 17-29 【Compute】对话框

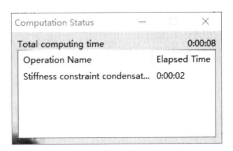

图 17-30 【Computation Status】对话框

03 系统自动弹出【Computation Resources Estimation】对话框，单击【Yes】按钮，完成计算，如图17-31所示。

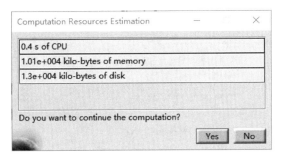

图 17-31 【Computation Resources Estimation】对话框

17.2.2.7　后处理

01 单击【影像】工具栏上的【位移】🖼️，在图形区显示位移云图，并在特征树中添加【Translational displacement magnitude.1】节点，如图17-32所示。

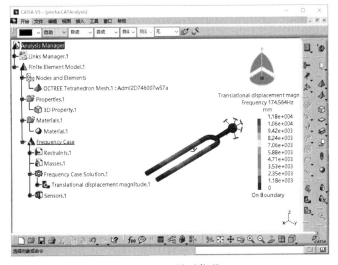

图 17-32　显示位移

02 在设计树中双击Sensors.1|Frequency，弹出【列表编辑】对话框，显示计算的频率结果，如图17-33所示。

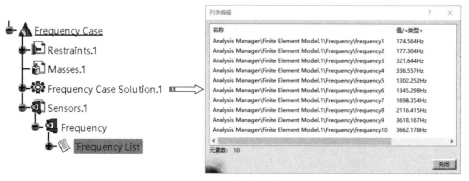

图17-33　显示频率计算结果

03 选择菜单【工具】|【动画】命令，弹出【Animation】对话框，单击【More】按钮，选中【All occurrences】复选框，以动画方式显示并在视图中查看模态结果，如图17-34所示。

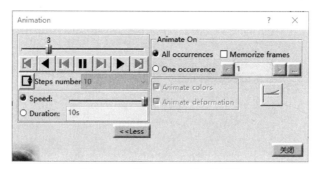

图17-34　【Animation】对话框